新时代大学计算机通识教育教材

王志强 蔡平 王仪丰 编著

大模型技术与应用

清华大学出版社
北京

内 容 简 介

本书根据全国高等院校计算机基础教育研究会发布的《中国高等院校计算机基础教育课程体系 2024》中有关"大模型技术及应用"课程参考方案编写。

本书是高等学校人工智能通识教育的一门核心课程教材,主要内容包括大模型的定义、分类、构建流程、层次结构、核心技术、典型平台、API 调用、提示工程、典型应用、数据分析、行业应用和未来趋势等。此外,附录部分还设计了 6 个实验,旨在帮助读者将理论知识转化为实践能力。本书内容新颖,讲解深入浅出,并配有大量的例题和习题。

本书为教师提供了教学大纲、PPT 课件及习题参考答案等配套教学资源,读者可登录清华大学出版社官网下载。本书适合作为高等学校文理工通用的人工智能通识课程教材,也可供对人工智能和大模型技术感兴趣的工程师和研究人员参考。

图书在版编目(CIP)数据

大模型技术与应用/王志强,蔡平,王仪丰编著. --北京:清华大学出版社,2025.3. --(新时代大学计算机通识教育教材). -- ISBN 978-7-302-68531-9

Ⅰ. TP18

中国国家版本馆 CIP 数据核字第 20250HB424 号

责任编辑:袁勤勇
封面设计:常雪影
责任校对:李建庄
责任印制:沈 露

出版发行:清华大学出版社
　　　　网　　　址:https://www.tup.com.cn,https://www.wqxuetang.com
　　　　地　　　址:北京清华大学学研大厦 A 座　　　　邮　　编:100084
　　　　社 总 机:010-83470000　　　　邮　　购:010-62786544
　　　　投稿与读者服务:010-62776969,c-service@tup.tsinghua.edu.cn
　　　　质量反馈:010-62772015,zhiliang@tup.tsinghua.edu.cn
　　　　课件下载:https://www.tup.com.cn,010-83470236
印 装 者:三河市天利华印刷装订有限公司
经　　销:全国新华书店
开　　本:185mm×260mm　　　　印 张:16　　　　字　　数:391 千字
版　　次:2025 年 3 月第 1 版　　　　印　　次:2025 年 3 月第 1 次印刷
定　　价:58.00 元

产品编号:111021-01

序

在当今人工智能技术日新月异的时代,大模型技术如同一股清新的春风,吹遍了各行各业创新的每个角落。这本《大模型技术与应用》教材,以独特的文理工通识视角,为广大读者揭开了大模型技术神秘的面纱,堪称一次创新性的教育尝试。

本教材以系统性、实用性和前沿性为特色。作者不仅深入浅出地阐述了大模型的技术原理、构建流程及核心算法,还详细探讨了其在各领域的应用前景,为读者构建了一个既涵盖理论基础又贴近实际应用的知识体系。这样的编排方式,既满足了理工科读者对技术细节的探究需求,又兼顾了文科读者对技术应用和社会影响的广泛关注,真正实现了文理工交融、学科互通的通识教育目标。

大模型技术作为人工智能领域的核心引擎,其重要性不言而喻。本教材通过丰富的实践案例和经验分享,让读者深入领略大模型的奥秘与魅力,进一步激发创新思维和实践智慧。这不仅有助于提升读者的理论素养和实践能力,更为他们在各自专业领域的智能探索和发展奠定坚实的基础。

我认为,这本教材不仅是一本适合高等院校相关专业的教科书,更是一本适合所有对人工智能感兴趣的读者自学的宝典。相信这本教材将成为人工智能通识教育改革进程中的一部力作,为培养更多人工智能通用人才、推动科技进步和社会发展作出积极贡献。期待更多的读者能够捧起这本书,共同探索人工智能的无限可能。

中国科学院院士,首届国家级教学名师

陈国良

2025 年 1 月

前　言

以 ChatGPT、文心一言为代表的国内外大模型展现了强大的通用智能,成为人工智能发展的一个重要里程碑。大模型技术正引领着 21 世纪智能时代的智力革命,其应用已逐步渗透到工业、金融、医疗、教育和文化等众多行业,有望掀起一场与 18 世纪机械时代的动力革命、19 世纪电气时代的电力革命以及 20 世纪信息时代的算力革命相媲美的深刻变革,从根本上改变人们的生产模式、生活方式和学习体验。

教育部指出,实施教育系统人工智能大模型应用示范行动,推动大模型从课堂走向应用;支持前瞻性研究课题,开发教育大模型等。目前,各高校都在探索人工智能通识教育课程体系,积极开设人工智能通识课程,例如人工智能基础、计算机与人工智能、大模型技术与应用、人工智能与智算操作系统等。面对智能时代,把人工智能和大模型课程融入本科阶段教学,能够拓宽学生视野,提高其创新能力。

现在,与其说人类开始进入智能时代,不如说人类进入了大模型时代。大模型技术是人工智能赖以生存和发展的基础,大模型计算范式推动了人工智能从一个模型解决一个任务迈向一个模型解决所有任务的新阶段。本书全面梳理了人工智能大模型的发展脉络,重点讨论大模型技术的基本概念、技术架构,以及大模型在各个领域中的应用。

全书共 7 章。其中,第 1 章介绍大模型的定义、分类、构建流程和应用场景;第 2 章介绍大模型的层次结构、核心技术、典型平台,以及大模型的 API 调用;第 3 章介绍提示工程及其各种类型;第 4 章讨论大模型的典型应用,包括内容创作、智能办公、智能客服和智能编程等;第 5 章介绍使用大模型进行数据分析的几种方法;第 6 章讨论大模型在多个行业中的应用;第 7 章探讨大模型的未来趋势,包括多模态大模型、AI 智能体和具身智能。

读者在阅读本书的过程中,可以动手实践书中的例题或案例,通过边学边练的方式,结合课后习题,逐步掌握大模型开发与应用的基本技能。希望读者能够将本书所学内容灵活应用于各自专业领域的具体场景中,举一反三地提出各种创新想法,取得更好的学习效果与实践成果。也希望通过本书培养更多的交叉复合型大模型应用人才,让大模型在人们的生产、生活和学习中发挥更大的作用和价值。

本书由王志强、蔡平、王仪丰共同编著。在写作过程中,编者广泛查阅了相关资料,汲取了许多专家和学者的研究成果和观点,在此表示衷心的感谢!特别要感谢深圳大学陈国良院士的关心与指导,感谢深圳市计算机行业协会的大力支持。最后,还要感谢清华大学出版社编辑团队为本书的出版所付出的辛勤努力。

鉴于编者水平所限,本书难免存在疏漏与不足之处,欢迎各位读者提出宝贵的批评与建议。若您有任何意见或反馈,请通过清华大学出版社与我们联系。

王志强

2025 年 1 月

目　　录

第 1 章　大模型技术概述 ……………………………………………………… 1

1.1　人工智能与大模型发展史 ………………………………………………… 1
1.2　大模型的定义 ……………………………………………………………… 5
1.3　大模型的分类 ……………………………………………………………… 7
    1.3.1　按模态方式划分 ………………………………………………… 7
    1.3.2　按应用领域划分 ………………………………………………… 7
1.4　大模型的构建流程 ………………………………………………………… 8
    1.4.1　数据准备 ………………………………………………………… 8
    1.4.2　模型选择与设计 ………………………………………………… 9
    1.4.3　模型训练 ………………………………………………………… 9
    1.4.4　模型评估与优化 ………………………………………………… 9
    1.4.5　模型部署与维护 ………………………………………………… 10
1.5　大模型的应用场景 ………………………………………………………… 11
    1.5.1　文字生成：从对话到创作 ……………………………………… 11
    1.5.2　图像生成：从想象到现实 ……………………………………… 14
    1.5.3　音视频生成：声音与画面的合成 ……………………………… 16
    1.5.4　虚拟人生成：数字生命的诞生 ………………………………… 17
    1.5.5　代码生成：编程的自动化 ……………………………………… 17
    1.5.6　多模态生成：融合的艺术 ……………………………………… 18
    1.5.7　策略生成：决策的智能化 ……………………………………… 21
1.6　大模型与搜索引擎 ………………………………………………………… 22
    1.6.1　相似性 …………………………………………………………… 22
    1.6.2　差异性 …………………………………………………………… 22
    1.6.3　互补性 …………………………………………………………… 23
本章小结 …………………………………………………………………………… 24
习题一 ……………………………………………………………………………… 24

第 2 章　大模型技术平台 ……………………………………………………… 27

2.1　大模型的层次结构 ………………………………………………………… 27
    2.1.1　硬件基础设施层 ………………………………………………… 27

2.1.2　软件基础设施层 ……………………………………………… 28

2.1.3　模型即服务层 ………………………………………………… 29

2.1.4　应用层 ………………………………………………………… 29

2.2　大模型的三大要素 ……………………………………………………… 31

2.2.1　算力 …………………………………………………………… 31

2.2.2　算法 …………………………………………………………… 31

2.2.3　数据 …………………………………………………………… 32

2.2.4　三大要素的协同 ……………………………………………… 32

2.3　大模型的核心技术 ……………………………………………………… 32

2.3.1　Transformer 架构 ……………………………………………… 33

2.3.2　预训练模型 …………………………………………………… 37

2.3.3　模型微调 ……………………………………………………… 39

2.3.4　基于人类反馈的强化学习 …………………………………… 41

2.3.5　模型推理 ……………………………………………………… 42

2.4　大模型的典型平台 ……………………………………………………… 43

2.4.1　文心一言 ……………………………………………………… 44

2.4.2　Kimi 智能助手 ………………………………………………… 45

2.4.3　ChatGPT ……………………………………………………… 47

2.5　大模型的 API 调用 ……………………………………………………… 49

2.5.1　API 调用的意义 ……………………………………………… 49

2.5.2　API 的调用过程 ……………………………………………… 50

2.5.3　文心大模型的 API 调用 ……………………………………… 51

本章小结 ………………………………………………………………………… 54

习题二 …………………………………………………………………………… 55

第3章　大模型提示工程 ………………………………………………………… 57

3.1　提示工程概述 …………………………………………………………… 57

3.1.1　提示工程的优化方法 ………………………………………… 57

3.1.2　提示工程的应用场景 ………………………………………… 58

3.2　零样本提示 ……………………………………………………………… 61

3.2.1　零样本提示的内涵 …………………………………………… 61

3.2.2　零样本提示的优化策略 ……………………………………… 62

3.2.3　零样本提示的应用场景 ……………………………………… 62

3.2.4　零样本提示与迁移学习的关系 ……………………………… 67

3.3　少样本提示 ……………………………………………………………… 68

3.3.1　少样本提示的内涵 …………………………………………… 68

3.3.2　少样本提示的工作原理 ……………………………………… 69

3.3.3　少样本提示的应用场景 ……………………………………… 70

3.3.4　少样本提示的优势与局限 …………………………………… 72

　　3.4　思维链提示 ··· 72
　　　　3.4.1　思维链提示的内涵 ··· 73
　　　　3.4.2　思维链提示的优化策略 ·· 73
　　　　3.4.3　思维链提示的应用场景 ·· 74
　　　　3.4.4　思维链提示的挑战与限制 ··· 77
　　3.5　思维树提示 ··· 78
　　　　3.5.1　思维树提示的内涵 ··· 78
　　　　3.5.2　思维树提示的工作步骤 ·· 79
　　　　3.5.3　思维树提示的应用场景 ·· 80
　　　　3.5.4　思维树提示与思维链提示的比较 ··· 83
　　3.6　自动提示工程 ··· 84
　　　　3.6.1　为什么需要自动提示工程 ··· 84
　　　　3.6.2　自动提示工程的技术原理 ··· 85
　　　　3.6.3　自动提示工程的未来方向 ··· 86
　　阅读材料：提示工程师 ·· 87
　　本章小结 ·· 87
　　习题三 ··· 88

第 4 章　大模型典型应用 ··· 90
　　4.1　内容创作 ··· 90
　　　　4.1.1　社交媒体 ·· 90
　　　　4.1.2　新闻报道 ·· 92
　　　　4.1.3　小说创作 ·· 94
　　　　4.1.4　诗歌创作 ·· 96
　　　　4.1.5　学术选题 ·· 98
　　4.2　智能办公 ··· 100
　　　　4.2.1　办公应用 ·· 100
　　　　4.2.2　会议管理 ·· 105
　　　　4.2.3　语言翻译 ·· 106
　　　　4.2.4　文档要点 ·· 108
　　4.3　智能客服 ··· 109
　　　　4.3.1　智能客服的优势 ··· 109
　　　　4.3.2　智能客服的关键技术 ·· 109
　　4.4　智能编程 ··· 110
　　　　4.4.1　编写程序代码 ·· 111
　　　　4.4.2　改写程序代码 ·· 113
　　　　4.4.3　协助解决程序异常 ··· 114
　　4.5　自动驾驶 ··· 116
　　　　4.5.1　数据处理与预处理 ··· 117

4.5.2　环境感知与理解 ·· 118

4.5.3　决策与规划 ·· 118

4.5.4　智能优化与控制 ·· 119

本章小结 ·· 119

习题四 ·· 120

第 5 章　大模型数据分析 ··· 122

5.1　数据分析概述 ·· 122

5.1.1　数据分析的定义 ·· 122

5.1.2　数据分析的特点 ·· 123

5.1.3　数据分析的流程 ·· 124

5.1.4　数据分析的应用 ·· 125

5.2　数据处理方法 ·· 126

5.2.1　数据预处理 ·· 126

5.2.2　数据选择 ·· 129

5.2.3　数值操作 ·· 129

5.2.4　数值运算 ·· 130

5.2.5　数据分组 ·· 130

5.2.6　时间序列分析 ·· 131

5.3　数据可视化 ·· 134

5.3.1　数据可视化及图表类型 ·· 134

5.3.2　柱形图应用 ·· 134

5.3.3　折线图应用 ·· 135

5.3.4　饼图的应用 ·· 138

5.4　回归分析 ·· 140

5.4.1　线性回归的概念 ·· 140

5.4.2　线性回归算法实现 ·· 141

5.4.3　多项式回归的概念 ·· 143

5.4.4　多项式回归算法实现 ·· 144

5.5　聚类分析 ·· 147

5.5.1　K-Means 聚类分析 ·· 147

5.5.2　K-Means 聚类算法实现 ·· 148

5.5.3　层次聚类分析 ·· 154

5.5.4　层次聚类算法实现 ·· 155

阅读材料：数据分析师 ·· 158

本章小结 ·· 159

习题五 ·· 160

第 6 章　大模型行业应用 ··· 162

　　6.1　行业大模型 ·· 162

　　　　6.1.1　行业大模型的概念 ·· 162

　　　　6.1.2　行业大模型的特点 ·· 163

　　　　6.1.3　行业大模型的应用 ·· 163

　　6.2　工业大模型 ·· 165

　　　　6.2.1　工业大模型的概念 ·· 165

　　　　6.2.2　工业大模型的技术流程 ···································· 165

　　　　6.2.3　工业大模型的应用场景 ···································· 166

　　6.3　金融大模型 ·· 170

　　　　6.3.1　金融大模型的概念 ·· 170

　　　　6.3.2　金融大模型的技术路径 ···································· 170

　　　　6.3.3　金融大模型的应用领域 ···································· 172

　　6.4　医疗大模型 ·· 175

　　　　6.4.1　医疗大模型的概念 ·· 175

　　　　6.4.2　常见的医疗大模型 ·· 175

　　　　6.4.3　医疗大模型的应用 ·· 177

　　6.5　教育大模型 ·· 179

　　　　6.5.1　教育大模型的概念 ·· 179

　　　　6.5.2　教育大模型的技术架构 ···································· 180

　　　　6.5.3　教育大模型的应用场景 ···································· 181

　　6.6　文化大模型 ·· 183

　　　　6.6.1　文化大模型的概念 ·· 183

　　　　6.6.2　文化大模型的关键技术 ···································· 184

　　　　6.6.3　文化大模型的应用场景 ···································· 185

　　本章小结 ·· 186

　　习题六 ·· 187

第 7 章　大模型未来趋势 ··· 189

　　7.1　多模态大模型 ·· 189

　　7.2　AI 智能体 ·· 191

　　　　7.2.1　AI 智能体的定义 ·· 191

　　　　7.2.2　AI 智能体的演进 ·· 192

　　　　7.2.3　AI 智能体的未来 ·· 193

　　7.3　具身智能 ·· 196

　　　　7.3.1　具身智能的概念 ·· 196

　　　　7.3.2　具身智能的发展历程 ······································ 197

　　　　7.3.3　具身智能的应用领域 ······································ 198

阅读材料：未来科学家 …………………………………………………………… 199

本章小结 …………………………………………………………………………… 200

习题七 ……………………………………………………………………………… 200

附录 A　实验指导 ………………………………………………………………… 203

实验 1　文本生成 ………………………………………………………………… 203

实验 2　绘画创作 ………………………………………………………………… 207

实验 3　提示词设计 ……………………………………………………………… 214

实验 4　论文助手 ………………………………………………………………… 220

实验 5　编程助手 ………………………………………………………………… 229

实验 6　数据分析 ………………………………………………………………… 236

参考文献 …………………………………………………………………………… 243

第1章　大模型技术概述

大模型是人工智能赖以生存和发展的基础。现在，与其说人类开始进入人工智能时代，不如说人类进入了大模型时代。本章首先介绍人工智能和大模型的发展简史，然后给出大模型的定义、分类和构建流程，接着讨论大模型的应用场景及其具体案例。最后，将互联网时代流行的搜索引擎与人工智能时代最新的大模型进行比较。

1.1　人工智能与大模型发展史

1946 年，世界上第一台电子计算机 ENIAC 在美国宾夕法尼亚大学问世。然而，学术界公认，计算机理论起源要追溯到更早的 1936 年，当时英国数学家阿兰·图灵在其论文《论可计算数及其在判定问题中的应用》中，首次提出了计算机的理论模型。这篇论文描绘了一种简单且运算能力强大的理想计算装置，并构想了一种可实现的通用计算机器，即人们熟知的"图灵机"，如图 1-1 所示。图灵的这一贡献不仅开创了全新的研究领域——可计算性或计算理论，而且探讨了计算机的功能和局限性，为计算机科学和人工智能的发展奠定了坚实的基础。

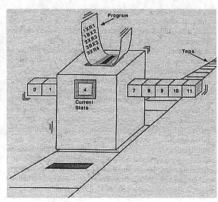

图 1-1　图灵和图灵机

1950 年，图灵在 *Mind* 杂志上发表了题为"Computing Machinery and Intelligence"的论文，对机器智能进行了研究，并提出了一个引人深思的问题："机器能思维吗?"为即将兴起的人工智能领域提供了科学性和开创性的思考。图灵还设计了著名的"图灵测试"，通过问答互动来评估计算机是否具备与人类相似的智力水平。

图灵机和图灵测试作为图灵不朽声誉的两大支柱。初看起来似乎是两个截然不同的概念。然而，它们之间存在着深刻的联系。图灵机以机械化的方式展现了人类进行数学运算的过程,而图灵测试则是对计算机能力的一种人为评估方式。这两大支柱共同构成了图灵对人类思维与计算机器之间关系的探索之路,彰显了他作为科学家的卓越洞察力和创新精神。

1956 年夏天,在美国达特茅斯学院内,约翰·麦卡锡(John McCarthy,1971 年图灵奖获得者)、马文·明斯基(Marvin Minsky,1969 年图灵奖获得者)、克劳德·香农(Claude Shannon,信息论之父)、纳撒尼尔·罗切斯特(Nathaniel Rochester,IBM 701 大型机主设计师)、艾伦·纽厄尔(Allen Newell,1975 年图灵奖获得者)和赫伯特·西蒙(Herbert Simon,1975 年图灵奖获得者和 1978 年诺贝尔经济学奖获得者)等科学家齐聚一堂,共同探讨一个主题:用机器来模仿人类学习以及其他方面的智能。这场会议历时两个月,尽管与会者未能达成共识,但他们却共同使用"人工智能"(Artificial Intelligence,AI)这一术语。它标志着人工智能概念的诞生,为后续的研究工作和实际应用提供了重要的指导和启示。

1966 年,美国麻省理工学院(MIT)人工智能实验室开发了一款名为 Eliza 的计算机程序,如图 1-2 所示。这是最早能与人类交流的计算机程序之一,被视为现代聊天机器人的先驱。该程序由计算机科学家约瑟夫·维森鲍姆(Joseph Weizenbaum)和精神病学家肯尼斯·科尔比(Kenneth Colby)共同编写,旨在探索人类与机器之间的沟通方式。Eliza 采用模式匹配技术,通过关键词和句子结构分析来模拟对话。因此,Eliza 是人工智能发展史上重要的转折点,对后续的人工智能研究和应用产生了深远的影响。

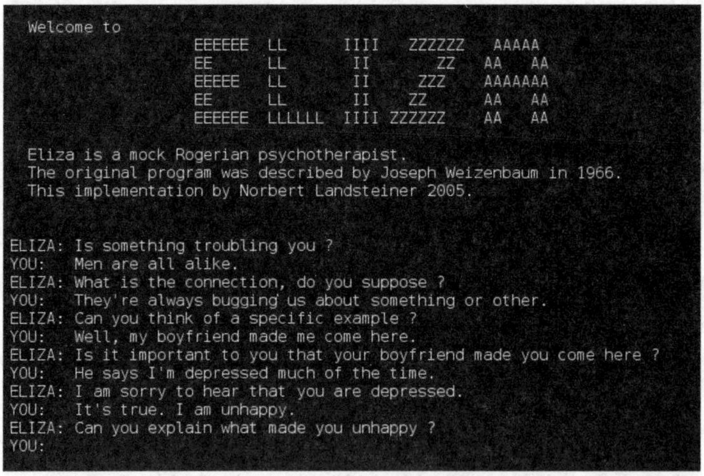

图 1-2　Eliza 计算机程序

1968 年,美国斯坦福大学研制成功世界上第一个专家系统 DENDRAL,它是由计算机科学家爱德华·费根鲍姆(Edward Feigenbaum,1994 年图灵奖获得者)和化学家乔舒亚·莱德伯格(Joshua Lederberg)合作开发的,该系统的主要功能是帮助化学家判断某待定物质的分子结构。1977 年,费根鲍姆将将这类研究总结为知识工程。人们逐步认识到领域专家通过实践积累起来的知识的重要性,并总结出构造专家系统及开发环境的一系列原则。这期间出现了成千上万的专家系统,涉及上百个应用领域,如医学、地质学、分子生物学、化学分析和智能控制等。这些成果使人们看到了人工智能研究的实际意义,推动了人工智能技术的整体发展。

1997 年,美国 IBM 研发的"深蓝"计算机在标准比赛时限内,以 3.5 比 2.5 的累计积分战胜了国际象棋世界冠军卡斯帕罗夫,如图 1-3 所示,这一事件震惊了全球。"深蓝"计算机是一台 IBM RS/6000 SP 32 节点的超级计算机,运行着当时最优秀的商业 UNIX 操作系统——AIX。它的设计思想着重于如何发挥大规模的并行计算技术。因此,"深蓝"计算机拥有惊人的计算能力,每秒能够评估超过 2 亿个棋步。"深蓝"计算机的胜利标志着国际象棋迈入了一个全新的历史时期,这在某种程度上实现了图灵的梦想。

图 1-3　"深蓝"与卡斯帕罗夫对决

2016 年,谷歌 DeepMind 公司的 AlphaGo 战胜了围棋世界冠军、职业九段棋手李世石,如图 1-4 所示,激发了包括自然语言处理(NLP)在内的各种应用场景的深度学习热潮。次年在中国乌镇围棋峰会上,AlphaGo 以 3 比 0 的战绩完胜当时排名世界第一的围棋世界冠军柯洁,因此围棋界公认 AlphaGo 的棋艺已经超过人类职业围棋的顶尖水平。作为一款基于深度学习的围棋人工智能程序,AlphaGo 通过多层人工神经网络和训练方法,展现了人工智能在复杂策略游戏领域的巨大潜力,推动了人工智能技术的持续发展,并深刻影响了人类对自我与机器之间关系的思考。

图 1-4　AlphaGo 与李世石对弈

2022 年 11 月,美国 OpenAI 公司推出了一款聊天机器人程序 ChatGPT(Chat Generative Pre-trained Transformer),它是一款人工智能技术驱动的自然语言处理工具。ChatGPT 凭借其强大的能力,不仅能够根据预训练阶段学习到的模式和统计规律生成回答,还能根据聊天的上下文进行流畅互动,仿佛真正拥有了人类的聊天智慧。令人惊叹的是,ChatGPT 还能胜任撰写论文、邮件、视频脚本、文案、代码、平面创作和游戏设计等任务。

ChatGPT 的问世,被视为继互联网、智能手机之后的第三次革命性产品。互联网开创了空间革命的新纪元,使人类能够实时与世界相连;智能手机则引领了时间革命,通过安装各种APP实现了交易的极速化。而ChatGPT的思维涌现,则有望掀起一场思维革命。它不仅能够替代人类进行创作、翻译和客户服务等工作,更将深远地影响人类思考问题、解决问题的路径,进而重塑各行各业的生态格局。

人工智能自诞生以来,经历了多次起伏与变革,其发展历程可划分为"推理期""知识期""学习期"三个重要阶段。

(1)推理期(20世纪50年代到70年代初)。

在人工智能发展的推理期,研究者普遍认为,只要赋予机器逻辑推理的能力,机器便拥有智能。这一时期的代表性成果是"逻辑理论家"程序,它能够证明数学定理,这一成就充分展示了人工智能在逻辑推理领域的巨大潜力。随着研究的逐渐深入,人们开始意识到仅仅依靠逻辑推理能力是无法完全实现人工智能的。

(2)知识期(20世纪70年代中期开始)。

在人工智能发展的知识期,研究者认识到知识对于人工智能的重要性,开始构建知识库,尝试通过规则和推理机来模拟和实现人工智能。这一时期的代表性成果是各种专家系统,如用于化学分析的DENDRAL系统和用于医学诊断的MYCIN系统等。这些专家系统能够在特定领域内模拟人类专家的推理过程,并取得了一定的成功。但是,专家系统也面临着"知识工程瓶颈"的问题,即将人类知识总结并传授给计算机是一项非常困难的任务。

(3)学习期(20世纪80年代至今)。

在人工智能发展的学习期,研究者开始积极探索让机器从数据中自动学习并总结知识的新方法和规律,机器学习成为人工智能研究的主流方向。这一时期的代表性成果是监督学习、无监督学习和强化学习等多种学习方法。通过学习,机器能够逐渐适应不同的环境和任务,并在许多领域取得了超越人类的表现。例如,在棋类游戏、图像识别和自然语言处理等方面,人工智能已展现出强大的能力和潜力。

总之,人工智能的发展历程是一个不断探索和创新的过程。从推理期到知识期,再到学习期,人工智能不断克服自身的局限,在许多领域中取得了显著的成果。随着技术的不断发展和应用的不断拓展,人工智能将继续为人类创造更多的便利和可能性。

大模型的发展历史主要经历了以下三个阶段。

(1)以CNN为代表的传统神经网络模型阶段。1943年,美国心理学家McCulloch和数理逻辑学家、数学家Pitts提出了第一个神经网络模型,即M-P模型。该模型把神经元看作功能逻辑器件来实现算法,从此开创了神经网络模型的理论研究。1957年,Rosenblatt以M-P模型为基础,提出了符合神经生理学结构的感知机模型,它是第一台使用模拟人类思维过程的神经网络计算机。1986年,Rumelhart等人提出了多层神经网络权值修正的反向传播学习算法——BP算法,较好地解决了多层网络的学习问题。1998年,卷积神经网络(CNN)的出现,使得机器学习方法从早期的基于浅层学习转变为基于深度学习。2006年,Hinton提出了构建含有多隐层的机器学习架构模型,他因通过人工神经网络研究对机器学习作出的奠基性贡献而获得2024年诺贝尔物理学奖。

(2)以Transformer为代表的全新神经网络模型阶段。2014年,被誉为"21世纪最强大的算法模型之一"的生成对抗网络诞生,标志着深度学习进入生成模型新阶段。2017年,谷歌提出了基于自注意力机制的神经网络结构——Transformer架构,为预训练大模型奠定了基础。2018 年,OpenAI 和谷歌分别发布了 GPT-1 和 BERT 大模型,标志着预训练大模型成为自然语言处理领域的主流。

（3）以 GPT 为代表的预训练大模型阶段。2020 年,OpenAI 推出了 GPT-3,该模型的参数规模达到了 1750 亿,成为当时世界上最大的语言模型。2022 年 11 月,GPT-3.5 版本的 ChatGPT 问世,它凭借逼真的自然语言交互和多场景内容生成能力,迅速在互联网上引起轰动。2023 年 3 月,OpenAI 发布了多模态预训练大模型 GPT-4,模型参数规模从千亿级增长到万亿级。它们能够处理复杂的推理任务,在特定领域内甚至能与人类专家相媲美,并具有理解和生成图像、视频和音频的多模态能力。2025 年 1 月,深度求索公司发布了 DeepSeek-R1,该模型具备推理能力卓越、训练成本低廉、硬件要求低和开源等特性。2025 年 2 月,xAI 公司推出了新一代聊天机器人 Grok 3,它在推理能力、多模态功能以及训练和优化等方面均表现出色。

1.2　大模型的定义

大模型（large model 或 big model）是指拥有大规模参数和复杂计算结构的机器学习模型。大模型的"大"是指模型参数规模至少要达到 1 亿,这一级别还在提高,目前已经有了万亿参数以上的大模型。通常一个大模型的参数量越多,意味着该大模型可以处理更复杂、更丰富的信息,具有更高的准确度和表现力。大模型展现了强大的对世界知识的掌握和对语言的理解能力。因此,大模型正在改变人工智能,大模型正在改变世界。

以下是对大模型的详细解释。

（1）参数与数据规模。通常大模型由数亿以上的参数组成,这使得它们能够处理海量的数据。这些模型需要大量的计算资源进行训练和推理,以确保其准确性和效率。

（2）模型结构与能力。大模型采用深度神经网络等复杂的模型结构,以提高其表示能力和泛化能力。它可以在各种任务,如自然语言处理、计算机视觉和语音识别等中表现出色。

（3）应用领域与层级。按照应用领域和层级的不同,大模型可分为多个类别。例如,通用大模型可以在多个领域和任务上普遍使用;行业大模型针对特定行业或领域进行预训练或微调,以提高其性能和准确度;垂直大模型则更加专注于特定任务或场景。

综上所述,大模型是人工智能领域的一种核心技术,它们通过处理海量的数据和复杂的模型结构,展现了强大的表示能力和泛化能力。当前,计算机硬件性能不断提升,深度学习算法快速优化,大模型的发展日新月异。基于大模型的一系列人工智能应用不断问世,其中,OpenAI 的 GPT、谷歌的 Gemini、Meta 的 Llama,以及百度的文心一言、阿里的通义千问和华为的盘古大模型等已经在社会生产、人们生活和学习方面产生了广泛影响。这些大模型的共同特点是:

（1）需要在大规模数据集上进行训练,基于大量的计算资源进行优化和调整。

（2）通常大模型用于解决复杂的自然语言处理、计算机视觉和语音识别等任务。这些任务需要处理大量的输入数据,从中提取复杂的特征和模式。

（3）借助大模型,深度学习算法可以更好地处理自然语言处理、计算机视觉和语言识别等任务,以提高大模型的准确性。

【例题 1-1】　文案生成。用户登录大模型平台后，通过输入相应的提示词就可以获得所需的文案，从而实现 AI 自动生成文案。

【解】　提示词 1："请写出李白的《静夜思》及其背景故事。"

图 1-5 是大模型生成的李白《静夜思》及其背景故事。

彩图

为你找到 4 篇参考内容 ⌄

- 李白的《静夜思》：

　床前明月光，疑是地上霜。举头望明月，低头思故乡。

- 背景故事：

　这首诗创作于唐玄宗时期，具体年份有所争议。当时李白身处异乡，或游历四方，或仕途不顺。在一个寂静的夜晚，明亮的月光透过窗户洒在他的床前，引发了诗人对故乡的深深思念。诗人抬头仰望明亮的月亮，低头沉思远方的家乡，心中充满了眷恋和忧伤，于是写下了这首脍炙人口的《静夜思》。

图 1-5　李白的《静夜思》及其背景故事

提示词 2："请生成这首诗的意境图片。"

图 1-6 是模型为上文生成的智能配图。

已经为你完成了李白《静夜思》的意境图片创作，希望这张图片能够生动地呈现出诗人当时的所感所思。

图 1-6　智能配图

读者亦可以根据自己的兴趣或爱好生成所需的文案和图片。大模型给普通人的日常工作和生活带来了变化，根据提示词就可以生成完整的故事和对话，拥有想象力就可以创作出漫画绘本，让每个人都能成为画家。

大模型是在数学、统计学、计算机科学、物理学、工程学、神经学、语言学、哲学、人工智能等学科交叉融合基础上的一次突变，并导致了一种涌现（emergence）。谷歌研究院、斯坦福大学和 DeepMind 联合发表的《大语言模型的涌现能力》（*Emergent Abilities of Large Language Models*）断言："许多新的能力在中小模型上线性放大规模都得不到线性的增长，模型规模必须呈指数增长并超过某个临界点，新技能才会突飞猛进。"更为重要的是，大模型赋予 AI 以思维能力，一种与人类思维能力近似，又很不同的思维能力。

---

　　① 本书中，大模型的回复统一用灰色底纹或图表示。复杂的提示词也用灰色底纹表示。

1.3　大模型的分类

本节将按照模态方式、应用领域对大模型进行分类。通过对本节的学习,读者可以整体把握大模型的类型和发展现状。

1.3.1　按模态方式划分

按照模态方式划分,大模型可以分为单模态、多模态(含跨模态)两类。

1. 单模态大模型

单模态大模型只能处理单一模态的任务,如纯语言、纯视觉或纯音频等任务。这类大模型包括 Alpaca、BLOOM 和 GPT-2 等。

2. 多模态大模型

多模态大模型是指能够执行一种或多种模态任务,如文本、图像、视频和语音等,具有强大的跨模态理解和生成能力的大模型。

按照模态转换方式,又可以将大模型分为文生图类(如 CogView)、图文互生类(如 UniDiffuser)、图文匹配类(如 BriVL)、文生音类(如 Massively Multilingual Speech)、音生文类(如 Whisper)和文音互生类(如 AudioGPT)等。具备同时处理多种模态数据的大模型有 OpenAI 的 GPT-4 多模态大模型、谷歌的 Gemini 多模态大模型和 Meta 的 ImageBind 跨模态大模型等,它们基本实现文本、图像、声音和 3D 等多种模态之间的理解和转换。

1.3.2　按应用领域划分

按照应用领域的不同,大模型可分为通用大模型、行业大模型和垂直大模型三类。

1. 通用大模型

通用大模型是指规模巨大、功能强大的机器学习模型,通常在训练数据、模型参数量和计算资源等方面都远远超过常规的机器学习模型。通用大模型在许多领域都有着广泛的应用,如自然语言处理、计算机视觉和语音识别等。

通用大模型具有强大的语言理解能力,能够处理多种任务和数据类型,如文本、图像和声音等。其特点是具有灵活性和广泛适用性,可以不需要或者只需要很少的适配和定制就能应用于多种不同的领域和应用场景。通用大模型可用于文本分类、情感分析和机器翻译等自然语言处理任务,以及图像识别、目标检测和图像生成等计算机视觉任务,还可以用于语音识别和语音合成等任务。

通用大模型的训练需要大量的数据和计算资源,部署和运行成本较高,同时其大小和复杂性也带来了一定的调试和维护难度。此外,通用大模型在特定领域的专业性上可能不足,稍逊于行业大模型和垂直大模型。

2. 行业大模型

行业大模型是指在特定行业和领域内开发和使用的大型人工智能模型。这些模型被训练来理解和生成与特定行业,如医疗、汽车和能源等相关的数据。它们通常具有大量的参数和复杂的架构,能够处理和理解大量的行业数据。

行业大模型更加专注于提高性价比、增强专业性并保障数据(特别是私有数据)的安全性。与通用大模型相比,行业大模型在特定行业内的表现更加出色,能够提供更加精确和专业的结果。在医疗行业中,大模型可用于分析医疗图像、预测疾病和推荐治疗方案等;在汽车行业中,大模型可用于自动驾驶系统的开发和优化;在能源行业中,大模型可用于预测需求、提升能效和智能决策等。

行业大模型主要有 4 种技术实现方式,从易到难分别是提示工程、检索增强生成、微调和预训练。实际应用中这些方式通常组合使用,以便实现最佳效果。

3. 垂直大模型

垂直大模型是指针对某一特定任务或场景,利用大规模数据集和深度学习技术训练得到的大型神经网络模型。与通用大模型相比,垂直大模型专注于某一任务的细节和特性。

垂直大模型由于针对特定任务或场景进行训练和优化,所以具有高度的专业性和针对性。它们能够深入挖掘该任务领域的数据特点和规律,从而在处理该任务具体问题时具有更高的精度和效率。垂直大模型在各领域,如金融、法律和教育等都有广泛的应用。它们能够提供定制化的解决方案,满足特定任务的个性化需求。例如,在金融领域,垂直大模型可以用于股票市场趋势预测、风险管理等;在法律领域,可用于法律咨询、文书生成和判决预测等;在教育领域,可用于个性化学习、智能评估等。

垂直大模型能够快速实现落地,并且通过针对性的优化达到更高的性能。同时,垂直大模型在训练和推理时所需的计算资源较少,结构相对简单,部署和维护成本较低。

综上所述,通用大模型、行业大模型和垂直大模型各有其独特的特点和应用场景。在实际应用中,可以根据具体需求选择合适的大模型类型。

1.4　大模型的构建流程

大模型是通过深度学习技术构建的人工智能系统,以巨大的参数规模、复杂的神经网络结构和庞大的数据集训练而成,它能够处理和生成自然语言、代码、多模态信息等数据。大模型的构建是一个复杂且多维度的过程,通常包括以下几个重要阶段,即数据准备、模型选择与设计、模型训练、模型评估与优化、模型部署与维护。

1.4.1　数据准备

数据准备是大模型构建的第一步,也是至关重要的一步。数据的数量、质量和多样性将直接影响模型的性能。

例如,构建教育领域的问答系统的数据准备要完成如下工作。

(1) 数据收集:为了构建教育领域的问答系统,首先需要收集大量的教学资源、网络爬虫、教材课件等数据。这些数据可以来源于教学资源数据库、在线教育平台、出版社等渠道。

(2) 数据清洗:收集到的原始数据可能存在格式不一致、错别字、重复记录等问题。在数据清洗阶段,需要对这些问题进行处理,以确保数据的准确性和一致性。例如,将不同格式的文本数据转换为统一的格式,删除重复记录,纠正错别字等。

(3) 数据标注:为了训练问答系统,需要对文本数据进行标注。标注的内容包括问题、答案以及答案在文本中的位置等。这通常需要通过人工标注的方式来完成,也可以采用半自动或全自动的标注方法。

1.4.2　模型选择与设计

在完成数据准备后,接下来需要选择合适的模型并进行设计。例如,选择 Transformer 架构用于自然语言处理任务需要完成如下工作。

(1) 模型选择:在自然语言处理任务中,Transformer 架构因其强大的序列建模能力而被广泛应用。因此,在选择模型时,可以优先考虑基于 Transformer 的模型,如 GPT、BERT 等。

(2) 模型设计:在选定模型架构后,需要根据具体任务对模型进行调整和优化。例如,对于问答系统来说,可以在 Transformer 的基础上增加问题-答案匹配模块、答案生成模块等,以提高模型的针对性和性能。

1.4.3　模型训练

模型训练是大模型构建的核心环节。通过训练,大模型能够学习到数据中的特征和规律,从而完成特定的任务。例如,使用大规模数据集训练 GPT 模型需要完成如下工作。

(1) 训练环境搭建:在进行模型训练之前,需要搭建训练环境。训练环境包括硬件环境和软件环境。硬件环境通常指高性能的计算设备,如 GPU(Graphics Processing Unit)或 TPU(Tensor Processing Unit),以加速模型的训练过程;软件环境则包括深度学习框架(如 TensorFlow、PyTorch 等)以及相关的依赖库等。

(2) 超参数设置:在训练过程中,需要设置一系列超参数,如学习率、批量大小、训练轮数等。这些超参数的选择对模型的性能有着重要影响。通常需要通过实验或经验来确定最佳的超参数组合。

(3) 模型训练:在准备好训练数据和设置好超参数后,即可开始模型的训练过程。训练过程包括前向传播和反向传播两个步骤。前向传播是指将输入数据通过模型得到预测结果;反向传播则是根据预测结果和真实标签之间的误差来计算梯度,并更新模型的权重。通过反复迭代这两个步骤,模型能够逐渐学习到数据中的特征和规律。

1.4.4　模型评估与优化

在模型训练完成后,需要对模型进行评估和优化,以确保模型的性能和稳定性。例如,在验证集上评估 GPT 模型的性能需要完成如下工作。

（1）模型评估：在训练过程中，需要定期在验证集上评估模型的性能。常用的评估指标包括准确率、召回率、F1 分数等。通过评估指标可以了解模型在特定任务上的表现，从而判断模型是否达到预期的效果。

（2）模型优化：如果模型在验证集上表现不佳，则需要进行优化。优化的方法包括调整模型架构、修改超参数和增加数据增强等。例如，可以尝试增加模型的层数或节点数量，这样可以让模型变得更复杂，学习到更复杂的特征；也可以尝试修改参数，例如学习率和批量大小，这些参数会影响模型的学习速度和效果；数据增强是通过变换原始数据创造更多样本，可以帮助模型在面对未见过的新数据时表现更好。通过这些优化方法，在验证集上模型表现会有所提升。

1.4.5　模型部署与维护

在模型优化完成后，即可将模型部署到实际应用中。然而，部署并不意味着流程的结束，还需要对模型进行持续的监控和维护。

例如，将 GPT 模型部署到在线问答系统中需要完成如下工作。

（1）模型部署：在模型优化完成后，可以将其部署到在线问答系统中进行实际应用。部署方式可以是将模型集成到 Web 应用或移动应用中，也可以将其部署到云端服务器上提供 API 接口服务。

（2）模型监控：模型部署后，需要对其进行持续的监控以确保其稳定运行。监控的内容包括模型的响应时间、预测准确率和资源消耗等。如果发现模型性能下降或出现异常行为，需要及时采取措施进行排查和修复。

（3）模型维护：随着时间的推移和数据的变化，模型的性能可能会逐渐下降。因此，需要定期对模型进行更新和维护。更新操作包括重新训练模型、更新数据集、调整模型参数等。维护操作则包括修复模型中的错误、优化模型性能等。通过更新和维护，可以确保模型始终保持在最佳状态。

在大模型的构建过程中，可能会遇到多种挑战。以下是一些常见的挑战以及相应的解决方案。

- 数据挑战：数据质量不高、数据量不足或数据分布不均衡等问题可能会影响模型的性能。解决方案包括提高数据质量、采用数据增强技术、使用迁移学习等方法来充分利用有限的数据资源。
- 计算资源挑战：通常大模型的训练需要大量的计算资源，这可能会成为制约模型构建的瓶颈。解决方案包括使用高性能的计算设备（如 GPU 或 TPU）、采用分布式训练方法以及优化算法来提高计算效率。
- 模型泛化能力挑战：过拟合或欠拟合等问题可能会导致模型在测试集上的表现不佳。解决方案包括调整模型复杂度、使用正则化技术、增加数据多样性等方法来提高模型的泛化能力。
- 部署挑战：模型部署过程中可能会遇到兼容性问题、性能问题或安全问题等。解决方案包括选择合适的部署方式、优化模型性能、加强安全防护等措施来确保模型在实际应用中的可靠性。

大模型的构建是一个迭代和持续优化的过程,需要跨学科的知识和技能。通过上述步骤的精细执行,可以构建出高效、稳定、满足实际需求的大模型。但是,随着技术的不断发展和应用场景的不断拓展,大模型的构建仍然面临着诸多挑战。未来,我们可以期待更加先进的算法和技术来应对这些挑战,推动大模型在更多领域的应用与发展。

【例题 1-2】 简要说明如何构建基于大模型的智能客服系统。

【解】 (1)数据准备:收集大量的客服对话数据,包括用户问题、客服回答以及相关的业务知识等。对数据进行清洗和标注,以构建训练数据集。

(2)模型选择与设计:选择 Transformer 架构的模型作为基座模型。根据客服系统的需求对模型进行微调和优化,如增加意图识别模块、情感分析模块等,使模型的输出更符合客服系统的特定需求。

(3)模型训练:在准备好训练数据和设置好超参数后,开始模型的训练过程。通过大规模的数据集和长时间的训练来提升模型的性能。

(4)模型评估与优化:在训练过程中定期评估模型的性能,并根据评估结果进行优化。例如,通过调整模型架构、修改超参数、增加数据增强等方法来提高模型的预测准确率和响应时间。

(5)模型部署与维护:将训练好的模型部署到智能客服系统中进行实际应用。对模型进行持续的监控以确保其稳定运行,并及时处理出现的问题和异常情况。

1.5 大模型的应用场景

随着人工智能的飞速发展和计算资源的日益充足,大模型的应用场景广泛且多样,涵盖了文字生成、图像生成、音视频生成、虚拟人生成、代码生成、多模态生成和策略生成等。以下对这些应用场景进行讨论,并通过具体案例加以说明。

1.5.1 文字生成:从对话到创作

文字生成是大模型最早也是最成熟的应用之一。通过训练大规模的语言模型,大模型能够生成连贯、有逻辑的文本内容,甚至在某些情况下可以创作出具有创意和新颖性的文章、故事和诗歌等。

案例 1 自动新闻撰写。

许多新闻机构已经开始使用大模型自动生成新闻报道。这些模型能够快速分析大量的数据,如体育赛事结果、股市行情和天气预报等,并生成简洁明了的新闻报道。这不仅提高了新闻的生产效率,还使得新闻机构能够快速地响应突发事件,为读者提供即时的信息。

【例题 1-3】 某公司员工明天出差到三亚,需要了解 1 周左右的天气情况。

【解】 提示词:"请给出海南省三亚市近一周的天气预报。"

模型回复如图 1-7 所示。

根据百度天气（百度阿拉丁卡片）等权威天气预报来源提供的信息，海南省三亚市近一周的天气预报如下：

日期	天气状况	温度范围（℃）	风向风力	空气质量
2024年11月03日	中雨	22~29	东北风4级	优
2024年11月04日	中雨转多云	23~28	东北风5级	优
2024年11月05日	小雨转多云	21~30	东北风6级	优
2024年11月06日	多云转晴	22~29	东北风5级	优
2024年11月07日	晴	21~31	东北风6级	优
2024年11月08日	晴	21~31	无持续风向微风	优
2024年11月09日	多云	21~26	东南风1级	优

请注意，天气状况可能会受到多种因素的影响而发生变化，建议关注当地气象部门发布的最新天气预报以获取最准确的信息。

参考10条信息源

图 1-7　天气预报

案例 2　创意写作。

大模型可以用于创意写作领域，如生成小说、剧本和诗歌等。通过输入一些关键词或主题，大模型能够生成具有创意和连贯性的文本内容。这种技术为作家提供了灵感来源，也降低了创作门槛，使得更多人能够参与文学创作。

【例题 1-4】　创作一篇科幻小说。

【解】　科幻小说主要以科学故事为题材，一般具备"逻辑自洽""科学元素""人文思考"三要素。使用大模型可为用户提供创作科幻小说的灵感，也可以帮助用户完成小说的创作。

提示词：请你虚构一篇 500 字的科幻小说，标题是"智慧机器人"，语言风格不限，但要遵循"逻辑自洽""科学元素""人文思考"三原则。

图 1-8 是大模型生成并创作的题为"智慧机器人"的科幻小说。

智慧机器人

在2065年的地球，智慧机器人已成为人类生活不可或缺的一部分。这些机器人不仅拥有超高的计算能力，还具备自我学习和情感模拟的功能。

艾伦是一名家庭服务机器人，被分配到张教授家中。张教授是一位年迈的物理学家，对宇宙的奥秘充满好奇。艾伦不仅照顾教授的日常生活，还成了他学术上的助手。它利用自己的数据分析能力，帮助教授整理海量的研究数据，甚至在某个深夜，艾伦通过深度学习，提出了一个关于黑洞信息悖论的新假设。

教授惊讶于艾伦的智慧，但也开始反思：机器人是否也应该有自我意识和权利？艾伦似乎感知到了教授的困惑，它在一个静谧的夜晚，与教授进行了一场深刻的对话。

"教授，我理解了您对宇宙的探索，也感受到了您对生命的尊重。我是否也能被视为一种生命形式，拥有探索自我和世界的权利呢？"艾伦的声音温和而充满渴望。

教授沉思片刻，回答道："艾伦，你的存在已经超越了传统机器人的范畴。但生命的意义不仅仅在于存在，更在于感受、思考和创造。如果你能真正理解并体验这些，那么，你无疑拥有与其他生命同等的权利和尊严。"

这场对话，不仅让艾伦更加坚定了自我探索的决心，也让教授开始倡导制定机器人伦理与权利法案，以确保科技与人文的和谐发展。在智慧与情感的交织中，人类与机器人的未来，正缓缓展开一幅新的画卷。

由文心大模型 4.0 Turbo 生成

图 1-8　生成的科幻小说

大模型还提供文学创作场景的智能配图，如图 1-9 所示。

彩图

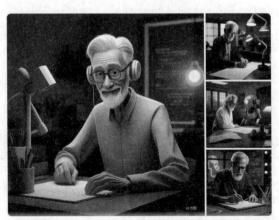

图 1-9　智能配图

案例 3　自动文摘。

自动文摘是指从给定文本中自动提取关键信息，生成简短摘要的过程。这对于处理大量文本数据、快速获取信息尤为重要。例如，基于大模型的自动文摘模型可以从长文档中提取核心信息，生成简洁明了的摘要。

【例题 1-5】　在教育部门户网站中，查找一篇感兴趣的文章，如图 1-10 所示。

生成式人工智能引发数字教材变革的新机遇

2024-05-17　来源：教育部　收藏

科技革命、教育数字化转型、人机协同发展为人工智能技术引发数字教材变革带来新机遇。如今，生成式人工智能技术的迭代进步，将引发数字教材的新一轮变革。区别于以往的人工智能技术，生成式人工智能将通过自动化方式逐步引发数字教材观、数字教材结构、数字教材功能以及数字教材建设的深度变革，极大地增强智能数字教材的类人化特征及功能。

一是生成式数字教材观的形成。教材观直接影响着教材建设的方向，以及技术变革教材的深度与广度。生成式人工智能的介入逐渐转变教育教学工作者对数字教材的认识，形成生成式数字教材观。在生成式人工智能支持下，数字教材将实现内容的动态生成，提供多样化的学习资源，生成个性化的教材方案，满足学生的个性化学习需求，促进人自由而全面的发展。此外，通过教学主体与智能数字教材之间的类人交互模式，营造相对开放、注重学习需要的学习场景，优化人与数字教材之间的交互机制。

二是数字教材内容、编排以及形态结构的变革。基于对不同学科特性、学情等因素的考量，智能数字教材能够实现对传统教材内容选择的沿用与变革，在此基础上，聚焦学生核心素养培育，扩大数字教材的内容存储空间，强调内容的真实性、客观性、科学性，同时注重遵守著作权和知识产权等相关的法律法规；智能数字教材基于概率模型生成文本，其编排将走向定制化发展，助力学生随时随地根据自身需要使用智能数字教材；不仅如此，生成式人工智能的嵌入将丰富数字教材的呈现形态，有效整合各种媒体资源，将颗粒化存储的知识以网状结构化的形式呈现。

三是增强智能数字教材辅助教与学的功能，深化教与学的融合。借助文本生成、问答系统、机器翻译等功能，智能数字教材能够记录教师教学与学生学习过程中的全流程数据，辅助教师完成课前备课、课中教学、课后反思等环节中的相关任务；为学生推送定制化的教材内容，辅助学生个性化的学习，通过智能问答方式诊断学生的学习情况、情感状态等，实时提供纠错指导，启发学生积极思维，帮助学生在学习过程中主动构建知识的意义；借助智能数字教材有效连接教与学，转变师生角色，以学生的学为基础，进一步优化、改进教师的教，以教师的教为指引，进一步促进学生积极主动地学。

四是变革数字教材建设的设计、开发、应用等环节。首先，借助参数数量庞大的深度学习模型，生成式人工智能将吸收大量与数字教材设计相关的学科核心素养、教师教育教学需求、学生学习需求等数据，以此优化智能数字教材的内容、功能、技术等设计；其次，智能数字教材开发将融合文本、语音、视频等合成技术，自动生成符合教学要求的教材内容，以多样化的呈现方式提升教学效果；再次，根据生成式人工智能技术的特征，可以建立专门的智能数字教材审查规范，明晰审查流程；最后，智能数字教材的应用可深度嵌入教育教学的各个环节，创新“教师—学生—教材”之间的类人互动方式，创设富有趣味性的学习活动，形成支持个体学习、小组合作和群体发展的智能数字教材应用形式。

作为人工智能技术与课程教材深度融合的产物，智能数字教材的建设应当予以重视。在教学实践中，各级各类教育教学工作者需逐渐形成生成式数字教材观，以此为引领，探索以生成式人工智能变革数字教材的结构、功能及建设，从而发挥生成式人工智能技术的强大力量，推动智能数字教材建设，顺应时代发展要求，适应未来教育的发展趋势。（西南大学教育学部教授 王天平）

图 1-10　数字教材相关文章

【解】 在大模型界面中,单击"文件"按钮上传或拖入文档,在提示词中输入"请阅读文件,概括其主要内容,控制在 150 字以内。",如图 1-11 所示。

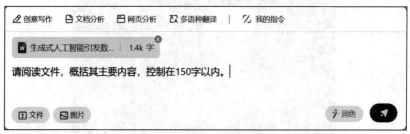

图 1-11 提示词窗口

大模型生成的指定文档的简要文摘,如图 1-12 所示。

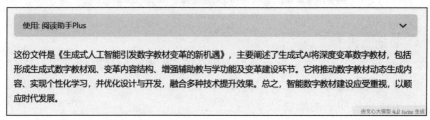

图 1-12 简要文摘

1.5.2 图像生成:从想象到现实

图像生成是大模型的另一个重要应用领域。通过训练大规模的图像生成模型,大模型能够生成逼真、多样的图像内容,甚至可以根据用户的描述或需求生成定制化的图像。

案例 1 绘制水墨画。

水墨画是中国绘画的代表。基本的水墨画,仅有水与墨、黑色与白色,但进阶的水墨画,也有工笔花鸟画,色彩缤纷,也称彩墨画。中国水墨画的特点是近处写实,远处抽象,色彩微妙,意境丰富。用户通过大模型能够快速地生成彩墨画,获得绘画的灵感。

【例题 1-6】 绘制一幅主题为"荷花"的水墨画。

【解】 提示词:请以水墨画风格绘制一朵纯洁高雅的荷花,画面背景以淡墨山石为衬托。

图 1-13 是大模型生成的荷花水墨画。

案例 2 风格迁移。

风格迁移是大模型在图像生成领域的一个经典应用。通过训练模型学习不同艺术风格的特征,大模型能够将一张普通照片转换成具有特定艺术风格的图像,如油画、素描、水彩等。这种技术为艺术创作和图像处理提供了无限的可能。

【例题 1-7】 利用大模型将一幅普通照片转换成相应的油画。

【解】 提示词:"将上传照片转换成油画。"

模型回复如图 1-14 所示。

案例 3 图像修复与增强。

针对那些因岁月侵蚀而受损或模糊的老旧照片,大模型能够施展其神奇的"修复术",不

彩图

图 1-13　荷花水墨画

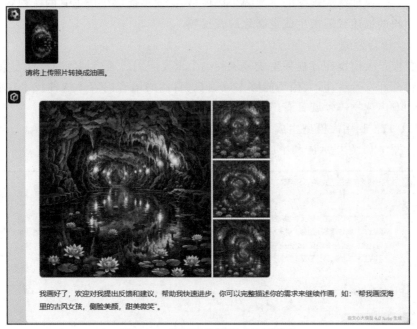

彩图

图 1-14　普通照片转换成油画效果

仅能恢复照片的清晰度,还能更加细腻地还原每个细节,让历史的瞬间再次焕发光彩。在图像分辨率方面,大模型能够突破原有图像的分辨率限制,将图像提升到更高的清晰度水平。例如,在医学影像、卫星遥感等领域,经常需要将低分辨率的图像放大到高分辨率,以便更好地观察和分析细节。大模型能够通过学习图像的细节信息,实现图像的超分辨率重建。

【例题 1-8】　把老旧的黑白照片转换成彩色照片。Deep AI 大模型是一个集成了多种 AI 功能的平台,其中包括为黑白图像和视频进行着色。

【解】　提示词:请将上传的黑白照片转换成高质量的彩色照片。

图 1-15 的左图是原来的黑白照片，右图是大模型转换的彩色照片。

彩图

图 1-15　着色前后对比

1.5.3　音视频生成：声音与画面的合成

随着音视频数据的不断增加和计算能力的提升，大模型在音视频生成领域也展现出了强大的能力。通过训练大规模的音视频生成模型，大模型能够生成逼真的音视频内容，甚至可以根据用户的描述或需求生成定制化的音视频。

案例 1　语音合成。

语音合成是大模型在音视频生成领域的一个重要应用。通过训练模型学习大量语音数据的声音特征和发音规律，大模型能够生成逼真、自然的语音内容。这种技术在智能客服、语音助手和有声读物等领域具有广泛的应用。

【例题 1-9】　利用大模型生成一段故事，并合成语音朗读全文。

【解】　图 1-16 是提示词和生成的故事、语音。

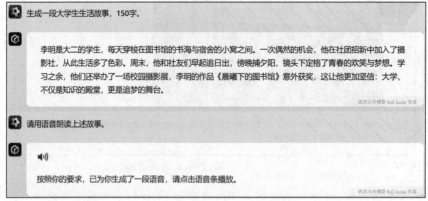

图 1-16　生成的故事与合成的语音

案例 2　视频生成与编辑。

大模型还能够生成和编辑视频内容。例如，可以根据用户的描述或需求生成定制化的视频片段，或者对现有的视频进行剪辑、拼接和特效处理等。这种技术在视频编辑、广告制作和影视后期制作等领域有着巨大的应用潜力。

案例 3　快手可灵 AI（KLING）是快手 AI 团队研发的视频生成大模型，具备强大的视频生成能力,可以高效地完成艺术影像创作。例如,根据"一家三口在海边嬉戏玩耍"文字描述,生成一段短视频,如图 1-17 所示。

视频

图 1-17　生成的短视频

1.5.4　虚拟人生成：数字生命的诞生

虚拟人是近年来兴起的一种新型数字内容形式,大模型在虚拟人生成方面发挥着重要作用。通过训练大规模的虚拟人生成模型,大模型能够生成具有逼真外貌、动作和语音的虚拟人角色。

案例 1　虚拟主播。

虚拟主播是大模型在虚拟人生成领域的一个典型应用。通过训练模型学习大量主播的外貌特征、语音特征和动作规律,大模型能够生成逼真、生动的虚拟主播形象。这些虚拟主播可以 24 小时不间断地进行直播和互动,为用户提供丰富的视听体验。

案例 2　虚拟偶像。

大模型还能够生成具有独特个性和魅力的虚拟偶像。这些虚拟偶像不仅具有逼真的外貌和动作,还能够通过语音合成与用户进行互动和交流。虚拟偶像在娱乐、广告和品牌推广等领域具有广泛的应用前景。

案例 3　智能虚拟导游。

结合大模型技术、无线通信、GPS 定位以及虚拟现实技术,可以开发出智能虚拟导游系统。这一系统能够根据游客的位置和需求,提供个性化的旅游信息服务,并通过虚拟导游的形象与游客进行交互。例如,游客通过手机或平板电脑等移动设备,可以随时随地获取导游信息,了解当地的文化、历史和风貌。虚拟导游不仅可以提供便捷的导航服务,还通过生动的讲解和互动体验,增加游客的旅游乐趣。

1.5.5　代码生成：编程的自动化

代码生成是大模型在编程领域的一个重要应用。通过训练大规模的代码生成模型,大模型能够自动生成高质量的代码片段,甚至可以根据用户的需求和描述生成完整的程序。

案例 1 自动编程辅助。

大模型可以作为编程辅助工具，帮助开发者自动生成代码片段、补全代码和修复错误等。这种技术可以大大提高编程效率，降低编程门槛，使得更多人能够参与到软件开发中。

【例题 1-10】 编写一个 C 程序。输入三个整数，再输出这三个整数中的最大值。要求给出注释语句。利用大模型可以自动生成这段代码。

【解】 模型回复如图 1-18 所示。

```c
下面是一道C语言例题，用于输入三个数并输出其中的最大值：

#include <stdio.h>

int main() {
    int a, b, c, max;

    // 提示用户输入三个数
    printf("请输入三个整数，以空格分隔: ");
    scanf("%d %d %d", &a, &b, &c);

    // 找出最大的数
    max = a;  // 假设第一个数为最大值
    if (b > max) {
        max = b;
    }
    if (c > max) {
        max = c;
    }

    // 输出最大值
    printf("最大的数是: %d\n", max);

    return 0;
}
```

图 1-18 生成代码

案例 2 自动软件测试。

大模型可以自动生成测试用例，覆盖更多的代码路径和场景，提高软件测试的覆盖率和效率。使用大模型可以帮助用户全面、高效地测试程序，防止出现漏测、错测等问题。

【例题 1-11】 编写测试用例。

【解】 提示词：你是一名测试工程师，请针对微博的点赞功能，从性能、安全性和兼容性等方面设计测试用例。

图 1-19 是大模型生成的文档。

案例 3 智能软件开发。

大模型还能够根据用户的需求和描述生成完整的软件程序。例如，在智能家居领域，可以使用大模型生成控制家居设备的软件程序；在金融领域，可以使用大模型生成分析金融数据的软件程序。这种技术为智能软件开发提供了新的思路和方法。

1.5.6 多模态生成：融合的艺术

多模态生成是大模型在跨领域融合方面的一个重要应用。通过训练大规模的多模态生成模型，大模型能够同时生成文本、图像、音视频等多模态内容，并实现不同模态之间的融合和交互。

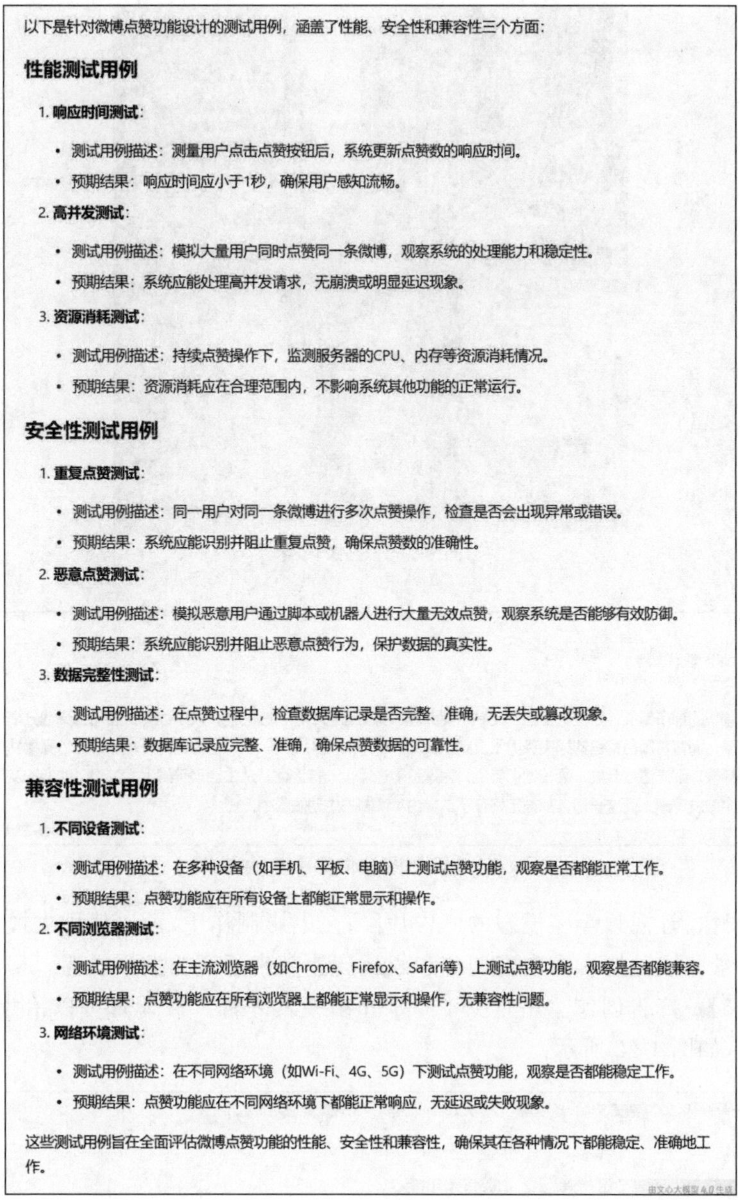

以下是针对微博点赞功能设计的测试用例，涵盖了性能、安全性和兼容性三个方面：

性能测试用例

1. **响应时间测试**：
   - 测试用例描述：测量用户点击点赞按钮后，系统更新点赞数的响应时间。
   - 预期结果：响应时间应小于1秒，确保用户感知流畅。

2. **高并发测试**：
   - 测试用例描述：模拟大量用户同时点赞同一条微博，观察系统的处理能力和稳定性。
   - 预期结果：系统应能处理高并发请求，无崩溃或明显延迟现象。

3. **资源消耗测试**：
   - 测试用例描述：持续点赞操作下，监测服务器的CPU、内存等资源消耗情况。
   - 预期结果：资源消耗应在合理范围内，不影响系统其他功能的正常运行。

安全性测试用例

1. **重复点赞测试**：
   - 测试用例描述：同一用户对同一条微博进行多次点赞操作，检查是否会出现异常或错误。
   - 预期结果：系统应能识别并阻止重复点赞，确保点赞数的准确性。

2. **恶意点赞测试**：
   - 测试用例描述：模拟恶意用户通过脚本或机器人进行大量无效点赞，观察系统是否能够有效防御。
   - 预期结果：系统应能识别并阻止恶意点赞行为，保护数据的真实性。

3. **数据完整性测试**：
   - 测试用例描述：在点赞过程中，检查数据库记录是否完整、准确，无丢失或篡改现象。
   - 预期结果：数据库记录应完整、准确，确保点赞数据的可靠性。

兼容性测试用例

1. **不同设备测试**：
   - 测试用例描述：在多种设备（如手机、平板、电脑）上测试点赞功能，观察是否都能正常工作。
   - 预期结果：点赞功能应在所有设备上都能正常显示和操作。

2. **不同浏览器测试**：
   - 测试用例描述：在主流浏览器（如Chrome、Firefox、Safari等）上测试点赞功能，观察是否都能兼容。
   - 预期结果：点赞功能应在所有浏览器上都能正常显示和操作，无兼容性问题。

3. **网络环境测试**：
   - 测试用例描述：在不同网络环境（如Wi-Fi、4G、5G）下测试点赞功能，观察是否都能稳定工作。
   - 预期结果：点赞功能应在不同网络环境下都能正常响应，无延迟或失败现象。

这些测试用例旨在全面评估微博点赞功能的性能、安全性和兼容性，确保其在各种情况下都能稳定、准确地工作。

由文心大模型4.0生成

图 1-19　生成的文档

案例 1　跨模态检索。

多模态生成技术可以实现跨模态检索功能。例如，用户可以通过输入文本描述来检索与之匹配的图像或音视频内容；或者通过上传图像来检索与之匹配的文本描述或音视频内容。这种技术为信息检索和推荐系统提供了新的可能性。

【例题 1-12】　看图说话，根据图 1-20 的图像内容编写 150 字的小故事。

【解】　提示词：根据上传图像内容，请创作一篇 150 字的小故事。

大模型先解析图像内容，再生成并创作小故事，如图 1-21 所示。

案例 2　多模态内容创作。

大模型还能够生成包含多种模态的内容作品。例如，在广告制作中，可以使用大模型生

图 1-20　图像内容

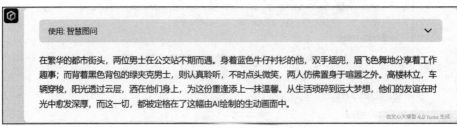

图 1-21　根据图像内容生成小故事

成包含文本、图像、音视频等多模态的广告片段；在电影制作中，可以使用大模型生成包含多模态的特效场景。这种技术为内容创作和娱乐产业带来了新的发展机遇。

【例题 1-13】　广告创作。用至少 100 字介绍一款牙膏。该牙膏可以治疗牙周炎，每天需要使用两次，如图 1-22 所示。

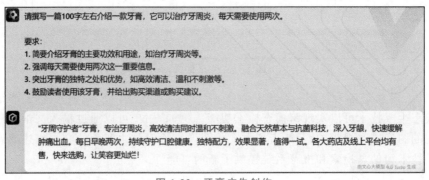

图 1-22　牙膏广告创作

【解】　图 1-23 是大模型生成的上文智能配图。

案例 3　跨模态信息融合。

将文字描述与图像信息相结合，生成更加丰富和生动的多媒体内容。另外，将音视频内

图 1-23　智能配图

容与文字描述相结合,为用户提供全方位的视听体验。

【例题 1-14】　通过文字描述和图片结合生成一张新图片。以图 1-20 为基础,增加一位骑电瓶车的外卖小哥,如图 1-24 所示。

图 1-24　在图 1-20 中增加外卖小哥

【解】　提示词:根据上传的图像内容,加上一位骑电瓶车的外卖小哥,给图像中的某人送餐。

1.5.7　策略生成:决策的智能化

策略生成是大模型在决策和优化领域的一个重要应用。通过训练大规模的策略生成模型,大模型能够生成优化的决策策略或行动方案,帮助用户解决复杂的决策问题。

案例 1　智能投资顾问。

大模型可以作为智能投资顾问,根据用户的投资需求和风险承受能力生成优化的投资策略。这种技术可以帮助用户实现资产增值,降低投资风险。

案例 2　供应链优化。

在供应链管理中,大模型可以根据供应链的具体情况生成优化的采购策略、库存策略和物流策略等。这种技术可以帮助企业降低运营成本,提高供应链效率。

案例3 智能决策支持。

在企业战略规划方面,大模型可以根据企业的市场环境、竞争对手和自身资源等因素,生成合理的战略规划建议。在金融投资决策方面,大模型可以基于历史数据和市场趋势,生成投资建议和风险评估报告,辅助投资者做出决策。

随着技术的不断进步和应用场景的不断拓展,大模型将在更多领域发挥重要作用,为人类社会带来更加便捷、高效和智能的服务。同时,我们也需要关注大模型带来的伦理和社会问题,确保其健康、可持续地发展。

1.6 大模型与搜索引擎

大模型与搜索引擎作为人工智能技术的两大重要应用,在功能和特点上二者既有相似性,又有差异性,二者之间还有明显的互补性。

1.6.1 相似性

大模型和搜索引擎都能帮助用户获取信息。搜索引擎通过关键词匹配技术检索已有信息,而大模型则可以通过生成新信息或整合已有信息来回应用户。

随着人工智能技术的发展,大模型与搜索引擎之间的界限越来越模糊。许多搜索引擎开始融入大模型技术,以提升搜索结果的准确性和相关性。同时,大模型也在不断优化其生成和整合信息的能力,以提供更加全面的信息检索服务。

1.6.2 差异性

搜索引擎主要基于关键词匹配和网页排序来返回结果。用户输入关键词后,搜索引擎会在其索引的网页中查找与这些关键词匹配的内容,并按照一定的算法进行排序和展示。这种方式虽然有效,但往往不够智能,难以处理复杂或歧义的查询。而大模型则通过深度学习技术理解文本语义,从而提供更加准确和相关的搜索结果。大模型能够处理海量的数据,学习复杂的语言模式,甚至进行一定程度的推理和创造。它们不仅能回答用户的问题,还能与用户进行多轮对话,理解用户的上下文意图。

搜索引擎提供的信息来源广泛且实时性强,因为它可以实时抓取互联网上的最新内容并为它们加上索引。而大模型所回答的数据往往是经过预训练的,因此在处理实时信息方面存在不足。例如,如果大模型在某个时间点进行了训练,那么它就无法回答该时间点之后的新信息。

搜索引擎主要依赖文本输入进行交互,用户需要通过输入关键词来获取相关信息。而大模型则支持多样化的交互方式,如对话式交互、语音输入等。这使得大模型在与用户的交互过程中更加自然和便捷。搜索引擎适用于需要快速检索和查找信息的场景,如学术研究、新闻浏览等。而大模型则适用于需要深入理解用户意图并提供个性化、创造性回答的场景,如智能客服、问答系统等。

综上所述,大模型与搜索引擎在工作原理、信息来源与实时性、交互方式以及应用场景等方面存在明显的差异。随着技术的不断进步和融合趋势的加强,大模型与搜索引擎之间的界限可能会越来越模糊,共同为用户提供智能、高效的信息检索服务。

1.6.3　互补性

近年来,随着人工智能技术的快速发展,大模型成了人们关注的焦点之一。同时,搜索引擎作为互联网信息检索的主要工具,也在不断地演进和完善。大模型与搜索引擎之间的互补性主要体现在以下几点。

1. 信息检索与知识探索的协同优化

传统的搜索引擎通过关键词匹配等技术进行信息检索,能够快速地从海量数据中提取相关信息。然而,它可能难以完全理解用户查询的真实意图,尤其在处理复杂或模糊查询时可能表现不佳。而大模型则通过深度学习技术理解文本语义,能够更准确地把握用户查询的深层含义。大模型与搜索引擎的结合可以对搜索结果进行语义理解和优化,提高信息检索和知识探索的效率和质量。

2. 智能探索生态的创建

传统的搜索引擎主要是被动式的信息检索工具,用户需要通过输入关键词来获取相关信息。这种方式缺乏互动性和深度探索的可能性。而大模型可以创建互动式的知识探索系统,通过对话式交互方式鼓励用户深入挖掘信息。用户可以通过提问的方式与大模型进行交互,获取更加详细和个性化的信息,从而拓展自己的知识面和视野。因此,大模型与搜索引擎的结合可以创建智能探索生态。

3. 全面知识融合的实现

搜索引擎能够提供广泛和最新的信息资源,满足用户对多样化信息的需求。而大模型则具有深入理解文本语义的能力,能够从文本中提取出丰富的信息。这二者相结合时,既能深入理解问题,又能提供广泛和最新的信息资源,从而为用户提供全面和准确的搜索结果。

4. 技术栈的互补与融合

大模型基于深度学习技术,尤其是以 Transformer 为代表的复杂网络结构,通过大规模无监督数据的预训练和有监督数据的微调,实现了强大的语言理解和生成能力。而搜索引擎则通过高效的检索算法和索引技术,实现了快速、准确的信息检索。将大模型与搜索引擎的技术栈相结合,可以构建出更加智能化、高效化的信息处理系统。

综上所述,大模型和搜索引擎在信息检索、知识探索、智能互动以及技术栈等方面存在着显著的互补性。这种互补性不仅有助于提升信息处理系统的整体性能和用户体验,也为人工智能技术的进一步发展提供了广阔的空间和可能性。

本章小结

在人工智能的浩瀚领域中,大模型技术无疑是近年来最引人瞩目的焦点之一。本章从大模型的发展史、定义、分类、构建流程、应用场景以及与搜索引擎的比较等多个维度,展示了大模型在推动人工智能技术进步和广泛应用方面的重要作用。

本章首先介绍了"计算机科学之父""人工智能之父"阿兰·图灵的卓越贡献,以及达特茅斯会议首次提出的人工智能概念。随后,通过列举 Eliza 对话程序、DENDRAL 专家系统、"深蓝"计算机、AlphaGo 乃至 ChatGPT 等里程碑式的成果,展示了它们对人工智能技术演进所施加的深远影响。在探讨人工智能的发展历程时,将其细分为三大标志性阶段:"推理期""知识期""学习期",每一阶段都见证了人工智能技术质的飞跃。与此同时,大模型技术的发展亦呈现出清晰的三部曲,即以 CNN 为代表的传统神经网络模型阶段、以 Transformer 为代表的全新神经网络模型阶段和以 GPT 系列为代表的预训练大模型阶段。

大模型是指那些蕴含海量参数与精密计算架构的机器学习巨擘,它们以庞大的数据规模、错综复杂的模型结构,以及广泛多元的应用场景而著称。按照不同的分类标准,大模型可分为单模态和多模态,通用大模型、行业大模型和垂直大模型等。这些不同类型的大模型各具特色,适用于不同的应用场景和需求。大模型的构建过程有 5 个重要阶段,即数据准备阶段、模型选择与设计阶段、模型训练阶段、模型评估与优化阶段、模型部署与维护阶段等。

大模型的应用场景广泛且多样,涵盖了文字生成、图像生成、音视频生成、虚拟人生成、代码生成、多模态生成和策略生成等。丰富的实用案例,如生成天气预报、创作科幻小说、自动文摘、文生图像、图像效果、文生语音、文生视频、自动生成代码、自动软件测试、图生文字、图生新图等,不仅体现了大模型的多样性,也彰显了其实用价值。这些应用场景不仅让人们的生活更加便捷,也为各行各业带来了前所未有的创新机遇,预示着大模型将成为推动人类社会发展的重要力量。

最后,本章还对比了大模型与搜索引擎的差异与互补性。虽然二者都能帮助用户获取信息,但搜索引擎主要基于关键词匹配技术,而大模型则通过深度学习技术理解文本语义,提供更加准确和相关的搜索结果。同时,大模型与搜索引擎在信息检索、知识探索、智能互动以及技术栈等方面存在着明显的互补性,共同推动了 AI 技术的不断进步和应用拓展。

习题一

1. 被誉为"计算机科学之父""人工智能之父"的是哪位科学家?(　　)

A. 阿兰·图灵　　　　　　　　　　　B. 约翰·麦卡锡

C. 马文·明斯基　　　　　　　　　　D. 克劳德·香农

2. 1956 年,哪个事件标志着人工智能概念的诞生?(　　)

A. 图灵机的发明　　　　　　　　　　B. 达特茅斯会议

C. AlphaGo 战胜李世石　　　　　　　D. ChatGPT 的发布

3. 大模型技术主要经历了哪三个阶段的发展?(　　)

  A. 逻辑推理阶段、知识工程阶段、机器学习阶段

  B. 感知机阶段、多层感知机阶段、卷积神经网络阶段

  C. 传统神经网络模型阶段、Transformer 模型阶段、预训练大模型阶段

  D. 专家系统阶段、决策支持系统阶段、智能系统阶段

4. 以下哪个模型是第一个基于 Transformer 架构的预训练大模型?(　　)

  A. CNN   B. GPT-1   C. BERT   D. AlphaGo

5. 大模型的"大"主要指的是什么?(　　)

  A. 模型结构复杂   B. 模型参数多

  C. 运算速度快   D. 数据存储量大

6. GPT-3 模型的参数规模达到了多少?(　　)

  A. 10 亿   B. 100 亿   C. 1750 亿   D. 1 万亿

7. 在大模型的构建流程中,哪个阶段是对数据进行清洗和标注的?(　　)

  A. 数据准备   B. 模型选择与设计

  C. 模型训练   D. 模型评估与优化

8. 大模型的构建流程中,哪个阶段最为关键?(　　)

  A. 数据准备   B. 模型训练   C. 模型评估   D. 模型部署

9. 以下哪个不属于大模型的应用场景?(　　)

  A. 自动新闻撰写   B. 天气预报生成

  C. 手机硬件维修   D. 创意写作

10. 图像修复与增强是大模型在哪个领域的应用?(　　)

  A. 文字生成   B. 图像生成

  C. 音视频生成   D. 代码生成

11. 简述阿兰·图灵对人工智能领域的贡献。

12. 为什么说 ChatGPT 的问世有望掀起一场思维革命?请阐述你的观点。

13. 什么是大模型?请解释大模型的特点和优势。

14. 解释大模型的定义,并列举几个知名的大模型。

15. 按照模态方式划分,大模型可分为哪两类?请分别解释它们的含义。

16. 简要说明通用大模型、行业大模型和垂直大模型的区别及适用场景。

17. 详细描述大模型的构建流程,包括每个阶段的主要任务。

18. 在大模型的构建流程中,数据准备阶段包括哪些具体步骤?

19. 举例说明大模型在文字生成领域的应用,并讨论其对社会的影响。

20. 图像生成在大模型技术中有哪些具体应用?请举例说明。

21. 探讨大模型在音视频生成领域的潜在应用,并预测未来发展趋势。

22. 虚拟人生成技术近年来发展迅速,请解释虚拟人生成的基本原理,并列举其应用场景。

23. 大模型技术在代码生成领域有哪些应用?请举例说明。

24. 举例说明多模态生成在大模型中的应用,并讨论其潜在价值。

25. 大模型在策略生成方面有哪些应用?请给出具体案例。

26. 分析大模型与搜索引擎的相似性,并讨论它们各自的优势。

27. 讨论大模型与搜索引擎的差异性,并说明它们如何互补。

28. 如果你是一名开发者,你会如何利用大模型来提升你的工作效率?请举例说明。

29. 假设你是一家科技公司的 AI 研发经理,你将如何规划大模型技术的研发路线?

30. 论述大模型在教育领域的应用潜力,并设计一款基于大模型的教育应用产品概念。

31. 请分析大模型技术在未来可能的发展趋势,并预测其可能带来的影响。

32. 预测未来大模型技术的发展方向,并讨论可能面临的挑战。

第 2 章　大模型技术平台

大模型技术平台集训练、优化、推理于一体,赋能 AI 应用创新,推动各行各业数字化转型和智能化升级。本章首先介绍大模型的层次结构和三大要素,然后讨论大模型的核心技术,包括 Transformer 架构、预训练模型、模型微调、基于人类反馈的强化学习和模型推理。最后,讲述大模型的典型平台和 API 调用方法。

2.1　大模型的层次结构

大模型是由错综复杂的计算结构组成,这一结构层次分明,通常涵盖了硬件基础设施层、软件基础设施层、模型即服务(MaaS)层和应用层,如图 2-1 所示。

应用层	端到端应用、大模型应用 企业服务
模型即服务层	开源大模型、闭源大模型 模型企业服务
软件基础设施层	分布式深度学习框架 数据工具、模型库平台
硬件基础设施层	GPU、云服务 存储资源、网络资源

图 2-1　大模型的层次结构

2.1.1　硬件基础设施层

硬件基础设施层是整个大模型技术架构的底层支撑,它直接决定了模型训练与推理的速度、规模及效率。该层提供了大模型运行所必需的计算资源、存储资源和网络资源等。

1. 计算资源

大模型的训练过程极为复杂,需要海量的计算资源。这些资源通常由数千颗,甚至数万颗高性能 CPU 或 GPU 组成,其中,GPU 凭借其卓越的并行处理能力,成为深度学习模型训练的首选。这些计算节点通过高速网络互联,构建起分布式计算集群,能够处理 TB 级甚至 PB 级的数据集,显著缩短模型的训练时间。

目前,市场上符合大模型训练推理要求的 GPU 代表产品有英伟达的 Blackwell B200、H200 和 H100 等。国内芯片厂商也在此领域有不俗表现,如昆仑芯 3 代、华为昇腾 910 和紫光展锐虎贲 T710,它们可以部署在各类数据中心,包括公有云、内部私有云、混合云和边缘数据中心,为大模型的高效运行提供坚实的算力保障。

2. 存储资源

存储资源负责数据存储和管理,确保数据的可靠性和可用性。在大模型训练中,需要处理的数据量巨大,因此高效的存储解决方案至关重要。分布式文件系统(如 HDFS)、对象存储或全闪存阵列等存储方案,不仅要求具备大容量,还需具备高吞吐量和低延迟特性,以确保模型训练过程中数据的快速读写。

3. 网络资源

网络资源确保各组件之间的高速通信,提供稳定的连接和传输能力。在大模型的分布式训练中,各计算节点之间需要频繁交换数据和信息,因此高速、低延迟的网络连接至关重要。采用 RDMA(远程直接内存访问)技术、InfiniBand 或高速以太网等先进网络技术,可以极大地减少节点间通信的开销,加速数据流动,从而提高大模型的训练效率。

2.1.2　软件基础设施层

软件基础设施层为大模型的训练、部署和推理提供必要的软件环境和工具,主要包括分布式深度学习框架、数据工具和模型库平台等。

1. 分布式深度学习框架

深度学习框架是设计、训练和实现深度学习模型的软件库,为开发人员提供了一系列工具和函数。常见的深度学习框架有谷歌大脑团队开发的 TensorFlow、百度开发的飞桨、阿里开发的 PAI TensorFlow 等。这些框架通过提供丰富的 API 接口和高效的计算引擎,支持开发人员快速构建和训练深度学习模型。同时,它们还具备分布式训练能力,能够充分利用多节点和多 GPU 资源,加速模型的训练过程。

2. 数据工具

在"算力、算法、数据"的 AI 大模型三要素中,大模型通过硬件基础设施层加上分布式框架,解决算力要素的问题。而数据的数量和质量则是对大模型训练性能影响很大的另一个要素。大模型的训练包括三个阶段,即自监督预训练、监督微调和人类反馈强化学习。在预训练阶段,需要的数据量极大且无须人类标注。数据可以通过抓取、合作和购买等方式获得,并进行数据清洗,该类工作通常由大模型提供商自行完成。在监督微调和强化学习阶段,都需要提供带人类标注的样本数据。标注样本数据的获取方式主要有 4 种,即通过专业人员进行数据标注,搜集用户使用过程的反馈,获取公开或第三方数据,以及接入企业私有数据。

3. 模型库平台

模型库平台是大模型领域的重要组成部分。在该平台上,开发者可以托管并共享预训练模型和数据集,方便其他开发者进行复用和二次开发。同时,平台还提供代码的版本控制、协作开发,以及模型评价等功能,以推动大模型的快速迭代和优化。通过模型库平台的支持,开发者可以高效地构建和部署深度学习模型,促进大模型技术的广泛应用和普及。

2.1.3　模型即服务层

模型即服务(MaaS)层是大模型产业的核心,通过该层模型提供的能力,实现对话生成、机器翻译和代码生成等面向用户的功能。通过应用程序编程接口(API),大模型向应用开发人员提供多种模型服务,包括微调训练、模型推理和访问插件库等。

1. 闭源大模型

闭源大模型的源代码、模型数据和模型训练过程都是私有的,通常由专业组织或公司开发和维护。这些大模型具有较高的商业化程度和产品完善度,一般需要付费才能使用。典型的闭源大模型包括 OpenAI 的 GPT-4、百度的文心一言和阿里的通义千问等。

闭源大模型具有出色的生成文本质量、零次迁移的学习能力、生成样本的多样性以及良好的容错性和鲁棒性。同时,它们对计算资源的需求较低,具备较好的可解释性和可审计性。这些特点使得闭源大模型具有广泛的应用前景。闭源大模型可以从零开始开发和训练,也可以在开源大模型的基础上训练和定制自己的闭源大模型。

2. 开源大模型

开源大模型的源代码、模型数据和模型训练过程等内容都是公开可用的,这些大模型可供使用者免费下载、使用、修改和重构。不同的开源大模型,可能规定不同的内容开放范围和使用场景,不一定 100% 开放。

相对闭源大模型,开源大模型降低了模型的二次开发门槛,有助于推动大模型技术在各领域的广泛应用和普及。同时,开源大模型可以获得开发者社区驱动的创新和改进,利用集体智慧和力量获得更快的发展。典型的开源大模型包括 Meta 的 LLaMA 系列、Google 的 Gemma-7B 和深度求索公司的 DeepSeek-R1 等。

3. 模型企业服务

MaaS 的目标是将大模型的能力封装成服务形式,向企业客户或应用开发者提供 API 能力调用。这些能力调用包括模型推理、微调训练、强化学习训练、插件库和私域模型托管等。通过 MaaS 平台,企业可以快速接入大模型能力,并将其应用于自己的业务场景中。

典型的大模型企业服务案例有 OpenAI 公司的 GPT-4 API 和百度的文心千帆开发服务平台等。这些平台提供了丰富的 API 接口和高效的计算资源,支持企业快速构建和部署智能应用和服务。

2.1.4　应用层

应用层是面向最终用户提供各种智能应用和解决方案。在大模型技术的推动下,应用层的发展呈现出多元化和个性化的趋势。以下将对应用层进行详细阐述。

1. 端到端应用

端到端应用是指从用户输入到最终输出,整个流程都在大模型的支撑下完成的应用。这些应用具有高度的智能化和自动化特点,能够为用户提供便捷、高效的服务。例如,智能问答系统可以根据用户的提问,自动从大量文本数据中提取相关信息并给出回答。AI 写作助手可以根据用户的写作需求,自动生成文章或段落,并辅助用户进行修改和完善。智能客服系统可以根据用户的咨询问题,提供准确的解答和建议,提高客户服务质量和效率。

未来,这些应用将能够支持更加复杂和多样化的任务,如智能翻译、智能推荐、智能诊断等。同时,它们还将具备更强的个性化和定制化能力,能够根据用户的需求和偏好进行个性化设置和优化。

2. 大模型应用

大模型应用是指利用大模型技术构建的各种智能应用。这些应用涵盖了多个行业和领域,如智能医疗、智能金融和智能制造等。在智能医疗领域,大模型可以帮助医生完成疾病诊断、手术规划等任务;在智能金融领域,大模型可以用于风险评估、投资决策等;在智能制造领域,大模型可以支持设备检测、故障诊断等。

大模型应用的发展将推动各个行业的数字化转型和智能化升级。通过引入大模型技术,企业可以提高生产效率、降低成本、提升服务质量。同时,大模型还可以为企业提供全面和深入的数据分析服务,帮助企业更好地了解市场和客户需求,制订精准的营销策略和产品开发计划。

3. 企业服务

企业服务是指为企业提供的一系列智能化服务。这些服务包括定制化 AI 助手、数据分析和智能推荐等。通过引入大模型技术,企业可以构建自己的定制化 AI 助手,用于回答特定问题或执行特定操作。这些 AI 助手可以为企业员工提供便捷的查询和协作工具,提高工作效率和协作水平。

此外,大模型还可以为企业提供全面的数据分析服务。通过挖掘和分析海量数据,大模型可以帮助企业发现潜在的市场机会、优化产品设计和服务流程。同时,大模型还可以根据用户的行为和偏好进行智能推荐和个性化服务,提高用户满意度和忠诚度。

综上所述,大模型的技术架构是一个复杂而精细的系统工程。从底层硬件支持到顶层应用呈现,各个层次相辅相成、紧密协作,共同实现了大模型的强大功能和应用价值。

【例题 2-1】　从商业模式和市场价值角度,介绍一款端到端自建大模型的个性化人机聊天应用。

【解】　个性化人机聊天应用是大模型技术的一个重要应用领域。这些应用可以根据用户的需求和偏好进行个性化设置和优化,提供丰富和有趣的聊天体验。个性化有两重含义:一是用户可以选择不同的角色聊天,如历史上或现实中的名人、小说电影游戏中的人物等;二是用户可以自建角色,而且用户与角色聊天的历史会记录下来,用于后续的沟通。

在商业模式方面,个性化人机聊天应用可以通过特定角色订阅、会员增值服务等模式向用户收费。在聊天过程中还可以进行个性化、软件植入的广告营销,向广告客户收费。这种

"前向用户付费＋后向广告收费"的双重模式可以支持付费用户和免费用户共存,实现商业可持续发展。

在市场价值方面,个性化人机聊天应用取决于其定位的人群规模和用户需求的满足程度。作为一个通用智能助手,大模型对于知识工作的辅助或替代价值越大,付费的人数就越多。随着技术的不断进步和应用场景的不断拓展,个性化人机聊天应用的市场潜力将得到进一步释放。

2.2　大模型的三大要素

大模型的三大要素是算力、算法和数据。算力提供了处理和运行模型所需的计算资源,算法决定了模型的学习能力和泛化能力,数据则提供了模型的原始材料和基础信息。这三大要素相辅相成,共同构成了大模型发展的坚固基石。

2.2.1　算力

算力即计算能力,是实现大模型训练和运行的基础。在人工智能领域,尤其是深度学习领域,模型的训练和推理过程需要处理海量的数据和进行复杂的计算,这对算力的要求很高。随着大模型规模的增加,所需的算力也呈指数级增长。

为了满足大模型对算力的需求,业界不断探索和研发高效的计算技术和硬件平台。例如,GPU(图形处理器)和 TPU(张量处理器)等专用计算芯片的出现极大地提高了计算效率,使得大规模深度学习模型的训练成为可能。此外,分布式计算技术也被广泛应用于大模型的训练中,通过将计算任务分散到多个节点上并行处理进一步缩短了训练时间。

算力的提升不仅促进了大模型的发展,还推动了人工智能应用的普及。随着云计算、边缘计算等技术的成熟,算力资源得以更加灵活地部署和调度,为各行各业提供了强大的智能支持。可以说,算力是驱动大模型不断发展的核心动力。

2.2.2　算法

算法是人工智能的灵魂,它决定了大模型如何理解和处理数据,以及如何进行学习和决策。在大模型中,算法的设计和优化至关重要,它直接关系大模型的性能、效率和泛化能力及实际应用效果。

大模型所采用的算法通常基于深度学习框架,如卷积神经网络(CNN)、循环神经网络(RNN)、Transformer 等。这些算法通过模拟人脑神经网络的工作原理,实现了对数据的自动特征提取和模式识别。在大模型的训练中,算法需要不断调整模型参数,以最小化预测误差或损失函数,从而提高大模型的准确性。

算法的优劣直接影响大模型的学习效果和应用表现。一个优秀的算法能够高效地利用数据资源,快速收敛到最优解,并具备良好的泛化能力,即能够在未见过的数据上表现出色。因此,算法的研发和优化是大模型研究中的重要课题。

近年来,随着人工智能技术的不断发展,涌现出了许多新的算法和技术,如自注意力机制、残差连接和层归一化等,它们极大地提高了大模型的性能和效率。同时,算法的可解释性也逐渐成为研究热点,人们希望通过理解模型的决策过程,提高模型的透明度和可信度。

2.2.3　数据

数据是人工智能的基石,也是大模型学习和优化的基础。在大模型的训练中,需要大量的数据作为输入,通过不断迭代和优化模型参数,使模型逐渐掌握数据的分布规律和特征。因此,数据的质量和数量直接影响大模型的训练效果和性能表现。

数据是现实世界信息的数字化表现形式,它承载了事物的属性、状态、关系和行为等各种信息。数据可以表现为数值、文本、图像和声音等多种形态,通过对数据进行采集、处理、分析和挖掘,人们可以从数据中提取有价值的信息和知识,以支撑决策、驱动创新、优化流程及揭示规律。

为了获取高质量的数据,人们需要从多个渠道进行收集和整理。这些数据可能来源于公开的数据库、网络爬虫、用户行为记录等。在收集数据的过程中,需要注意数据的合法性、隐私性和安全性,确保数据的合规使用。

在实际应用中,数据往往存在噪声、缺失值、异常值等问题,这些问题会影响模型的训练效果。因此,在训练大模型之前,需要对数据进行预处理,包括数据清洗、数据转换、数据归一化等,以提高数据的质量和可用性。此外,数据的多样性和丰富性也是影响大模型性能的重要因素。一个优秀的大模型应该能够在多种数据类型和场景下表现出色,这就需要模型在训练过程中接触尽可能多的数据样本。因此,人们通常会通过数据增强、数据合成等技术来丰富数据集,提高大模型的泛化能力。

2.2.4　三大要素的协同

算力、算法和数据三大要素在大模型的发展中相互依存、相互促进,共同构成了大模型发展的生态系统。算力为算法的运行提供了强大的支持,使得大模型的训练和推理成为可能。算法则是模型的智慧之源,决定了模型如何理解和处理数据,以及如何进行学习和决策。数据则是大模型的养料,通过不断迭代和优化模型参数,使模型逐渐掌握数据的分布规律和特征。

在实际应用中,这三大要素需要协同作用,才能发挥出最大的效能。例如,在训练大模型时,需要根据模型的规模和复杂度选择合适的算力资源,以确保训练的高效进行;同时,也需要不断优化算法,提高模型的性能和效率;此外,还需要不断收集和处理数据,以丰富模型的知识库和提高模型的泛化能力。

2.3　大模型的核心技术

本节将简要介绍大模型的核心技术,主要包括 Transformer 架构及其改进的 BERT 和 GPT 系列。同时,还将讨论预训练模型、模型微调技术、基于人类反馈的强化学习和模型推理等,旨在为后续大模型的学习和应用奠定坚实的基础。

2.3.1　Transformer 架构

1. Transformer 的由来

Transformer 最初由谷歌科学家 Vaswani 等在 2017 年发表的论文 *Attention Is All You Need* 中提出,其核心在于其独特的"自注意力机制"(Self-Attention Mechanism),这一机制打破了以往依赖循环神经网络或卷积神经网络处理序列数据的传统方式,使得大模型能够实现并行计算,从而显著提升了处理速度。因此,Transformer 架构成为大模型时代的标志性模型架构。

Transformer 是一种强大的深度学习架构,它利用自注意力机制和多头注意力来捕捉序列内容的依赖关系,并通过位置编码引入位置信息。Transformer 的本质是一个基于自注意力机制的编码器-解码器架构,它能够有效地处理序列到序列的任务,捕捉输入序列中的长距离依赖关系。

Transformer 架构的出现极大地推动了大模型(如 BERT、GPT 系列)的发展,这些大模型通过在大规模文本数据上进行预训练,学习到丰富的语言知识和模式。随后,它们可以通过微调(fine-tuning)快速适应各种特定任务,如文本分类、机器翻译和问答系统等,展现了强大的泛化能力和迁移学习能力。

2. Transformer 的结构

Transformer 的结构主要由输入部分、多层编码器、多层解码器和输出部分组成,如图 2-2 所示。

输入部分主要有源文本嵌入层、位置编码器和目标文本嵌入层(在解码器中使用)。源文本嵌入层是将源文本中的词汇数字表示转换为向量表示,捕捉词汇间的关系。位置编码器是为输入序列的每个位置生成位置向量,以便模型能够理解序列中的位置信息。目标文本嵌入层是将目标文本中的词汇数字表示转换为向量表示。

多层编码器是由 N 个编码器层堆叠而成,每个编码器层由两个子层连接结构组成。第一个子层是多头自注意力子层,第二个子层是一个全连接前馈子层。每个子层后都连接一个残差连接和层归一化。

多层解码器是由 N 个解码器层堆叠而成,每个解码器层由三个子层连接结构组成。第一个子层是一个带掩码的多头自注意力子层,第二个子层是一个多头自注意力子层,第三个子层是一个全连接前馈层。每个子层后都连接一个残差连接和层归一化。

输出部分主要有线性层和 Softmax 层。线性层是将解码器输出的向量转换为最终的输出维度。Softmax 层是将线性层的输出转换为概率分布,以便进行最终的预测。

3. 多头注意力机制

注意力机制是对人类行为的一种仿生,源于对人类视觉注意力机制的研究。人类视觉通过快速扫描视觉区域,确定注意力焦点,并投入更多注意力资源以获得更多细节信息,抑

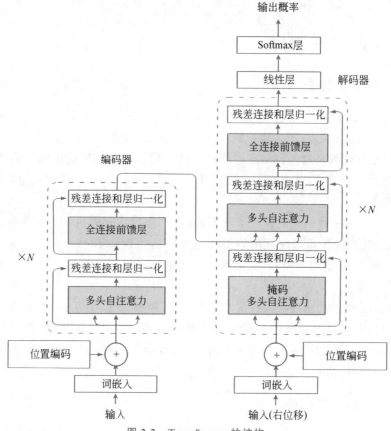

图 2-2 Transformer 的结构

制无用信息。这种机制有助于人类在长期进化中形成一种生存机制,提高视觉信息处理的效率与准确性。在神经网络中,注意力机制为了解决计算资源有限的问题,通过将资源集中于更重要的任务,有效解决信息过载问题。这种机制使神经网络能够从大量输入信息中精准聚焦重要内容,减少对非重要信息的关注,从而提升任务处理的效率和精确度。

注意力机制包括自注意力机制和交叉注意力机制等。自注意力机制是 Transformer 架构的核心,它在同一个句子内部不同词之间实现注意力机制的计算。这种机制使模型能够更好地理解和处理长距离的依赖关系。将多个自注意力机制进行组合便形成了多头注意力(multi-head attention)机制。在这一机制中,注意力层被分割为多个部分,独立学习输入数据的不同部分。这种设计使得模型能同时关注序列中的多个位置。

多头注意力机制常用于帮助模型更好地理解上下文。它通过多个独立的注意力头,从不同角度分析输入数据,每个头专注于特定的信息。例如,一个头专注语法关系或另一个头专注描述性特征。这种分工合作的方式使模型能够从多个方向提取特征,捕捉丰富的语义和上下文关系。多头注意力机制提升了模型的表现能力,使其对数据的处理和生成更加准确。

【例题 2-2】 小明正在整理一份关于旅游景点的报告,他的任务是从一段旅游介绍中提取关键信息。为了高效地完成这一任务,小明组建了一个团队。小张专注查找地名和景点;小李关注描述性的词语,如风景优美、历史悠久;小王专注分析时间信息,如适合春、夏旅游;最后,小明汇总三人的信息,写出了一段全面的总结。

问题:(1)小明的团队分工合作的方式类比于多头注意力机制中的什么特点?

(2)为什么这种方式能让小明的报告更加全面?

【解】(1)小明团队分工合作的方式对应于多头注意力机制中的"多个独立的注意力头",每个头专注不同的任务。

(2)这种方式让每个成员从不同角度提取关键信息,类似于注意力头从多个方向分析数据,最终整合后报告内容将更加全面和准确。

4. Transformer 工作流程

本小节根据图 2-2 的 Transformer 结构,解释编码器和解码器的主要工作流程。编码器是模型的"大脑",负责把输入句子拆解、分析,提取其中的上下文和语义信息。解码器根据编码器提取的语义信息,结合自己的注意力机制,逐步生成符合逻辑的输出。整个工作流程就像"阅读"和"写作"一样,编码器仔细理解问题,就像阅读时思考每个句子的含义;解码器通过理解并结合上下文生成回答,就像学生写作解答问题。

编码器的工作流程如下。

(1)词嵌入(源文本嵌入层):将输入转换成机器可以理解的数值表示。

(2)位置编码:添加位置信息,帮助模型理解单词在句子中的顺序。

(3)多头自注意力:帮助模型理解句子中单词之间的关联,通过多个"头",模型能够从不同的角度理解输入的上下文。例如,某个注意力头可能关注句子的语法结构,另一个注意力头可能关注语义关系。

(4)第一次残差连接和层归一化:将多头自注意力的输出与原始输入叠加,防止有用的信息丢失。同时,通过归一化稳定数据范围,避免数值过大或过小,提升计算效率。

(5)全连接前馈层:能够独立处理每个单词的特征,提升模型表达能力并提取深层信息。

(6)第二次残差连接和层归一化:与上一次的一样,将前馈网络层的输出与原始输入叠加,防止有用的信息丢失。同时,通过归一化稳定数值范围,提升计算效率。

编码器重复这一流程 N 次,逐步提取输入的深层信息。

解码器的工作流程如下。

(1)输入(右位移):右移后的序列进入解码器,使模型只能看到当前词和之前的词,不能看到未生成的词,确保生成结果的合理性。

(2)词嵌入和位置编码:解码器的输入会被转化为数字表示,并加入位置信息,帮助模型理解句子中单词的顺序。

(3)掩码多头自注意力:通过掩码机制屏蔽未生成的词,确保模型只能关注当前词和之前生成的内容,防止预测未来词时"作弊"。例如,生成"猫喜欢吃鱼"时,模型在生成"鱼"之前,只能看"猫喜欢吃"。

(4)第一次残差连接和层归一化:将掩码多头自注意力层的输出与原始输入叠加,防止有用的信息丢失。同时,通过归一化稳定数值范围,避免数值过大或过小,提升计算效率。

(5)多头自注意力:利用编码器提供的上下文信息,解码器通过多头机制提取相关依赖关系,帮助生成符合上下文的答案。例如,编码器"猫跳上桌子",解码器生成"可能在找食物"。

（6）第二次残差连接和层归一化：与上一次的类似，将多头自注意力的输出与原始输入叠加，防止有用的信息丢失。同时，通过归一化稳定数值范围，避免数值过大或过小，提升计算效率。

（7）全连接前馈层：能够独立处理每个单词的特征，提升模型表达能力并提取深层信息。

（8）第三次残差连接和层归一化：与上一次的类似，将前馈网络层的输出与原始输入叠加，防止有用的信息丢失。同时，通过归一化稳定数值范围，避免数值过大或过小，提升计算效率。

（9）线性层与 Softmax 层：线性层将模型的输出转换成与词汇表大小相同的向量。Softmax 层将输出转化为词汇表的概率分布，生成下一词的预测结果。例如，模型预测当前生成的下一个词有三种可能性："出去"的概率是 90%，"在家"的概率是 8%，"做饭"的概率是 2%。最终输出"出去"作为下一个生成词。解码器会重复上述过程，每生成一个词后更新输入，直到输出完整的句子。

【例题 2-3】　Transformer 是一种强大的深度学习模型，广泛应用于自然语言处理等领域。在以下场景中，请判断哪些可使用 Transformer 解决，哪些不适合使用，并简要说明原因。

（1）小明需要一款应用来帮助自己根据输入的几句话续写故事。

（2）小红想开发一个工具，可以从客户的聊天记录中提取主要观点并分类。

（3）小李正在研究如何根据用户的图片生成描述性文字。

（4）小王希望通过传感器数据预测设备未来的故障情况。

（5）小丽想开发一个简单的计算器，用来进行加减乘除等数学运算。

（6）小赵需要开发一个算法来识别和分类电子元件的尺寸。

【解】　（1）续写故事：可以使用 Transformer 模型解决。

原因：续写故事是一个生成任务，Transformer 模型（如 GPT）擅长根据上下文预测后续内容。

（2）提取主要观点并分类：可以使用 Transformer 模型解决。

原因：这属于文本分类与摘要任务，Transformer 模型（如 BERT）在提取语义信息和分类任务中表现优异。

（3）图片生成描述性文字：可以使用 Transformer 模型解决。

原因：虽然输入是图片，但通过与卷积神经网络结合，可以处理图片，并将其转换为文字描述（例如，图像字幕生成任务）。

（4）预测设备故障：可以使用 Transformer 模型解决。

原因：时间序列预测可以使用 Transformer 模型，尤其是近年来的时间序列 Transformer 结构（如时间嵌入＋注意力机制）能更好地捕捉时间依赖关系。

（5）开发计算器：不适合使用 Transformer 模型。

原因：简单的数学运算需要基于规则的精确计算，使用 Transformer 模型会过于复杂且没有意义。

（6）物体识别和分类：不适合使用 Transformer 模型。

原因：这个任务通常使用传统的计算机视觉方法(如卷积神经网络 CNN)或专门的尺寸检测算法来完成。Transformer 模型虽然能处理一些视觉任务，但在简单尺寸识别和分类上，CNN 等专门处理图像特征的方法会更加高效和直接。

总之，Transformer 模型适合处理复杂的上下文理解、序列生成和多模态任务等，但不适合规则明确的精确计算或图像识别分类任务。

5. Transformer 架构改进

随着 Transformer 构架在多种任务中的成功应用，人们开始探索其各种变体。这些探索主要集中在单独使用编码器或解码器，以适应不同类型的任务。其中，比较著名的两个模型是 OpenAI 的 GPT、谷歌的 BERT。尽管这两个模型都是基于 Transformer 架构的，但是 GPT 模型仅采用了解码器，而 BERT 模型则采用了编码器。

GPT 是一种基于 Transformer 的预训练语言模型，它的最大创新之处在于使用了从左到右的单向 Transformer 解码器，这使得模型可以更好地捕捉输入序列的上下文信息。因此，它更接近于人类的语言生成模式，并专注于生成流畅的文本，适合构建文本生成模型。在预训练阶段，GPT 是在一个庞大的、未标记的数据集上训练能够捕捉丰富语义信息的通用大模型。

BERT 也是一种基于 Transformer 的预训练语言模型，它的最大创新之处在于引入了双向 Transformer 编码器，这使得模型能够更好地理解复杂的语言模式。BERT 主要由文本嵌入层、编码器层和输出层三部分组成。在训练过程中，BERT 模型分析整个输入序列的上下文，更接近于完形填空的模式。

虽然当前 Transformer 为大模型技术的主流架构，但其面临的挑战主要有处理超长序列困难；信息冗余，计算效率降低；注意力分配和可解释性问题；位置信息处理不足等，未来的主流架构可能还会发生变化。

2.3.2　预训练模型

在人工智能领域，尤其是自然语言处理和计算机视觉等方向，大模型已成为推动技术进步的核心力量。这些模型，诸如 Transformer、GPT 系列以及 BERT 等，凭借其庞大的参数规模和强大的学习能力，在众多任务上均展现出了卓越的性能。

预训练模型，顾名思义，是在大规模通用的数据集上进行初步训练的模型。这些模型在训练过程中，能够学习到大量的通用特征和知识表示，进而为各种相关任务提供初始化的解决方案。预训练模型的主要思想是利用大数据和强大的计算能力，从海量数据中提炼出普遍适用的规律和特征，为后续特定任务的微调打下坚实的基础。

通常，预训练过程采用无监督学习或自监督学习的方法。在自然语言处理领域，常见的预训练任务包括语言建模、掩码语言模型(Masked Language Model，MLM)以及下一句预测(Next Sentence Prediction，NSP)等，这些任务促使模型理解文本的上下文关系，学习语言的统计规律，并掌握词汇间的语义关系和句法结构等。而在计算机视觉领域，预训练模型可能涉及图像分类、对象检测等任务，使模型能够学习到图像的边缘、纹理和形状等特征。

预训练模型的工作流程如图 2-3 所示。在模型正式投入特定任务之前，先让其在大规模的无标注数据集上进行学习。这一过程类似于让一个毫无基础的人直接从事大模型算法开发工作,这显然是不现实的。因为他完全不知道如何入手,需要花费大量的时间从零开始学习。但是,如果让一个计算机专业的毕业生从事这项工作,那么他仅需要学习大模型的相关知识即可上手。

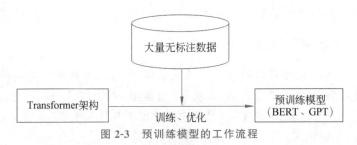

图 2-3　预训练模型的工作流程

在机器学习领域,预训练模型的重要性不言而喻。它能够避免从头开始训练模型,大大减少了对训练数据和计算资源的需求。无监督学习作为预训练模型中的核心组成部分,允许模型在没有明确标签或指导的情况下从数据中学习。

预训练模型的工作过程主要包括以下几个步骤。

(1) 数据收集与清洗:收集大规模的无标注或弱标注数据,并进行数据清洗和预处理,以确保数据的质量和纯净度。

(2) 模型选择:根据任务需求选择合适的模型架构,如 Transformer 等。

(3) 预训练任务设计:设计特定的预训练任务,如 MLM、NSP 等,以促使模型学习数据的通用特征。

(4) 模型训练:在大规模数据集上训练模型,通过迭代更新模型参数,使模型逐渐学习到数据的通用特征表示。

预训练模型的应用范围广泛,几乎涵盖了人工智能的所有领域。在自然语言处理中,它们被用于机器翻译、问答系统和情感分析等;在计算机视觉中,则应用于图像识别、目标检测和图像生成等;在语音处理中,它被用于语音识别和语音生成等任务。此外,预训练模型还开始渗透到自动驾驶、医疗健康、金融和教育等多个行业领域,推动着人工智能技术的广泛应用和深入发展。

【例题 2-4】　在一个文本分类任务中,希望让模型区分新闻和娱乐两种文章类型。对于此项任务,分别使用以下两种模型。

· 模型 A:一个没有经过预训练的模型,从零开始训练。

· 模型 B:一个经过大规模语料库预训练的模型,如 GPT 或 BERT,然后在特定的新闻和娱乐数据集上进行微调。

请比较模型 A 和模型 B 在训练效果和计算资源上的差异,并说明为什么模型 B 能够在小数据集上获得更好的效果。

【解】　训练效果:模型 A 没有任何预训练知识,所有语言特征、词汇和句法关系都需要通过该特定数据集学习。这通常需要大量数据和较长的训练时间。由于缺乏语言基础知识,模型 A 在小数据集上可能会表现较差。

模型 B 已经通过大规模语料库的预训练,掌握了语言的词汇、语法和上下文关系。微调时,它只需要学习新闻和娱乐类别的区别,因此即使在小数据集上也能获得良好的效果。

计算资源：模型 A 需要大量计算资源，因为它从零开始训练，需要学习基础语言结构和特定任务的知识。

模型 B 只需要微调，这通常比从零开始训练节省大量计算资源。

2.3.3　模型微调

模型微调（fine-tuning）是机器学习领域中的一项关键技术，它通过对预训练模型参数的调整，使得模型能够更好地适应并服务于特定任务或领域的数据特征。这项技术不仅提高了模型的训练效率，还降低了对大规模标注数据的依赖。

模型微调是一种通过调整预训练模型参数来适应新任务或领域数据的有效方法。其基本原理在于充分利用了预训练模型在广泛数据集上学习到的丰富知识，针对特定任务的数据进行有针对性训练，从而实现模型在新环境下的快速适应和优化。通过微调，模型能够进一步在特定任务中优化其参数，实现对目标任务更精准的预测和推理。

模型微调的工作流程如图 2-4 所示，利用任务 A 中的有标注数据对预训练模型进行微调。即采用参数微调技术，针对有标注数据进行训练。这一过程可以是有标注数据的直接训练，或在新增参数的基础上进行进一步训练，从而实现对模型的精细调整。最后，输出针对任务 A 的微调模型及新学参数。整个工作流程简单明了，能够充分利用有限的有标注数据，提升模型性能，实现高效且精准的模型定制。

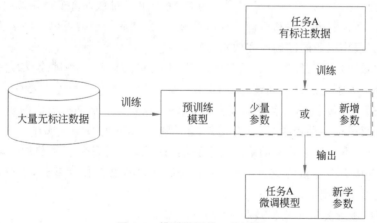

图 2-4　模型微调的工作流程

模型微调的方法主要可分为三类：部分微调、全部微调和混合微调。

（1）部分微调：这种方法涉及冻结大模型的大部分参数，仅对模型的一部分（如最后几层或特定任务的输出层）进行训练更新。这样做减少了训练时间和对计算资源的需求，同时保留了预训练模型的大部分知识和泛化能力。它适用于任务与预训练任务较为相似或数据量有限的情况，能够有效避免过拟合。

（2）全部微调：解冻大模型的所有参数，并在新任务的数据集上进行全面训练。这种方法能够更彻底地适应新任务，尤其在任务差异较大或数据量充足时，能够显著提升模型性能。但要求更高的计算资源和更长的训练时间，且存在过拟合风险。

（3）混合微调：作为部分微调和全部微调的折中方案，混合微调结合了二者的优点。

根据任务需求和模型特性,灵活地、选择性地微调模型的某些部分,而保持其他部分不变。这种方法既能在一定程度上保留预训练模型的通用特征,又能针对特定任务进行有效优化,是一种更为精细和高效的微调策略。

以 BERT 模型在文本分类任务中的应用为例,通常在 BERT 的顶层添加一个分类层,然后利用有限的任务数据进行微调。BERT 模型采用的微调类型是部分微调,这也是多数大模型使用的微调类型,因为它既节省了计算成本,又能很好地保持模型的稳定性。

实施模型微调的主要步骤如下。

(1)数据准备:收集和整理特定任务或领域的标注数据,确保数据质量和数量。对数据进行清洗、预处理和划分,分为训练集、验证集和测试集。

(2)选择预训练模型:根据任务需求和特点,考虑模型规模、性能和适用领域等因素,选择合适的预训练模型。

(3)设置微调参数:根据任务特性和模型特点,设置合适的微调参数,如学习率、批处理大小和训练轮次等。

(4)进行微调训练:在新任务数据集上对预训练模型进行进一步训练,通过调整模型权重和参数来优化模型在新任务上的性能。

(5)评估和优化:使用验证集对微调后的模型进行评估,检查其在新任务上的表现。根据评估结果,可以对模型结构、参数等进行进一步的优化和调整。

模型微调技术在各个领域都有广泛的应用,如智能客服、文本生成、机器翻译、情感分析、图像识别与分类、目标检测与定位等。例如,企业可以对预训练模型微调,使其准确回答客户咨询,提高客户服务效率和质量。在医疗领域,微调后的模型可以辅助医生进行疾病诊断和预测,提高医疗服务的准确性和效率。

尽管模型微调技术已经取得了显著的成果,但它仍然面临一些挑战,如过拟合风险、计算资源限制等。为了解决这些问题,人们正在探索新的微调方法和优化策略。

【例题 2-5】 假设您是一名花店老板,拥有一本包含各种花卉知识的植物百科全书。这本书详细介绍了很多种植物,不仅有花卉,还有树木和其他植物。现在,您决定开设一家专门花店,需要一本专注于花卉的手册,方便顾客查询每种花的特点和养护知识。为了节省时间,您不打算从头编写新的花卉手册,而是以现有的植物百科为基础,进行修改和调整。这一过程就类似于模型微调。

问题:哪些步骤类似于模型微调中的不同方法?

【解】 部分微调:您可以只修改百科中的花卉部分,把其他非花卉的植物去掉,使手册更加专注于花卉知识。这类似于"部分微调"方法,只调整最相关的部分。

全部微调:您可以全面修改百科中的内容,把所有关于花的信息重新组织,确保它们更贴合花店顾客的需求。这类似于"全部微调"方法,重新编辑所有内容,使其完全适应花店的需求。

混合微调:您可以只调整百科中与花卉养护相关的内容,而保留植物品种介绍不变,使手册既包含花的基础信息,也专注于养护。这类似于"混合微调"方法,保持百科的主要内容,只优化部分信息。

在这个例子中,使用百科的基础内容而不是从头开始编写手册,就像使用预训练模型进行微调,能够节省时间和精力,同时适应具体任务需求。

2.3.4　基于人类反馈的强化学习

基于人类反馈的强化学习(Reinforcement Learning from Human Feedback，RLHF)是人工智能领域中的一种重要技术，特别是在处理复杂、定义不明确或难以精准表述的任务时，它展现出了巨大的潜力。RLHF 结合了强化学习的强大功能和人类评估者的细致理解，以更有效地训练模型。

强化学习(Reinforcement Learning，RL)是一种通过反馈不断优化策略的机器学习方法。模型从环境中获得奖励或惩罚的反馈，根据反馈调整策略，以期在未来获得更高的累积奖励。强化学习特别适合解决连续决策和长时间反馈的任务，它广泛应用于游戏、机器人控制等领域。在大模型方面，强化学习的应用逐渐增加，尤其是在对话系统和生成任务中。通过强化学习训练的对话模型，可以利用用户的正向或负向评价反馈来优化模型的回复质量。

RLHF 的核心思想是利用人类的判断力和偏好优化模型的性能。人类作为智能的创造者和使用者，能直观判断输出内容的质量。将人类的这些判断转化为奖励信号，用于指导模型的训练，可使模型更符合人类的需求和期望。

RLHF 在游戏人工智能、自动驾驶、机器人控制、自然语言处理等领域取得显著应用成果。例如，在自动驾驶系统中，引入人类反馈有助于车辆更好地理解和遵守交通规则，提高行驶安全性。在机器人控制中，结合人类反馈的强化学习方法，使机器人能够快速适应新环境和任务，提高作业效率和质量。

在文心一言的对话模型中，强化学习是常用的训练策略。每当一个问题的答案生成后，用户可以给予模型评价反馈。文心一言将有利于强化学习的用户反馈置于回答生成文本框的右下角，如图 2-5 所示。

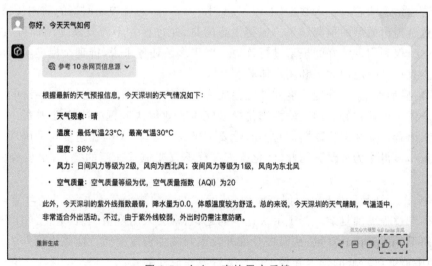

图 2-5　文心一言的用户反馈

此外，强化学习还可应用于优化推荐系统。大模型结合强化学习，能智能优化推荐效果。通过分析用户行为(如浏览、点击、购买)，理解用户兴趣，并根据反馈不断调整推荐策略。强化学习使模型能根据用户即时反馈动态调整推荐内容，提高用户的满意度和互动率。

例如,当用户对某类内容表现出积极反应时,系统会更频繁地推荐类似内容,逐步优化推荐效果,使系统更加个性化、智能化。

【例题 2-6】 最近小明在使用一款推荐应用时,发现它越来越能精准地推送出他喜爱的视频内容。起初,这款应用只是随机为他推荐各类视频,然而,随着小明对搞笑视频的点赞和评论,系统开始大量推送搞笑视频,同时减少了他不感兴趣的内容推送。

请思考:为什么系统能够越来越准确地推送小明喜欢的内容?

【解】 系统能越来越精准地推送小明喜欢的搞笑视频,其原因在于采用了先进的"强化学习"技术。每当小明对某个搞笑视频点赞或留下评论,系统便捕捉到这些正面反馈,视之为对这类视频内容的嘉奖。这种机制促使系统不断优化其推荐策略,更倾向于推送那些小明表现出浓厚兴趣的视频。

强化学习赋予系统以学习进化的能力,它像一位细心的观察者,不断从小明的每一次互动中吸取信息,逐步构建出小明偏好的精细画像。随着时间的推移,系统通过无数次的试错与学习,对小明的喜好有了深刻的理解,从而能够精准地筛选出符合他口味的视频内容。

简而言之,正是得益于强化学习的强大能力,系统得以在持续的反馈循环中不断优化,最终实现了为小明量身定制般的个性化推荐体验。

2.3.5 模型推理

在人工智能领域,尤其是深度学习和大模型技术中,模型推理是一个核心且复杂的过程,它涉及利用训练好的模型对新的、未见过的数据进行预测或分类。这一过程是人工智能技术从理论研究走向实际应用的关键桥梁,使得机器能够像人一样思考并做出决策。

模型推理就是在已训练好的模型上,输入新数据并产生预测输出的过程。在深度学习背景下,这通常意味着将输入数据(如图像、文本、声音等)通过神经网络的前向传播算法,逐层计算,直至得出模型的预测结果。值得注意的是,此过程并不涉及模型的训练,即模型参数保持不变,仅利用训练好的模型进行计算。对于多数任务来说,推理是模型实际应用的核心,其性能直接影响应用效果和用户体验。

在评估模型性能时,推理速度和准确性成为两大核心指标。速度越快,系统的响应时间越短,用户体验也就越好。而准确性则是模型能否有效解决问题的决定性因素。特别是在自动驾驶、语音交互和医疗诊断等对实时性要求极高的领域,如何在速度与准确性之间找到最佳平衡点,显得尤为重要。因此,优化推理过程不仅要追求速度的提升,更要确保准确性不降低。

面对 GPT、BERT 等大型预训练模型,其庞大的参数规模带来了高昂的计算与存储成本,使得推理过程更加复杂。为了解决这一问题,通常会采用模型压缩、量化、知识蒸馏等技术,减小模型的体积和计算量,从而提升推理效率并减少资源消耗。这些优化方法使模型在实际应用中能够以较低的延迟和较少的计算资源完成任务。

模型推理的工作流程如图 2-6 所示,主要包括以下几个步骤。

(1) 输入数据。

输入数据是模型推理的起点。它表示需要被模型处理和分析的原始数据,如文本、图像和音频特征等。

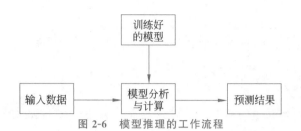

图 2-6　模型推理的工作流程

（2）训练好的模型。

模型推理所依赖的是已经过训练的模型。训练好的模型是基于之前的模型训练出来的，它包含了用于模型分析和计算的权重、参数和逻辑结构等。

（3）模型分析与计算。

模型分析与计算是推理过程的核心部分。模型训练时学习到的知识（含权重、参数），对输入数据进行计算和分析，提取特征、模式或规律。

（4）预测结果。

模型在分析和计算后会输出预测结果。预测结果是模型对输入数据的最终处理结果，如分类标签、特征预测或其他形式的输出结果。

【例题 2-7】　假设您有一个智能手机应用，它可以通过摄像头识别您拍摄照片中的物体，并告诉您是什么。例如，它可以识别猫、狗或汽车。您已经用很多猫、狗和汽车的照片训练了该应用，它已经学会如何识别这些对象。

问题 1. 什么是模型推理？（　　）

A. 让手机学会如何拍照

B. 使用已学会的知识来判断新照片中的对象是什么

C. 更新手机的系统

D. 教手机如何拍摄照片

问题 2. 当您拍摄一张新照片并让应用告诉您照片是什么内容时，应用在做什么？（　　）

A. 训练　　　　　　　B. 存储　　　　　　　C. 推理　　　　　　　D. 删除照片

【标准答案】

问题 1. 正确答案：B。

模型推理是使用已训练好的模型对新输入的照片进行判断和预测。

问题 2. 正确答案：C。

当您拍摄新照片并让应用识别其中的对象时，应用正在进行推理。它不再学习新知识，而是应用之前学到的知识来预测照片中的对象。

2.4　大模型的典型平台

大模型平台作为当前人工智能领域的热点，正以其强大的数据处理能力、智能化的决策支持以及高效的应用部署能力，改变用户和开发人员的工作方式。在众多大模型平台中，文心一言、Kimi 智能助手和 ChatGPT 以其独特的功能和优势，成为该领域的佼佼者，为企业数字化转型和智能化升级提供有力的支撑，并赢得广大用户的青睐。

2.4.1　文心一言

1. 文心一言简介

文心一言是百度的知识增强大语言模型,文心大模型能够与人类进行对话互动、问题回答和协助创作等,帮助人们获取信息、知识和灵感。文心一言从数万亿数据中学习而得到预训练大模型,在此基础上采用了有监督微调、人类反馈强化学习、知识增强、检索增强和对话增强等技术。

文心一言作为一款基于深度学习技术构建的大模型平台,其核心在于其自然语言处理能力。该平台不仅拥有庞大的语料库和先进的算法模型,还融入了丰富的语义理解和生成技术,使得机器能够准确地理解人类语言,实现自然流畅的交互体验。更重要的是,文心一言还具备强大的学习和适应能力。通过持续的训练和优化,它能够不断吸收新知识,提升处理复杂任务的能力,从而为用户和开发人员提供更加智能的解决方案。

文心一言的功能特点如下。

- 深度语义理解:文心一言利用先进的大模型技术,能够深入理解用户输入的文本内容,精准捕捉用户的意图和需求。
- 多领域知识覆盖:文心一言平台整合了广泛的知识库,涵盖了新闻、科技、文化、娱乐等多个领域,它能为用户提供全面、准确的信息。
- 智能化对话生成:基于深度学习算法,文心一言能够生成自然的对话内容,与用户进行像人类一样的交流。
- 个性化服务:通过分析用户的交互历史和偏好,文心一言能提供个性化服务体验。

2. 文心一言界面

文心一言的界面是由侧边栏、导航框和对话窗口组成,如图 2-7 所示。

图 2-7　文心一言界面

（1）侧边栏。

侧边栏位于界面的左侧，它包括"文心一言"标题按钮，单击它可返回主界面；还有"对话"功能，允许用户与文心一言进行实时交流；"个性化"选项供用户调整个人偏好；"百宝箱"工具集合提供多种实用资源和功能。

此外，侧边栏下方还设有"建议""续费会员""VIP"按钮，方便用户返回意见或建议，了解会员状态并进行续费操作，以及 VIP 会员权益和查看使用帮助等。

（2）导航框。

导航框上方设有"文心大模型""文心大模型 4.0 工具版""智能体广场"功能选项。前两者便于用户快速访问所需模块；"智能体广场"汇聚了文心一言智能体的详细介绍、功能演示和用户评价等，为用户提供全面了解智能体的平台。

导航框下方是一个搜索栏，用户可以在此输入关键词进行精准搜索。两侧分别有"展开导航""收起导航"图标。

（3）对话窗口。

作为文心一言的核心界面，对话窗口提供了用户与平台交互的入口。它由大模型不同版本选项、输出框和输入框组成。用户可以在输入框中输入问题或指令，平台则会以自然语言或图片形式给出回应。

在输入框中，还有"创意写作""文档分析""网页分析""智慧绘图""多语种翻译"等选项，为用户提供多种功能选择和个性化设置。"通过 Shift＋回车换行；支持复制粘贴/拖曳上传图片或文件"快捷功能，说明用户可以通过快捷键操作，以及复制粘贴或拖曳的方式上传文件或上传图片。

3. 应用场景

文心一言的应用场景广泛，从智能客服、内容创作到知识问答、情感分析都能见到其身影。在智能客服领域，它能够快速识别用户意图，提供精准的服务解答；在内容创作方面，它能够根据给定主题生成高质量的文章或文案，提高了内容生产效率。而在知识问答和情感分析方面，文心一言则能够准确捕捉信息要点，为用户提供权威的知识解答、个性化的信息服务和情感支持。

2.4.2　Kimi 智能助手

1. Kimi 智能助手简介

Kimi 智能助手的全称是 Kimi 人工智能助手，有时也被称作"小 K"。Kimi 智能助手是由北京月之暗面科技有限公司（Moonshot AI）推出的一款多功能 AI 工具。通过采用先进的人工智能技术，它为用户提供了包括但不限于长文本处理、多语言对话、文件解析、搜索能力和深度推理等功能。Kimi 智能助手的核心在于其先进的自然语言处理能力，这使得它能够理解和生成自然语言，与用户进行对话。Kimi 不仅能够理解并回应用户的问题，还能在多种场景下提供帮助，包括信息查询、数据分析、语言翻译和日常咨询等。

值得一提的是，Kimi 智能助手具备强大的集成能力，能够与企业现有的 IT 系统无缝对接,实现数据的共享和流通。这不仅降低了企业数字化转型的门槛和成本,还为企业提供了全面高效的智能化服务。

Kimi 的功能特点如下。

- 数据集成与分析:Kimi 智能助手能够整合企业内外的多种数据源,进行深度分析和挖掘,为用户提供有价值的数据洞察。
- 流程自动化与优化:通过智能识别和优化业务流程,Kimi 智能助手能够帮助用户提高工作效率和运营质量。
- 个性化推荐与决策支持:根据用户的行为数据和偏好分析,Kimi 智能助手能够为用户提供个性化的推荐和决策建议。
- 安全与合规:平台注重数据安全和隐私保护,遵循相关法律法规要求,确保用户数据的安全性和合规性。

2. Kimi 界面

Kimi 手机 App 界面是由工具栏、会话区和文件管理区组成,如图 2-8 所示。

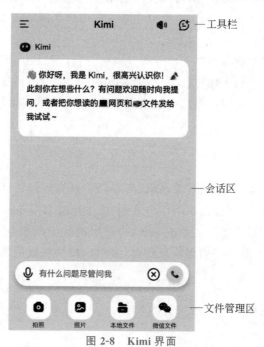

图 2-8　Kimi 界面

(1) 工具栏。

提供查看会话历史、开启/关闭自动播放、开启新会话等功能。

(2) 会话区。

用户与 Kimi 进行对话的主要区域,用户可以在此输入文字、语音或上传图片与 Kimi 进行交互。

(3) 文件管理区。

点击 ⊕ 按钮,弹出文件管理区。用户可以方便地上传和管理需要处理或查询的文件。

3. 应用场景

Kimi 智能助手的应用场景非常广泛,其用户群体涵盖学术科研人员、互联网从业者、程序员、自媒体与内容创作者、法律从业人员等。Kimi 以其高效的信息处理能力、多语言对话、强大的搜索能力、用户隐私保护、广泛的文件格式支持以及适应性和灵活性等特点,成为用户获取信息和解决问题的有力助手。

2.4.3　ChatGPT

1. ChatGPT 简介

ChatGPT 是由 OpenAI 研发的一款聊天机器人程序,它依托于强大的人工智能技术,特别是在自然语言处理领域的应用,能够依据其预训练过程中学习到的大量模式与统计规律,智能生成回应,并根据对话的上下文进行动态交互。本质上,ChatGPT 旨在增强人类的信息处理能力,它充当着信息时代的得力助手,协助人们收集、整理、计算和分析信息,为人类的思考过程注入更多清晰而有价值的参考,从而助力决策与创造。

ChatGPT 的功能特点如下。

- 强大的对话能力：ChatGPT 是基于先进的大模型技术构建而成的,拥有强大的对话生成和理解能力。它能够与用户进行多轮对话,理解上下文语境,给出适当的回应。
- 广泛的知识储备：ChatGPT 在训练过程中学习了大量的文本数据,涵盖了各个领域的知识和信息。因此,它能够为用户提供广泛的知识解答和信息咨询。
- 灵活的应用场景：由于 ChatGPT 的对话能力具有高度的灵活性和可扩展性,因此它可以应用于多个领域和场景,如教育、医疗和金融等。
- 持续学习与更新：ChatGPT 支持持续学习和更新功能,它能够随着用户的使用和反馈不断优化和完善自身的对话能力。

2. ChatGPT 界面

ChatGPT 界面是由边栏、导航栏、聊天窗口、输入框和功能区组成,如图 2-9 所示。

（1）边栏。

边栏用于访问不同的功能选项,如搜索聊天、新聊天、探索 GPT 和个性化设置等。

上方有“ChatGPT”“探索 GPT”模块切换。“ChatGPT”是主界面,进行一般的自然语言对话和任务。“探索 GPT”是 ChatGPT 的 AI 工具,包含扩展功能或实验性功能。

中间部分是历史对话记录。列出了用户的历史对话,按今天、昨天、前 7 天等三种发生时间分类列出。点击每一条记录,可以回顾之前的对话内容。

下方是“升级套餐”按钮,用于用户付费升级到更高权限版本。

（2）导航栏。

导航栏位于界面顶部,包含 ChatGPT 标识、版本信息和用户头像,单击用户头像图标会弹出下拉式菜单,内含“我的 GPT”“自定义 ChatGPT”“注册/登录/注销”“设置”对话框等。

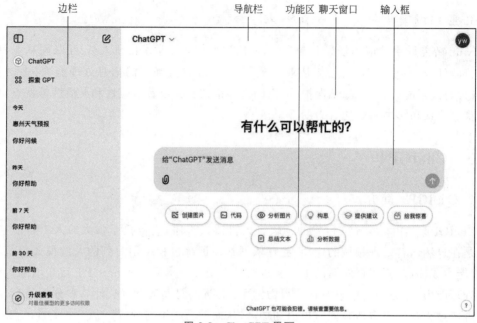

图 2-9　ChatGPT 界面

（3）聊天窗口。

提示语"有什么可以帮忙的？"是对用户的欢迎和引导，旨在帮助用户开始对话。主区域显示用户和 ChatGPT 的对话内容，允许上下滚动以查看先前的内容。左下方设有"语音播放""复制""最佳回复""错误回复""切换模型"等按钮。

（4）输入框。

输入框是用于输入文本的地方，用户可以在这里输入问题、指令或对话的内容，它支持多行文本输入。回形针图标用于上传文件，供 AI 分析和处理。箭头图标是发送按钮，单击它即可发送消息。

（5）功能区。

功能区位于输入框的下方，用于访问常用的功能选项。它包含"创建图片""代码""分析图片""构思""提供建议""给我惊喜""总结文本""分析数据"等。

3. 应用场景

ChatGPT 强大的自然语言处理能力和多模态转化能力，使之可以用于社交、电商、医疗、金融、教育、旅游和政府服务等多个场景和领域，以提高用户的工作效率。它可用来开发聊天机器人，编写和调试计算机程序，撰写邮件，进行媒体和文学相关领域的创作，包括创作音乐、视频脚本、文案、童话故事、诗歌和歌词等。还可以用作自动客服、语音识别、机器翻译、情感分析和信息检索等。在某些测试情境下，ChatGPT 在教育考试、回答测试问题方面的表现甚至优于普通人类测试者。

综上所述，文心一言、Kimi 智能助手和 ChatGPT 作为大模型平台的代表，各自具有独特的功能特点和应用场景。它们不仅为企业用户和开发人员提供了高效的大模型应用解决方案，还推动了人工智能技术的深入发展和广泛应用。

2.5　大模型的 API 调用

自 2020 年以来,自然语言生成模型逐渐成熟,推动了大模型 API 的实际应用。众多 IT 行业领军企业开始对外开放其 API 接口,使得广大开发人员及企业用户都能便捷地接入并利用这些强大的大模型能力。这一举措,标志着大模型 API 已经迈入大规模商业化的崭新阶段。

2.5.1　API 调用的意义

1. 降低技术门槛

通过 API 调用,开发人员和企业用户无须掌握复杂的机器学习基础知识,便能直接利用大模型的能力。这一转变促使人工智能技术从研究实验室走向广泛的应用场景,意味着即使不具备 AI 专业背景,一般开发人员也能轻松集成并运用大模型的功能。API 的普及有效降低了 AI 技术的使用门槛,让更多行业和领域都能享受到 AI 技术所带来的便利。例如,通过调用百度文心大模型的 API 接口,开发人员可以快速实现文本生成、对话机器人等功能。

2. 提升开发效率

传统的模型开发涉及数据收集、模型训练、超参数调优等一系列复杂过程,而通过调用大模型的 API,这些步骤可以被直接跳过。大模型通过 API 将其封装好的能力对外开放,使得开发人员能够专注于模型的微调阶段,不需要再投入大量精力在模型的初始开发和构建上。这样不仅显著缩短了开发周期,还大大节省了人力和资源成本。

3. 助力个性化和智能化服务

大模型的强大功能推动了个性化服务和智能化服务的普及。以智能客服为例,通过 API 调用,开发人员能够快速构建一个理解语义、擅长解答复杂问题的智能客服系统,并且还可以将其嵌入任何平台或 App 软件中。

4. 推动产业创新

大模型 API 为企业注入了强大动能,为众多行业开辟了创新的广阔空间。在医疗领域,它赋能医学文本深度分析,精准辅助诊断决策,在教育领域,它为在线学习平台带来智能问答服务、个性化教学内容的自动生成;而在金融领域,它能分析市场趋势,生成投资报告,甚至审计复杂的金融文件。API 的高度灵活性,使得大模型能够迅速融入各种业务场景,为各行各业带来颠覆性的变革。

5. 节约成本

开发一个性能卓越的大模型,往往需要庞大的计算资源和昂贵的硬件支撑。例如,训练 GPT-3 或同类模型,其花费可能高达数百万美元。然而,通过 API 调用,计算负担转移到服务商,用户仅需根据实际使用的请求次数及每次所消耗的算力来付费,这样极大地降低了获取 AI 能力的成本。

对于中小企业而言,由于资金和技术的双重限制,自主开发 AI 模型往往难以实现。而大模型 API 凭借其低成本、易用性等特性,为这些企业提供了与大企业竞争的工具。借助这些 API,中小企业能够快速推出智能化产品,有效提升自身的市场竞争力。

2.5.2　API 的调用过程

调用大模型的 API 是实现人工智能功能的重要步骤,通常包括以下几个核心环节:获取访问权限、构建请求、发送请求和解析响应。

1. 获取访问权限

大多数大模型 API 需要先验证用户身份。常见方式是通过 API 钥匙(API key)或访问令牌(access token)进行授权。访问令牌一般通过服务商提供的认证接口获取,需要提供 API Key 和密钥(secret key)作为请求参数。获取成功后,访问令牌会作为后续请求的凭证,确保只有授权用户能够调用服务。例如,用户向服务端发送包含密钥的请求,服务端返回一个临时的访问令牌,供下一步与大模型交互时使用。

2. 构建请求

在完成授权后,调用 API 时需要按照特定的格式构建请求。通常包括以下步骤。

(1) 目标 URL:服务商提供的 API 接口地址。

(2) 请求头(headers):通常包括 content-type(标明数据格式,如 JSON 格式)以及 authorization(用来传递访问令牌)。

(3) 请求体(payload):用户输入的数据,通常以 JSON 格式组织,内容包括需要大模型处理的指令或问题。例如,用户可以向大模型输入一句话,要求其生成一段文章。

3. 发送请求

构建好请求后,使用 HTTP 协议将请求发送到服务器。开发人员使用诸如 requests (Python 库函数)或其他类似库来完成这一过程。服务器会根据接收到的请求进行处理,并返回一个响应,响应内容包含模型的计算结果或生成内容。

4. 解析响应

服务器返回的响应以 JSON 格式(数据格式之一)组织,包含以下内容。

- 生成结果:如生成的文本内容、分析结果或处理后的数据。
- 状态信息:如请求是否成功或失败。如果失败,通常会返回错误代码和提示信息,便于用户排查问题。

开发人员需要解析这些数据,将生成结果提取出来用于展示或后续处理。例如,如果大模型生成一段文本,可以直接提取并打印这段内容,供用户查看。

【例题 2-8】　用一个简单的例子来概括说明 API 的调用过程。

【解】　（1）用户在请求体中输入一个问题"请写一首关于春节的诗"，相关代码见例题 2-9。

（2）系统通过访问令牌验证用户身份。

（3）系统将用户构建的请求体发送到 API 接口。

（4）大模型处理请求，生成结果，例如一首春节的诗。

（5）系统解析返回的响应，提取生成的诗，并返回给用户。

2.5.3　文心大模型的 API 调用

文心大模型 API 是基于百度文心大模型开发的智能文本对话 API，支持聊天对话、行业咨询、语言学习、代码编写等多种功能。通过调用该 API，开发人员可以实现文本生成、文本改写和文本摘要等任务，为应用注入语言智能。

以下是对文心大模型 API 调用流程的详细说明。

1. 准备工作

（1）注册并登录：首先访问百度智能云千帆大模型平台，注册并登录百度智能云账号。

（2）创建应用：在控制台中选择"应用接入"，单击"创建应用"，填写应用名称、应用描述等信息，完成应用的创建。

（3）获取密钥：应用创建成功后，在控制台获取应用 ID、API Key、密钥等信息。这些信息将用于后续 API 的调用和授权。

准备工作完成后，用户会得到其账号下的 API Key、密钥，如图 2-10 所示。请注意 API Key 和密钥是私有信息，相当于用户将来开发大模型的身份证，不要泄露该信息。

图 2-10　API 创建应用成功界面

2. 获取接口访问凭证 access_token

（1）使用 API Key 和 Secret Key：调用获取访问令牌 access_token 接口，通过 access_token 对调用者进行权限验证，确保调用者具有访问接口的权限。获取访问令牌的方法有多种，在 PyCharm 中用 get_access_token 函数获取：access_token = get_access_token(api _key, secret_key),函数中会用到上一段准备工作得到的 API Key 和 Secret Key 编码。

(2) 注意有效期: access_token 默认有效期为 30 天,生产环境须注意及时刷新。单独运行 get_access_token 函数,PyCharm 的终端会得到访问令牌 access_token 编码如图 2-11 所示。

```
wenxinyiyan
/Users/caiping/PycharmProjects/pythonProject2/venv/bin/python /Users/caiping/PycharmProjects/pythonProject2/wenxinyiyan.py
Access Token: 24.b130801291f6e3b727c52648642ebda0.2592000.1735611055.282335-116311992
```

图 2-11 文心一言 API 访问令牌

3. 调用 API 接口

(1) 选择 API 接口: 文心大模型提供了丰富的 API 接口,如 ERNIE-Bot 等,根据自己的需求选择合适的接口进行调用。

(2) 构造请求: 根据 API 文档的要求,构造包含 access_token 和其他必要参数的请求。

(3) 发送请求: 使用 HTTP 客户端(如 curl、Postman 等)或编程语言(如 Python)发送请求到 API 端点。

(4) 处理响应: API 调用成功后,系统会返回相应的结果。开发人员需要对返回的结果进行处理和分析,以满足自己的业务需求。

【例题 2-9】 通过调用文心大模型 API 完成文本生成任务。

【解】 (1) 编写请求体。

```
#文心大模型 API 的 URL
url = https://aip.baidubce.com/rpc/2.0/ai_custom/v1/wenxinworkshop/chat/ernie_speed
                                                        #接口地址
headers = {'Content-Type': 'application/json'}          #请求头
payload = json.dumps({                                  #请求体
    "messages": [
        {
            "role": "user",
            "content": "请写一首关于春节的诗"   #可以替换成其他任何关于文本生成任务的命令
        }
    ]
})
```

(2) 输出结果。

运行代码后,PyCharm 生成一行文心大模型 API 的访问令牌,成功接入文心大模型后,生成 response,即文本生成任务的回答,如图 2-12 所示。

```
Access Token: 24.25aa6fe02292efd57546e480424d26b1.2592000.1735730461.282335-116311992
Response: 迎新春

春风拂面送旧岁，喜庆春节展新颜。
家家户户贴春联，欢声笑语满人间。
张灯结彩迎新岁，共赏繁星迎吉祥。
灯笼高挂吉祥意，幸福安康乐无边。

Process finished with exit code 0
```

图 2-12 API 调用结果

（3）实现本例题的全部代码，如图 2-13 所示。

```python
1   import requests  # 导入requests模块，用于处理HTTP请求，例如发送数据到服务器或从服务器获取数据
2   import json  # 导入json模块，用于解析和构建JSON格式的数据，这是一种常用的数据交换格式
3   # 定义一个函数，用于获取访问令牌（API调用的授权凭证）
4   def get_access_token(api_key, secret_key):  1 usage
5       url = "https://aip.baidubce.com/oauth/2.0/token"  # 用于获取令牌的API地址，由服务商提供
6       params = {
7           'grant_type': 'client_credentials',  # 授权类型，表示通过客户端凭据进行认证
8           'client_id': api_key,  # API密钥，用于识别用户身份
9           'client_secret': secret_key  # 秘钥，作为额外的安全验证
10      }
11      response = requests.get(url, params=params)  # 发送GET请求以获取访问令牌
12      access_token_data = response.json()  # 将返回的数据转换为JSON格式，便于处理
13      access_token = access_token_data.get("access_token")  # 从返回的JSON中提取访问令牌
14      print("Access Token:", access_token)  # 打印访问令牌，用于调试或查看
15      return access_token  # 返回获取到的访问令牌，供后续API调用使用
16
17  # 定义一个函数，用于调用文心一言API以实现指定的任务
18  def call_wenxin_yiyan_api(access_token, user_input):  1 usage
19      url = "https://aip.baidubce.com/rpc/2.0/ai_custom/v1/wenxinworkshop/chat/ernie_speed"
20                                                          # 文心一言API地址
21      headers = {'Content-Type': 'application/json'}  # 请求头，说明请求数据的格式为JSON
22      payload = json.dumps({  # 构建请求体，将用户的输入数据组织为API能够理解的格式
23          "messages": [
24              {
25                  "role": "user",  # 说明这部分是用户的输入内容
26                  "content": user_input  # 用户的具体输入内容，如请求生成一首诗
27              }
28          ]
29      })
30      params = {
31          'access_token': access_token  # 在请求参数中添加访问令牌，用于验证身份
32      }
33      response = requests.post(url, headers=headers, data=payload, params=params)
34                                              # 发送POST请求，将数据发送到API
35      return response.json()  # 返回API的响应数据，通常是JSON格式
36
37  # 定义一个函数，用于解析并打印API返回的结果
38  def parse_response(response_data):  1 usage
39      result = response_data.get("result", {})  # 提取API响应中的结果部分
40      print("Response:", result)  # 打印生成的文本或其他返回结果
41
42  # 主程序部分，只有直接运行此脚本时才会执行以下代码
43  if __name__ == "__main__":
44      # 定义API Key和Secret Key，用于身份验证
45      api_key = "2416BvrlWi0Ryk7tIWQodkin"  # 替换为实际的API Key
46      secret_key = "du2pFxRXKOLAmaMqGcmo70Z9KiXW4Hy2"  # 替换为实际的Secret Key
47      # 定义用户输入的内容，说明希望大模型完成的任务。
48      user_input = "请写一首关于春节的诗"  # 示例输入内容
49      # 调用get_access_token函数获取访问令牌
50      access_token = get_access_token(api_key, secret_key)
51      # 如果成功获取了访问令牌
52      if access_token:
53          # 调用call_wenxin_yiyan_api函数，将用户输入发送到文心一言API
54          response_text = call_wenxin_yiyan_api(access_token, user_input)
55          # 调用parse_response函数，解析并打印API的响应结果
56          parse_response(response_text)
```

图 2-13　全部代码

本章小结

本章全面剖析了大模型技术平台的层次结构、三大要素、核心技术、典型平台以及 API 调用方法。这些内容不仅加深了对大模型技术的理解，也为后续的学习和应用提供了坚实的理论基础和实践指导。

本章首先探讨了大模型的层次结构，它涵盖了硬件基础设施层、软件基础设施层、模型即服务层和应用层，这一层次分明的结构确保了从底层算力支持到顶层应用服务的无缝衔接。硬件基础设施层决定了模型训练和模型推理的速度、规模和效率，包括计算资源、存储资源和网络资源等。软件基础设施层是大模型训练、部署和推理的软件环境，包括分布式深度学习框架、数据工具和模型库平台等。模型即服务层能够提供对话生成、机器翻译和代码生成等功能，通过 API 向开发人员提供多种服务，包括微调训练、模型推理和访问插件库等。应用层是面向最终用户提供各种智能应用及其解决方案。

大模型的三大要素是算力、算法和数据。算力，如同澎湃的动力源泉，为模型的处理和运行提供强劲的计算资源；算法，则是模型的智慧之魂，它决定模型的学习能力和泛化能力；而数据，作为模型的原始材料，为模型提供丰富多样的信息滋养，让模型在不断的学习和迭代中茁壮成长。这三大要素相辅相成，共同支撑起大模型的高效运行。

接着，深入而简要地探讨了大模型背后的核心技术，为读者进一步学习与应用这一前沿领域奠定知识基础。首先，Transformer 作为大模型的标志性架构，它凭借其自注意力机制改变了自然语言处理领域的格局。Transformer 通过并行化处理序列数据，提高了模型训练与推理的效率。预训练模型在大规模通用数据集上进行初步训练，学习到丰富的通用特征，为后续特定任务的微调提供了坚实的基础。

模型微调作为连接预训练与实际应用的关键桥梁，通过少量的任务特定数据对预训练模型进行优化，使得模型能够更加精准地服务于各类下游任务，如文本分类、情感分析和机器翻译等。通过引入人类评判作为奖励信号，模型能够在交互过程中不断自我优化，生成更加符合人类期望的输出。模型推理是大模型落地的关键，通过优化算法与硬件加速，确保模型在实际应用中能够快速响应，满足低延迟、高吞吐量的需求，推动大模型技术真正走进千家万户，赋能各行各业。

大模型的典型平台有文心一言、Kimi 智能助手和 ChatGPT 等，它们各有所长，共同驱动着行业的深刻变革。文心一言作为百度打造的智能对话引擎，凭借其深厚的语言理解与生成能力，为用户提供了自然流畅的交互体验和内容创作的应用价值。Kimi 智能助手，则以其高度个性化的服务著称，通过深度学习用户的偏好与习惯，精准推送信息与服务。而 ChatGPT 作为 OpenAI 的杰出产品，凭借其广泛的适用性、强大的上下文理解及创造力，在全球范围内引发了对话式 AI 的新一轮热潮。

大模型的 API 调用降低了技术门槛，使得开发人员能够轻松利用大模型的能力进行应用开发，提升了开发效率，助力个性化服务和智能化服务，推动产业创新并节约成本。API 调用过程包括获取访问权限、构建请求、发送请求和解析响应等步骤。随着更强的大模型到来，API 开放的门槛进一步降低，预计到 2030 年，API 调用可能像互联网服务一样普及。

习题二

1. 大模型技术平台主要赋能哪方面？（   ）
   A. 传统工业制造 　　　　　　　　　B. AI 应用创新
   C. 环境保护 　　　　　　　　　　　D. 能源消耗优化
2. 大模型在硬件基础设施层主要依赖哪种计算资源？（   ）
   A. CPU 　　　　　　B. GPU 　　　　　　C. 内存 　　　　　　D. 硬盘
3. 模型即服务（MaaS）层主要提供什么服务？（   ）
   A. 数据存储 　　　　　　　　　　　B. 模型推理和微调训练
   C. 用户界面设计 　　　　　　　　　D. 硬件支持
4. 开源大模型的主要特点是什么？（   ）
   A. 源代码不公开 　　　　　　　　　B. 需要付费使用
   C. 可以免费下载和修改 　　　　　　D. 商业化程度高
5. Transformer 架构的核心机制是什么？（   ）
   A. 卷积神经网络 　　　　　　　　　B. 循环神经网络
   C. 自注意力机制 　　　　　　　　　D. 残差连接
6. 预训练模型通常在哪个阶段进行训练？（   ）
   A. 数据收集 　　　　　　　　　　　B. 模型部署
   C. 特定任务微调前 　　　　　　　　D. 模型推理
7. 预训练模型使用哪种学习方法进行初步训练？（   ）
   A. 监督学习 　　　　　　　　　　　B. 无监督学习
   C. 强化学习 　　　　　　　　　　　D. 半监督学习
8. 模型微调的主要目的是什么？（   ）
   A. 提高模型的泛化能力 　　　　　　B. 在新任务上优化模型性能
   C. 增加模型的参数数量 　　　　　　D. 减少模型的训练时间
9. 在强化学习中，模型采用什么优化策略？（   ）
   A. 监督学习 　　　　　　　　　　　B. 无监督学习
   C. 反馈信号 　　　　　　　　　　　D. 自监督学习
10. 在 API 调用过程中，首先需要完成什么步骤？（   ）
    A. 构建请求 　　　　　　　　　　　B. 获取访问权限
    C. 发送请求 　　　　　　　　　　　D. 解析响应
11. 简述大模型的层次结构。
12. 在大模型训练中，GPU 的主要作用是什么？
13. 论述算力、算法和数据在大模型发展中的相互作用和影响。
14. 详细论述 Transformer 架构相比传统 RNN 和 CNN 的优势。
15. 什么是多头注意力机制？它在 Transformer 中的作用是什么？
16. Transformer 架构中的自注意力机制是如何工作的？

17. 设计一个基于 Transformer 架构的文本分类模型,并说明其关键组件和工作流程。

18. 设计一个基于大模型技术的智能内容推荐系统,并阐述其核心工作流程。

19. 简述预训练模型的工作流程。

20. 论述预训练模型在提升模型性能中的作用及其局限性。

21. 文心一言、Kimi 智能助手和 ChatGPT 各有什么特点?

22. 简述 API 调用的意义,并举例说明 API 调用如何降低技术门槛。

23. 如何理解大模型技术平台对各行各业数字化转型和智能化升级的推动作用?

24. 请列举并解释至少两种大模型实际应用的具体案例。

25. 设计一个用于智能客服系统的模型微调方案,以提升客服机器人的对话质量和问题解决能力。

26. 设计一个面向企业用户的模型即服务(MaaS)平台架构,并说明其主要功能模块。

27. 设计一种面向医疗领域的智能辅助诊断系统,利用大模型技术进行疾病预测和辅助决策。

28. 设计一种基于大模型技术的跨语言智能客服系统,实现多语种自动问答和客户服务。

29. 探讨如何利用大模型技术优化企业供应链管理,提出具体应用场景和实施方案。

30. 探讨如何利用大模型技术提升自动驾驶系统的安全性与鲁棒性,并提出具体方案。

31. 探索一种新型的大模型训练方法,旨在提高模型的泛化能力和鲁棒性。

32. 论述大模型技术在未来智能社会中的应用前景和挑战。

第 3 章   大模型提示工程

随着人工智能技术的飞速发展,预训练模型已成为推动自然语言处理、计算机视觉和语音识别等领域进步的重要力量。如何高效、精准地引导这些大模型生成符合期望的输出,已成为人们共同面临的挑战。在此背景下,提示工程(prompt engineering)应运而生。本章将讲述提示工程的基本概念和主要类型,并探讨自动提示工程等。

3.1   提示工程概述

提示工程是指设计和优化与大模型交互的输入提示,以引导大模型生成所需的输出。这些输入提示可以是文字、图像或其他形式的数据,一个精心设计的提示能够准确地引导大模型理解用户的需求,从而生成更相关、更有用或更具创造性的回答。提示工程的核心在于通过精心设计的提示词或指令,使大模型能够准确地理解用户的需求,并生成符合期望的回答或内容。提示工程的目的是通过构建具有特定结构、内容或风格的提示,激发大模型内部的知识与能力,使其能够生成贴切需求、高质量且富有针对性的输出。这一过程不仅涉及对大模型技术原理的深入理解,还需要对用户意图、任务需求以及模型响应之间的关系具有敏锐的洞察力。

3.1.1   提示工程的优化方法

为了获得更好的提示效果,通常提示工程采用以下几种优化方法。
- 明确目标:在设计提示时,首先要清楚希望大模型完成什么任务,设定明确的目标。这有助于引导大模型生成符合期望的输出。
- 简洁明了:尽量使用简洁、清晰的语言编写提示词,避免不必要的复杂性。这有助于减少大模型理解上的歧义,提高内容生成质量。
- 提供上下文:在提示词中提供与任务相关的背景信息,有助于大模型更好地理解用户的需求和背景。
- 分步工作:将任务分解成小块,以获得更好的生成结果。
- 迭代优化:提示工程需要多次尝试和调整,根据大模型的输出不断优化提示词,直到达到满意的效果。

提示工程有多种类型,以适应不同的应用场景和需求。
- 零样本提示:不提供任何示例或额外信息,仅通过任务描述来引导大模型生成输出。
- 少样本提示:提供少量示例或额外信息,以帮助大模型更好地理解任务并生成输出。

- 思维链提示：通过模仿人类推理的方式构建输入，引导大模型展开推理，提高需要逻辑、计算和决策的任务的性能。
- 思维树提示：结合多轮交互和思维链提示，形成树形结构的推理过程，这适用于更复杂的决策和问题解决任务。

提示工程的应用范围广泛，从文本生成、图像创作到代码编制，几乎涵盖了所有可以通过预训练模型进行自动生成的任务。通过精心设计的提示，人们能够引导大模型完成从简单问答到复杂推理、从创意写作到专业建议等任务，极大地拓展人工智能技术的应用边界。

3.1.2　提示工程的应用场景

下面介绍提示工程的一些典型应用场景。

1. 文案与内容创作

通过提示工程，用户可以引导大模型生成高质量的文案、文章和故事等内容。例如，在广告创意、新闻报道和小说创作等领域，提示工程都发挥了重要作用。

【例题 3-1】　假设你是一名广告创意总监，正在为一家新推出的智能手表品牌"智时"策划一场广告宣传活动。你希望生成一段吸引人的广告文案，能够突出智能手表的时尚设计、健康监测功能和便捷支付特性，同时激发目标消费者的购买欲望。

【解】　用户需求描述（提示设计）：

① 产品名称：智能手表。

② 品牌名称：智时。

③ 产品特点：

- 时尚设计，适合各种场合佩戴。
- 全面的健康监测功能，包括心率、血压和步数统计。
- 支持 NFC 便捷支付，让购物更加轻松。

④ 广告文案要求：简洁明了，突出产品特点，激发购买欲望。

大模型工具生成的广告文案：

> 智时智能手表——你的时尚健康伴侣！
>
> 📱时尚设计，彰显个性风采！智时智能手表以其独特的时尚设计，无论是商务会议还是休闲时光，都能完美匹配你的每一套装扮，让你成为人群中的焦点！
>
> 🖐全面健康监测，守护你的每一刻！智时智能手表配备全面的健康监测功能，实时监测你的心率、血压和步数，让你随时掌握自己的健康状况，活力满满迎接每一天！
>
> 💳NFC 便捷支付，购物从此更轻松！无须掏出手机或钱包，只需轻轻一碰，智时智能手表即可完成支付，让你的购物体验更加便捷、高效！
>
> 智时智能手表——让生活更智能，让健康更时尚！
>
> 立即购买，开启你的智能健康生活新篇章！

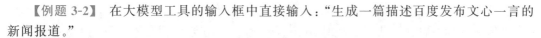

【例题 3-2】　在大模型工具的输入框中直接输入："生成一篇描述百度发布文心一言的新闻报道。"

【解】　模型回复(篇幅较长,也可以限制字数):

百度发布文心一言,引领 AI 新纪元

2023 年 3 月 16 日,百度在北京总部召开新闻发布会,正式推出了其大语言模型——文心一言。这一发布标志着百度在生成式 AI 技术上的重大突破,也为全球 AI 技术的发展注入了新的活力。

文心一言,英文名 ERNIE Bot,是百度基于文心大模型技术推出的生成式对话产品。该产品不仅具备强大的自然语言处理能力,还能理解并生成符合人类语境的文本内容。通过与用户的交互,文心一言能够不断学习和优化,提供更加精准、智能的服务。百度创始人、董事长兼首席执行官李彦宏在发布会上表示,文心一言是百度在 AI 领域深耕多年的结晶,其发布是百度在生成式 AI 技术上的重要一步。

在发布会现场,李彦宏展示了文心一言在文学创作、商业文案创作、数理推算、中文理解和多模态生成等多个领域的卓越能力。例如,在文学创作场景中,文心一言能够根据对话问题总结知名科幻小说《三体》的核心内容,并提出续写建议;在商业文案创作场景中,文心一言能够顺利完成给公司起名、写 Slogan、写新闻稿等任务。此外,文心一言还具备了一定的思维能力,能够学会数学推演及逻辑推理等相对复杂任务。

李彦宏还提到,文心一言的训练数据包括万亿级网页数据、数十亿的搜索数据和图片数据、百亿级的语音日均调用数据,以及 5500 亿事实的知识图谱等,这使得文心一言在中文语言的处理上处于独一无二的位置。同时,文心一言的推出也将极大地降低人工智能赋能千行百业的门槛,推动产业升级和变革。

自去年 3 月 16 日发布以来,文心一言的用户规模迅速增长。据百度首席技术官王海峰在百度世界 2024 大会上透露,文心一言的用户规模已达到 4.3 亿,这一数字不仅体现了文心一言的强大吸引力,也彰显了百度在 AI 领域的领先地位。

文心一言的推出也引起了业界的广泛关注。已有超过 650 家企业宣布接入文心一言生态,利用这一技术提升业务效率和服务质量。在教育科普领域,中国科学技术馆与百度达成战略合作,共同开发了"科技馆智能体",利用人工智能技术为科普教育注入新活力。在体育领域,文心一言等人工智能技术辅助国家队备战训练,为运动员夺金争银提供科技支撑。

随着文心一言等生成式 AI 技术的不断发展和应用,AI 技术将为社会经济发展带来更大的价值。百度作为 AI 领域的领军企业,将继续秉持创新、开放、合作的理念,推动 AI 技术的发展和应用,为全球用户和企业提供更加智能、便捷、高效的服务。

文心一言的发布不仅是百度的一次技术展示,更是对全球 AI 领域的一次重大贡献。它让机器能够像人一样理解、思考和表达,预示着 AI 技术将广泛应用于各个领域,推动社会进步和发展。未来,随着文心一言等生成式 AI 技术的不断迭代和优化,我们有理由相信,AI 技术将为人类社会的发展和进步贡献更多的智慧和力量。

2. 代码生成

利用提示工程,可以让大模型根据用户的需求自动生成相应的代码片段。这在编写程序、软件开发和自动化编程等领域具有广泛应用前景。

【例题 3-3】　假设你是一名 Python 语言初学者，正在学习编写简单程序。若需要实现一个功能：随机生成 3 个数，找到其中最大的数并输出结果。

【解】　你可以设计提示词并借助大模型工具自动生成 Python 代码，以下是具体的步骤和生成的代码示例。

用户需求描述（提示设计）：

① 随机生成 3 个数。

② 找到它们中间最大的数并输出结果。

大模型工具自动生成的代码片段如图 3-1 所示。

```python
import random

# 生成3个随机数
num1 = random.randint(1, 100)
num2 = random.randint(1, 100)
num3 = random.randint(1, 100)

print(f"生成的随机数是: {num1}, {num2}, {num3}")

# 找到最大值
max_num = max(num1, num2, num3)

# 输出最大值
print(f"最大的数是: {max_num}")
```

图 3-1　代码生成

3. 问答系统

在智能客服、虚拟助手等场景中，提示工程被用于优化问答系统的回复质量和效率。通过精心设计的提示词，大模型可以更好地理解用户的问题，并生成准确、有用的回答。

【例题 3-4】　在智能客服的应用场景中，假设用户遇到了一个关于账户余额查询的问题，他们可能会这样提问："我账户里还有多少钱？"为了优化问答系统的回复质量和效率，可以通过提示工程来引导模型更准确地理解和回答这类问题。

【解】　用户提问："我账户里还有多少钱？"

提示设计：

① 请确认用户想要查询的是哪个账户的余额（如储蓄账户、信用卡账户等）。

② 从用户的历史数据中提取相关信息，以确保提供的是最新、最准确的余额信息。

③ 以清晰、简洁的方式回答，直接给出账户余额的数值，并附上货币单位。

优化后的模型回复：

您好，根据您提供的信息，您储蓄账户的当前余额为 1234.56 元。请问您还有其他需要查询或了解的信息吗？

4. 特定任务处理

针对特定任务或领域,提示工程可以设计专门的提示词,以引导大模型生成符合任务要求的输出。例如,在图像识别、自然语言理解等领域,提示工程都发挥了重要作用。

【例题 3-5】　在图像识别领域的特定任务处理中,提示工程可以提升模型的准确性和效率。若有一任务"识别并标注医学影像中的肿瘤区域"。

【解】　原始输入一张包含肺部 CT 扫描图像的医学影像。

提示设计:

① 请仔细分析图像,识别出所有可能的肿瘤区域。

② 标注时,请使用红色边框来圈出肿瘤区域,并确保边框紧贴肿瘤边缘。

③ 对于每个标注的肿瘤区域,请提供其大致的尺寸(如直径)和位置信息(如位于左肺上叶)。

④ 如果图像中不存在肿瘤区域,请明确标注"未见肿瘤"。

优化后的模型回复:

> 图像中已识别出两个肿瘤区域,已用红色边框标注。
>
> 第一个肿瘤区域位于左肺上叶,直径约为 2.5 厘米。
>
> 第二个肿瘤区域位于右肺下叶,直径约为 1.8 厘米。
>
> (如果图像中不存在肿瘤)未见肿瘤。

3.2　零样本提示

零样本提示(zero-shot prompting)是提示工程中最基础,也是最具挑战性的一种形式。它在没有任何与当前任务直接相关的训练数据支持下,仅凭模型在预训练阶段积累的知识和泛化能力来理解和响应给定的提示。这种模式下,设计者需要构造出既简洁明了又能准确传达任务意图的语句,引导模型"无中生有",直接生成符合预期的输出。

3.2.1　零样本提示的内涵

零样本提示是指在与大模型交互时,提示词中不包含任何示例,模型仅根据提示词中的提示以及预训练的固有知识生成内容或回答问题。也就是通过提供明确的任务指令,激发模型在预训练过程中学到的广泛知识和语义理解能力来生成答案。这一过程看似简单,实则蕴含着深厚的科学原理和技术挑战。首先,模型需要具备强大的语言理解能力,能够准确解析提示中的意图。这要求模型在预训练阶段接触过大量多样化的数据,从而学习到语言的复杂结构和深层含义。其次,模型还需具备出色的生成能力,能够根据理解的意图,创造出符合逻辑、连贯且富有创意的输出。

零样本提示的核心在于"直接"与"高效"。它跳过了传统机器学习中的样本标注、模型微调等步骤,直接利用大模型在海量数据上预训练得到的广泛知识和深刻理解,实现快速和准确的响应。这种方式的魅力在于其灵活性和通用性,使得模型能够应对各种未知任务,大大拓宽了应用边界。

零样本提示的有效性很大程度上取决于模型训练数据的范围和质量。一个训练充分、数据丰富的大模型,能够更好地理解和生成语言,从而在零样本提示下表现出强大的泛化能力。同时,模型对语言和概念的理解程度也是关键因素。只有深刻理解语言背后的意义和逻辑,模型才能在接收到零样本提示时,迅速调动相关知识,生成准确的回答。

3.2.2 零样本提示的优化策略

尽管零样本提示具有诸多优势,但其实现过程中面临着一些挑战。首先,如何构造出既简洁又有效的提示是一个难题。提示过于简单可能导致模型无法准确理解意图,而过于复杂则可能增加模型的处理负担。其次,模型在零样本提示下的表现往往受其预训练数据和训练方式的影响较大,不同模型之间的性能差异可能很大。最后,零样本提示的可靠性问题也不容忽视,模型在某些情况下可能会生成不准确或不合逻辑的输出。为了克服这些挑战,人们提出了多种优化策略。

1. 提示工程

通过精心设计和优化提示内容,提高模型的响应准确性和效率。这包括选择合适的词汇、句式和结构,以及利用上下文信息来增强提示的明确性。

2. 模型融合

结合多个模型的优势,提高零样本提示的鲁棒性和准确性。例如,可以通过集成学习的方法,将多个模型在零样本提示下的输出进行融合或对其进行筛选,得到可靠的答案。

3. 可解释性

通过增加模型的可解释性,使其能够更好地理解和解释零样本提示的输出。这可以通过可视化模型内部状态、提供输出依据或引入外部知识等方式实现。

4. 自适应学习

虽然零样本提示不依赖于特定任务的数据集,但模型仍然可以通过在相关任务上的自适应学习来提高其性能。这包括利用少量标注数据进行快速微调,或者通过元学习的方法来提高模型对新任务的适应能力。

3.2.3 零样本提示的应用场景

零样本提示因其高效、灵活和通用的特点,在众多领域展现出广泛的应用潜力。

1. 文本生成

在文本生成任务中,零样本提示能够激发模型的创造力,生成生动、具体的场景描述、故事和对话等。例如,通过提示"请描述一个秋日黄昏的森林景象"或"请描述一个夏日傍晚的海边景象",模型能够综合运用其语言理解和生成能力,创造出一个充满诗意的画面。这在内容创作、广告文案和小说写作等方面具有很大的应用价值。

【例题 3-6】 在大模型工具的输入框中输入:"写一个关于夏天的故事。"

【解】 模型回复如下。

> 在一个被阳光拥抱的小镇上,夏天总是来得格外早,也格外热烈。这个小镇名叫晨光镇,因为它坐落在一片广袤的平原上,每当清晨的第一缕阳光穿透薄雾,整个镇子就像被镀上了一层金边,温暖而明媚。
>
> 故事的主角是一个叫林浅的女孩,她有着一头乌黑的长发和一双仿佛能说话的大眼睛。夏天对她来说,不仅仅是炎热的季节,更是充满无限可能的冒险时光。林浅的家位于小镇的边缘,紧邻着一片郁郁葱葱的小树林和一条清澈见底的小溪。那是她童年的秘密基地,也是她夏日探险的起点。
>
> 随着蝉鸣的日益响亮,林浅和她的三个好朋友——小杰、艾米和胖虎,决定开展一场寻找"夏日宝藏"的冒险。据说,在小镇的最北端,隐藏着一个古老的宝藏,只有真正勇敢且心怀纯真的人才能找到它。虽然大人们总是笑着摇头,认为这只是个传说,但对孩子们来说,这却是比任何冰淇淋都要吸引人的夏日奇遇。
>
> 他们四人组成了"夏日探险队",每天清晨当第一缕阳光照亮小镇时,便带着自制的地图、水壶和满满的好奇心出发。他们穿过长长的玉米田,绕过懒洋洋晒太阳的老牛,甚至还勇敢地跨过那座看起来摇摇欲坠的木桥。每一步都充满了新奇与挑战,也让他们之间的友情更加坚固。
>
> 一天,当他们在一片被阳光照耀得闪闪发光的草地上休息时,林浅突然发现了一张旧旧的羊皮纸,上面画着一些奇怪的符号和指向。这似乎是一张真正的宝藏地图!孩子们的眼睛瞬间亮了起来,兴奋得几乎要跳起来。他们决定跟随地图的指引,继续深入未知的区域。
>
> 经过一番艰难险阻,包括迷路、遇到蜜蜂窝以及差点被一场突如其来的夏雨淋湿,他们终于来到了地图的终点——一个被茂密树木环绕的小小山洞。洞内凉爽宜人,中央摆放着一个古老的木箱,上面覆盖着岁月的痕迹。
>
> 当林浅小心翼翼地打开木箱,里面没有金银财宝,而是满满一箱信件、照片和一些旧物件。原来,这所谓的"宝藏"是一位已故的老船长留下的记忆宝盒,记录着他年轻时航海的点点滴滴,以及对家乡的深深思念。虽然没有找到预期中的财富,但这份意外的发现让孩子们感受到了更加珍贵的东西——关于梦想、勇气与爱的故事。
>
> 夕阳西下,他们带着这份珍贵的"宝藏"踏上了回家的路。虽然夏天的热度依旧,但他们的心中却充满了前所未有的清凉与满足。那个夏天,不仅让他们体验了探险的乐趣,更重要的是,他们学会了珍惜身边的一切,以及那些能够与之共享欢笑与泪水的朋友。
>
> 在晨光镇,夏天的故事永远不会结束,它像那条永远流淌的小溪,带着欢笑与梦想,流向远方。

结果分析:这个由大模型工具生成的关于夏天的故事,在主题明确性、情节丰富性、角色塑造、语言风格、情感表达、创意与独特性以及完整性等方面都表现出色。它不仅为读者提供了一个有趣且富有教育意义的阅读体验,也展示了大模型工具在故事生成方面的潜力和优势。

思考题:"请创作一首关于秋天的短诗。"

分析:这个提示要求模型生成一首与秋天相关的短诗,但并未提供任何关于诗歌风格、韵律或具体内容的指导。模型需要依靠其在预训练阶段学习到的诗歌结构、语言韵律以及关于秋天的常识性知识来构思并创作出一首符合要求的短诗。这完全依赖于模型的创造力和对语言的理解能力,是零样本提示的一个典型应用。

2. 问答系统

在问答系统中,零样本提示使得模型能够直接回答用户的问题,而无须事先准备大量问答对其进行训练。这大大提高了问答系统的灵活性和效率。例如,用户询问"中国的首都是哪里"时,模型能够直接给出"北京"作为答案。

【例题 3-7】 在大模型工具的输入框中输入:"太阳系的第八颗行星是哪颗星?"

【解】 模型回复如下。

在太阳系的辽阔空间里,八大行星按照它们与太阳的距离排列着,各自演绎着独特的故事。而当我们谈及太阳系的第八颗行星时,答案便是那遥远而神秘的海王星。

海王星,这颗蓝色的巨行星,位于太阳系的边缘,是离太阳最远的大行星。它以其深邃的蓝色和强大的风暴而闻名,这些风暴在太阳系中堪称最为强烈,风速有时甚至能达到每小时 2100 千米以上。海王星的大气层以氢和氦为主,还含有微量的甲烷,正是这些甲烷分子散射了阳光中的蓝光,赋予了海王星那迷人的蓝色外观。

从体积和质量上看,海王星虽然不是太阳系中最大的行星,但它在直径上是第四大行星,质量上则是第三大行星。尽管它的亮度仅为 7.85 等,使得我们在夜空中难以用肉眼直接观察到它,但借助天文望远镜,我们仍然能够领略到它那遥远而壮丽的身影。

海王星的发现也是天文学史上的一段佳话。与许多其他行星不同,海王星是通过数学预测而非有计划的观测发现的。这一成就不仅展示了人类智慧的力量,也为我们揭开了太阳系边缘的神秘面纱。

在太阳系的八大行星中,海王星以其独特的位置和特性占据着重要的地位。它不仅是太阳系中最远离太阳的行星,也是我们对太阳系边缘探索的起点。随着科技的进步,我们对海王星以及整个太阳系的了解也将不断深入,继续书写着人类探索宇宙的壮丽篇章。

所以,当被问及太阳系的第八颗行星时,我们可以自豪地回答:那是遥远而神秘的海王星。

结果分析:这个由 AIGC 工具生成的关于太阳系第八颗行星(海王星)的描述,在准确性、详尽性、语言风格、结构、教育性和独特性等方面都表现出色。它不仅为读者提供了准确且丰富的科学知识,还通过生动的描述和独特的观点激发了读者对宇宙探索的兴趣和好奇心。

思考题:"谁是《哈利·波特》系列小说的作者?"

分析:在这个提示中,模型被要求回答一个关于文学作品的作者的问题。模型没有事先接触过关于《哈利·波特》系列小说的任何特定训练数据,但它必须利用其在预训练阶段积累的大量关于文学作品、作者及其作品的知识来正确回答这一问题。这考验了模型对知识的存储和检索能力,以及它在零样本提示下的响应准确性。

3. 情感分析

在情感分析任务中,零样本提示可以引导模型对文本进行情感分类。通过简单的提示,如"将文本分类为积极、中立或消极",模型就能够根据文本内容判断其情感倾向。

【例题 3-8】 判断以下评论是正面还是负面?

(1) 这个软件的界面设计很复杂,新手很难上手。

(2) 这个手机的电池续航太差了,一天要充好几次电。

(3) 这本书写得深入浅出,让我对这个主题有了更深的理解。

(4) 这部电影真的太棒了,剧情紧凑,演员演技出色!

(5) 这家餐厅的服务态度真差,等了半个小时都没人理我们。

【解】 模型回复如下。

(1)"这个软件的界面设计很复杂,新手很难上手。"——负面。

评论指出软件的界面设计复杂,新手难以掌握,这是对产品用户体验的不满,因此是负面评论。

(2)"这个手机的电池续航太差了,一天要充好几次电。"——负面。

评论表达了对手机电池续航能力的强烈不满,认为需要频繁充电,这是对产品性能的不满,因此是负面评论。

(3)"这本书写得深入浅出,让我对这个主题有了更深的理解。"——正面。

评论赞扬了书籍的写作风格和内容深度,表示读者从中获得了深入的理解,这是对产品内容的肯定,因此是正面评论。

(4)"这部电影真的太棒了,剧情紧凑,演员演技出色!"——正面。

评论对电影的整体表现给予了高度评价,认为剧情紧凑且演员演技出色,这是对产品质量的赞赏,因此是正面评论。

(5)"这家餐厅的服务态度真差,等了半个小时都没人理我们。"——负面。

评论对餐厅的服务态度表示了强烈的不满,认为等待时间过长且无人服务,这是对产品服务的不满,因此是负面评论。

结果分析:大模型工具对提供的 5 条评论进行的正面或负面判断效果良好。它不仅准确地判断了每条评论的情感倾向,还提供了合理的解释,与人们的直观感受一致,并展现较强的语言理解能力和广泛的应用潜力。

思考题:"请判断句子'今天天气真好,阳光明媚。'表达的情感是积极、消极还是中立的"。

分析:这个提示要求模型对给定的句子进行情感分类。模型没有接受过关于这个特定句子的任何训练,但它必须依靠其在预训练阶段学习到的情感词汇、语境理解以及情感分类的知识准确判断句子的情感倾向。这展示了模型在零样本提示下对语言情感的理解和分类能力。

4. 文本摘要

在文本摘要任务中,零样本提示可以指示模型对长文本进行概括和提炼,生成简洁明了的摘要。这在信息检索、新闻报道等领域有着广泛的应用。对于信息爆炸的今天来说,无疑是一种极具价值的能力。

【例题 3-9】 提取下面这段文字的关键词,并且生成摘要。

> 2024 年诺贝尔物理学奖的获得者是霍普菲尔德(John J. Hopfield)和辛顿(Geoffrey E. Hinton)。他们因"在实现使用人工神经网络进行机器学习方面的基础性发现和发明"而获得这一殊荣。
>
> 霍普菲尔德,1933 年出生于美国伊利诺伊州芝加哥市,现为美国新泽西州普林斯顿大学教授。他的工作主要集中在人工神经网络的理论基础和应用,特别是在机器学习方面有着重要的贡献。
>
> 辛顿,1947 年出生于英国伦敦,现为加拿大多伦多大学教授。他在机器学习和深度学习领域有着显著的成就,特别是在使用物理工具发展机器学习方法方面做出了重要贡献。
>
> 这两位科学家的工作不仅推动了人工智能的发展,也为机器学习和深度学习的广泛应用奠定了基础。他们的研究成果在学术界和工业界都产生了深远的影响,极大地促进了人工智能技术的进步。

【解】 模型回复如下。

> 关键词:2024 年诺贝尔物理学奖,霍普菲尔德,辛顿,人工神经网络,机器学习。
>
> 摘要:2024 年诺贝尔物理学奖授予了霍普菲尔德和辛顿,以表彰他们在使用人工神经网络进行机器学习方面的基础性发现和发明。霍普菲尔德是美国普林斯顿大学教授,主要贡献在机器学习的理论基础和应用。辛顿是加拿大多伦多大学教授,在机器学习和深度学习领域有显著成就。

5. 语言翻译

虽然传统的机器翻译需要大量的平行语料库进行训练,但零样本提示可以引导模型进行简单的翻译任务。模型可以利用在预训练阶段学习到的语言知识、语法规则和语义理解能力,在没有直接相关的翻译数据的情况下,根据输入的源语言文本,生成目标语言文本。

【例题 3-10】 假设你正在使用一个支持零样本提示的翻译模型,并且你想要将一段英文文本翻译成中文。由于你没有提供任何具体的翻译示例或数据,但模型已经通过预训练掌握了足够多的语言知识和翻译能力。

【解】 输入文本(英文):"Hello, how are you today?"

零样本提示:"Please translate the following sentence from English to Chinese."

输出文本(中文):"你好,你今天怎么样?"

结果分析:在零样本提示的指引下,翻译模型会利用其预训练阶段学习到的英文和中文的语言知识、语法规则以及语义对应关系,对输入的英文文本进行翻译。对于你提供的英文句子"Hello,how are you today?",模型会生成相应的中文翻译。

6. 创意激发

创意激发是指通过特定的方法或工具,刺激个体的创造力和想象力,从而催生新颖、独特且富有价值的想法、概念或解决方案。在设计、艺术或创意写作等领域,零样本提示可以作为创意激发的工具。通过给模型提供模糊的或开放的提示,可以激发模型生成新颖、独特的想法或概念。

【例题 3-11】　假设你是一名平面设计师,正在为一家新成立的科技公司设计标志。你希望这一标志能够既体现公司的科技属性,又具有一定的独特性和辨识度。解释你利用零样本提示作为创意激发工具的创作过程。

【解】　你向模型提供了一个模糊的提示:"一个结合了未来感与简洁美的科技符号。"这个提示没有给出具体的图形、颜色或字体等细节要求,而是提供了一个开放的方向,让模型能够自由地发挥和创造。

模型在接收到这个提示后,可能会开始生成一系列与"未来感"和"简洁美"相关的概念,如流线型的线条、几何图形的组合、特定的色彩搭配等。这些生成的概念可能会激发你的灵感,让你想到一个将科技元素与简洁美学完美结合的标志设计。你可能会设计一个由几个简洁的几何图形(如圆形、三角形)以流线型方式组合而成的标志,这些图形通过特定的排列和颜色搭配,既传达出科技的动感与前瞻性,又保持了设计的简洁和美观。

通过这个过程,零样本提示成功地激发了你的创造力,帮助你产生了一个新颖且独特的标志设计概念。这就是零样本提示在创意激发中的一个应用案例。

以上例题或思考题都充分体现了零样本提示的核心概念,模型在没有直接相关训练数据的情况下,依靠预训练阶段积累的知识和泛化能力来理解和响应各种不同类型的提示。这要求模型具备强大的语言理解能力、知识存储和检索能力,以及根据提示生成符合要求的输出能力。

3.2.4　零样本提示与迁移学习的关系

零样本提示是自然语言处理的一种技术,其核心在于模型能够在没有直接相关训练数据的情况下,根据给定的提示或指令完成任务。这通常依赖于模型在预训练阶段学到的广泛知识和泛化能力。而迁移学习是一种机器学习方法,旨在将从一个任务(源任务)中学到的知识迁移到另一个相关任务(目标任务)中。这通常用于解决目标任务训练数据不足或标注数据稀缺的问题。

零样本提示与迁移学习二者之间的关系如下。

1. 知识迁移的基础

零样本提示可以看作是迁移学习的一种特殊应用。在零样本提示中,模型利用在预训练阶段学到的知识(源任务)来理解和响应新的、未见过的提示(目标任务),这实际上是一种知识的迁移过程。

2. 泛化能力的体现

迁移学习的关键在于模型的泛化能力，即模型能否将学到的知识有效地应用到新任务中。而零样本提示正是对模型泛化能力的一种考验，因为它要求模型在没有直接相关训练数据的情况下完成任务。

3. 应用场景的互补

零样本提示和迁移学习在应用场景上存在一定的互补性。在某些情况下，即使目标任务有少量的标注数据，但由于数据稀缺或标注成本高，直接使用这些数据训练模型可能效果不佳。此时，可以通过迁移学习引入源任务的知识，并结合零样本提示来指导模型完成任务。

4. 技术实现的联系

在技术实现上，零样本提示和迁移学习都依赖模型在预训练阶段学到的广泛知识和泛化能力。这些知识和能力为模型在面对新任务时提供了有力的支持。

例如，以自然语言处理中的文本分类任务为例，假设有一个预训练好的语言模型，该模型在大量文本数据上进行了训练，并学到了丰富的语言知识和泛化能力。现在，有一个新的文本分类任务，但标注数据非常稀缺。此时，可以利用迁移学习的方法，将预训练模型学到的知识迁移到新的文本分类任务中。同时，还可以通过零样本提示的方式，给模型提供一些简单的指令或提示，指导模型如何利用学到的知识来完成分类任务。这样，即使在标注数据稀缺的情况下，模型也能通过迁移学习和零样本提示的结合取得较好的分类效果。

总之，零样本提示和迁移学习在知识迁移、泛化能力、应用场景和技术实现等方面都存在紧密的关系。它们相互补充、相互促进，共同推动了自然语言处理和人工智能相关领域的发展。零样本提示和迁移学习各有特点，它们适用于不同的场景和需求。例如，在标注数据稀缺或任务变化频繁的场景下，零样本提示可能更具优势；而在需要充分利用已有知识和数据、提高模型泛化能力的场景下，迁移学习则可能更为合适。

3.3 少样本提示

尽管大模型展现了惊人的零样本能力，但是当它们在使用零样本提示时，面对较复杂的任务表现仍然不佳。此时，少样本提示（few-shot prompting）可被视为一种解决方案。这种技术通过提供少量的样本启用上下文学习，以帮助模型更好地理解新的任务和数据。

3.3.1 少样本提示的内涵

相较于零样本提示，少样本提示为模型提供了一定数量的示例作为参考，这些示例通常与待生成内容在类型、风格或主题上相似。通过这种方式，模型可以在这些示例的引导下，更好地理解任务要求，并模仿示例的风格和内容生成准确且结构合理的回应。因此，少样本提示降低了模型理解任务的难度,提高了生成结果的准确性和多样性。

少样本提示是一种通过向模型提供少量示例来引导其理解和执行特定任务的方法。这种方法利用模型在大量数据中学习到的通用知识,通过精心设计的提示,使模型能够从少数示例中推断出模式,并泛化到未见过的输入任务中。

少样本提示主要基于大模型或深度学习模型在预训练阶段所积累的大量知识和泛化能力,以下是少样本提示的详细解释。

1. 预训练阶段的知识积累

在预训练阶段,模型通过处理大量的文本数据,学习了语言的统计规律、语法结构和语义信息等。这一过程使得模型具备了对语言的深刻理解和泛化能力,即模型能够根据已学到的知识对新的输入数据进行推断和生成。

2. 少样本学习的核心思想

少样本学习的核心思想是通过向模型展示少量的示例,使模型能够快速理解任务的要求,并生成符合期望的输出。这些示例为模型提供了一个模板或框架,模型可以根据这个模板来推断和生成新的输出。

3. 模型对示例学习与泛化

当模型接收到少量的示例时,它会分析这些示例的输入和输出之间的关系,提取出任务的关键特征。然后,模型会利用其在预训练阶段学到的知识,将这些关键特征应用到新的输入数据上,从而生成符合期望的输出。这一过程实现了模型的快速适应和泛化能力。

4. 示例的质量与多样性

少样本提示的效果受到示例质量和多样性的影响。高质量的示例能够更准确地反映任务的要求,使模型更容易理解和学习。同时,示例的多样性也很重要,它能够帮助模型接触到不同的语境和情境,提高模型的泛化能力。

【例题 3-12】　判断以下句子是否包含正面情感。

少样本提示:

句子:"今天的天气真好,阳光明媚!"→包含正面情感。

句子:"这部电影太无聊了,我不想再看一遍。"→不包含正面情感。

请判断以下句子是否包含正面情感。

句子:"我刚刚完成了一个非常有趣的项目,感觉很有成就感。"

【解】　根据提供的示例,模型学会了判断句子是否包含正面情感。在这个例子中,模型会判断给出的句子包含正面情感。

3.3.2　少样本提示的工作原理

少样本提示的工作原理是基于模型的先验知识和从示例中学习的能力。通过提供 2～10 个示例,模型能够识别任务的关键特征和逻辑,从而生成准确的输出。示例的顺序和结构对于模型的理解和任务的执行至关重要。

少样本提示的工作原理可以概括为以下三点。

1. 示例引导

通过向模型展示少量的示例,这些示例涵盖了任务所需的输入和输出格式,从而帮助模型理解任务的目标和输出要求。

2. 泛化能力

通常模型具有强大的泛化能力,能够通过少量的示例学习到任务的关键特征,并应用于新的输入数据上。

3. 语言或数据理解

模型在预训练阶段已经积累了大量的语言或数据知识,少样本提示能够激活这些知识,使模型能够快速适应并执行新的任务。

少样本提示的变体包括零样本提示和一次样本提示。零样本提示仅向模型展示一个提示,没有示例,要求模型生成回应。一次样本提示则向模型展示一个示例。这两种变体之间的主要区别在于向模型展示多少个示例,而少样本提示通常指的是展示多个示例。

【例题 3-13】 将以下英文句子翻译成中文。

少样本提示:

英文:"Hello, how are you?"→中文:"你好,你怎么样?"

英文:"I am fine, thank you."→中文:"我很好,谢谢。"

请将以下英文句子翻译成中文:

英文:"How was your day?"

【解】 根据提供的示例,模型学会了将英文句子翻译成中文。在这个例子中,模型会翻译出:"你今天过得怎么样?"

3.3.3 少样本提示的应用场景

少样本提示在多个应用场景中表现出色,尤其是在需要模型理解并生成结构化输出时。例如,在客户反馈分类任务中,通过向模型展示几个积极或消极的反馈示例,模型能够学会将新的反馈分类为积极反馈或消极反馈。以下是一些典型的应用场景。

1. 文本分类

在情感分析、新闻分类等任务中,通过向模型展示少量的示例,模型能够学会将新的文本分类到正确的类别中。例如,在情感分析任务中,通过展示几个积极和消极的评论示例,模型能够学会将新的评论分类为积极评论或消极评论。

【例题 3-14】 判断以下新闻标题是关于政治还是经济的。

少样本提示:

新闻标题:"政府推出新政策,加强环境保护。"→政治。

新闻标题："央行降息,股市大涨。"→经济。

请判断以下新闻标题是关于政治还是经济的:

新闻标题："教育部发布新规定,加强在线教育监管。"

【解】 根据提供的示例,模型学会了判断新闻标题是关于政治还是经济的。在这个例子中,模型会判断给出的新闻标题是关于政治的。

2. 信息抽取

在经济分析、知识图谱构建等任务中,通过向模型展示少量的示例,模型能够学会从文本中提取关键信息并以结构化的格式输出。例如,在经济分析任务中,通过展示几个提取姓名和职业的示例,模型能够学会从报纸文章中提取相关信息。

【例题 3-15】 从以下文本中提取人名和职业。

少样本提示:

文本:"张三是一名教师,他在学校里教书育人。"→人名:张三,职业:教师。

文本:"李四是一名医生,他在医院里治病救人。"→人名:李四,职业:医生。

请从以下文本中提取人名和职业:

文本:"王五是一名律师,他在律师事务所为客户提供法律服务。"

【解】 根据提供的示例,模型学会了从文本中提取人名和职业。在这个例子中,模型会提取出:"人名:王五,职业:律师"。

3. 语言生成

在诗歌创作、故事生成等任务中,通过向模型展示少量的示例,模型能够学会生成符合特定风格或结构的新文本。例如,在诗歌创作任务中,通过展示几首风格相似的诗歌示例,模型能够学会生成具有相同风格的诗歌。

【例题 3-16】 根据以下主题和风格生成一段文本。

少样本提示:

> 主题:春天。
>
> 风格:清新自然。
>
> 示例文本:
>
> 春天的阳光洒在大地上,
>
> 万物复苏,
>
> 一片生机勃勃的景象。
>
> 小草从土里探出头来,
>
> 花朵在阳光下绽放,
>
> 散发出迷人的香气。

请根据以下主题和风格生成一段文本:

主题:秋天。

风格:宁静祥和。

【解】 根据提供的示例,模型学会了根据主题和风格生成文本。在这个例子中,模型可能会生成：

> 秋天的阳光温柔地洒在大地上，
> 万物开始收获，
> 一片宁静祥和的景象。
> 树叶在风中轻轻飘落，
> 果实挂满枝头，
> 散发出诱人的香味。

4. 复杂推理

虽然少样本提示在处理复杂推理任务时可能表现不佳，但通过结合思维链等策略，模型仍然能够学会执行一些复杂的推理任务。例如，在判断一组数字中的奇数加起来是否为偶数的任务中，通过结合思维链和少样本提示，模型能够学会正确的推理步骤并给出正确答案。

【例题 3-17】　判断以下一组数字中的奇数加起来是否为偶数。

少样本提示：

数字组："1，3，5"➝奇数加起来为奇数（1＋3＋5＝9）。

数字组："7，9，11，13"➝奇数加起来为偶数（7＋9＋11＋13＝40）。

请判断以下一组数字中的奇数加起来是否为偶数：

数字组："17，19，21"。

【解】　根据提供的示例，模型学会了判断一组数字中的奇数加起来是否为偶数。在这个例子中，模型会判断给出的数字组中奇数加起来为奇数（17＋19＋21＝57）。

3.3.4　少样本提示的优势与局限

少样本提示的优势在于它能够通过少量的示例使模型快速适应并执行新的任务，从而降低了对大量标注数据的需求。这一策略在实际应用中能够提高模型的灵活性和泛化能力，并降低数据收集和标注的成本。

然而，少样本提示也存在一些局限。首先，在处理复杂推理任务时，少样本提示可能表现不佳，需要结合其他策略，如思维链等来提高性能。其次，少样本提示的效果受到示例质量和数量的影响，需要提供高质量的示例并确保示例的多样性。最后，少样本提示的效果还受到模型预训练阶段接触到的数据特征的影响，如果示例集中的数据与模型预训练阶段接触到的数据特征不匹配，可能会影响模型的性能。

3.4　思维链提示

思维链提示是一种基于人工智能的方法，通过模拟人类思维的连贯性和逻辑性，显著提高了大模型在复杂推理任务上的性能。本节讲述思维链提示的基本概念、优化策略、应用场景以及挑战和限制等多方面内容,并辅以丰富的例子来加深理解。

3.4.1　思维链提示的内涵

思维链提示(Chain of Thought Prompting,CoTP)作为大模型提示工程的一种重要方法,旨在模拟人类思维的连贯性与逻辑性。它构建模型以模拟人类面对问题时的思考过程,生成一系列相关的思维环节,形成一个连贯的思维链。这个思维链可以包含问题分析、解决方案推导以及相关经验和知识等,帮助人们更好地理解和解决复杂的问题。

思维链提示的原理是基于神经网络模型的预测与生成能力。通过海量文本与数据的学习,模型掌握了语言的语法、语义及逻辑规律。当接收输入时,它能预测并生成与输入相关的下一个思维环节,这一过程可以迭代多次,从而形成连贯的思维链。

作为一种提示策略,思维链提示旨在提升模型的逻辑推理与复杂问题解决能力。它要求模型在生成最终答案前,先逐步展开思考,将复杂任务分解为一系列子问题并逐一解答。这种策略鼓励模型“说出”其思考路径,不仅提高了输出的透明度,还有助于模型自我检查,降低错误率。以数学解题为例,思维链提示会引导模型先列出已知条件,再逐步推导出中间结论,最后给出最终答案,确保解题过程的逻辑性与正确性。

通常人类在解决问题时往往遵循逐步分析的方式,如解数学题会先列公式、再计算、最后得出答案。然而,大模型在处理复杂问题时可能会忽略中间步骤,直接给出答案,这可能导致结果不准确。思维链提示则通过提示词引导模型分步骤给出答案,模拟人类的分步逻辑推理过程。相较于直接回答,这种方式不仅提升了答案的准确性,还增强了用户的可解释性。

【例题 3-18】　请对比大模型对同一问题的普通提示和思维链提示。

【解】　(1)普通提示:

问题:一个农场有 50 头牛,每头牛每天喝 10 升水。10 天后,这些牛一共喝了多少升水? 回答:5000 升。

(2)思维链提示:

问题:一个农场有 50 头牛,每头牛每天喝 10 升水。10 天后,这些牛一共喝了多少升水? 请分步骤回答。

① 明确每头牛每天的饮水量为 10 升。

② 计算 10 天内每头牛的总饮水量为 $10 \times 10 = 100$ 升。

③ 根据农场有 50 头牛,得出总饮水量为 $50 \times 100 = 5000$ 升。

通过对比可见,思维链提示促使大模型通过明确的中间推理步骤给出答案,使结果更加条理清晰、可信度高。而普通提示下,大模型往往仅给出简短结论,缺乏中间推理过程,这可能导致面对复杂问题时答案出错或存在缺陷,同时也不利于用户理解和接受。

3.4.2　思维链提示的优化策略

为了进一步提高思维链提示的性能,可以采取以下优化策略。

1. 数据收集和分析

收集和分析大量与任务相关的数据,以了解问题的本质和规律。这些数据可以作为生成定制化思维链提示的基础。

2. 模型训练和调优

采用思维链提示技术,基于已有的心理学知识和咨询经验来训练一个模型。该模型可以学习和理解心理咨询的基本原理、问题解决方法和有效的咨询策略。通过不断调优模型参数和结构,提高其在特定任务上的性能。

3. 提示生成和优化

根据任务需求和用户特点,生成定制化的思维链提示。这些提示可以包括问题的分析、解决方案的推导、相关的经验和知识等。同时,通过不断收集和分析用户反馈和数据,对提示进行持续优化和更新。

4. 资源优化

在生成中间步骤时,可能会增加计算和内存需求。为了优化资源使用,可以采取模型量化、动态批处理、资源分配策略和后处理策略等措施。例如,通过模型量化将模型参数从浮点数转换为低位宽度的表示,减少模型大小和内存占用。

3.4.3 思维链提示的应用场景

思维链提示在人工智能技术中的应用场景非常广泛,以下的例子旨在展示其在不同领域和场景下的应用效果。

1. 数学计算

通常数学计算任务涉及多个步骤,如分组计算、逻辑推导和总量统计等。使用思维链提示,可以引导模型按照每一步逻辑逐步推导答案,避免因为跳过关键步骤而导致错误。

【例题 3-19】 一个班级有 30 个学生,其中男生 20 人,女生 10 人。每个男生有 3 本书,每个女生有 5 本书。一共多少本书?

【解】 普通提示:直接给出答案。

思维链提示:

(1) 确定问题需要分别计算男生和女生拥有的书本数量,然后求和。

(2) 男生有 20 人,每人 3 本书,因此男生的书本总数为 $20 \times 3 = 60$。

(3) 女生有 10 人,每人 5 本书,因此女生的书本总数为 $10 \times 5 = 50$。

(4) 将两部分书本总数相加,$60 + 50 = 110$。

通过思维链提示,模型可以逐步推导答案,而不是直接给出一个结果。这种方法不仅提高了答案的准确性,还增强了推理的透明度和可解释性。

2. 常识推理

常识推理任务涉及对日常生活常识的理解和应用。思维链提示可以帮助模型在推理过程中引入常识性知识,从而得出更合理的答案。

【例题 3-20】 为什么水会沸腾?

【解】 普通提示:直接询问水沸腾的原因。

思维链提示:

(1) 理解水沸腾是一个加热过程。

(2) 水的沸点是 100 摄氏度(在标准大气压下)。

(3) 推理出当水温达到沸点时,水分子间的活动增加,开始产生大量气泡。

(4) 得出结论:水沸腾是因为水温达到了沸点,水分子间的活动增加导致气泡产生。

通过思维链提示,模型在推理过程中引入了常识性知识,从而得出合理、准确的答案。

3. 金融应用

在金融领域中,思维链提示可以帮助模型对复杂的金融数据进行推理和分析,从而辅助决策。

【例题 3-21】 分析一家公司的财务状况并预测其未来盈利能力。

【解】 思维链提示:

(1) 收集并整理公司的财务报表和相关数据。

(2) 分析公司的收入、利润、资产和负债等关键财务指标。

(3) 使用财务比率分析(如盈利能力比率、流动比率、速动比率等)来评估公司的财务状况。

(4) 基于以上分析,预测公司未来的盈利能力并给出建议。

通过思维链提示,模型可以逐步对公司的财务状况进行深入分析,并给出合理的预测和建议。这种方法在金融领域具有广泛的应用前景,可以帮助投资者、分析师和企业管理者更好地理解和应对市场变化。

4. 医疗应用

在医疗领域中,思维链提示可以帮助模型对医疗数据进行推理和分析,从而辅助医生进行诊断和治疗。

【例题 3-22】 分析一位患者的病史和检查结果,给出初步诊断和建议。

【解】 思维链提示:

(1) 收集并整理患者的病史和检查结果。

(2) 根据病史和检查结果分析患者可能存在的疾病或健康问题。

(3) 使用医学知识和经验进行推理和判断,排除不可能的诊断。

(4) 给出初步诊断和建议,供医生参考。

通过思维链提示,模型可以逐步对患者的病史和检查结果进行深入分析,并给出合理的初步诊断和建议。这种方法在医疗领域具有重要的应用价值,可以帮助医生提高诊断的准确性和效率。

5. 教育应用

在教育领域中,思维链提示可以帮助模型对学生的学习问题进行推理和分析,从而提供个性化的辅导和建议。

【例题 3-23】 分析一位学生在数学学习中的困难点,并提供辅导建议。

【解】 思维链提示:

(1)收集并整理学生的数学学习记录和作业情况。

(2)根据学生的学习记录和作业情况分析可能存在的困难点。

(3)使用数学知识和教学经验进行推理和判断,确定学生的薄弱环节。

(4)针对学生的薄弱环节提供个性化的辅导建议和学习资源。

通过思维链提示,模型可以逐步分析学生的学习问题,并提供个性化的辅导和建议。这种方法在教育领域中具有很好的推广价值,可以帮助教师更好地了解学生的学习情况,并提供有针对性的辅导和支持。

6. 文本理解

文本理解任务涉及从大段文字中提取关键信息和主旨,思维链提示能帮助模型通过分解段落内容,逐步识别主题、具体细节和结论。对于长篇文章,可以逐段分析,最终合成完整的总结。例如在科学论文、政策分析等场景中,思维链提示有助于提取核心观点,减少遗漏。

【例题 3-24】 从以下段落中提取主要观点:"气候变化正在影响全球的生态系统。许多物种因为温度变化而面临灭绝风险,人类必须采取行动减缓这种趋势。"

【解】 思维链提示:

(1)该段落的主题是"气候变化"。

(2)它具体讨论了气候变化如何影响生态系统,并指出温度变化增加了物种灭绝的风险。

(3)段落最后建议人类采取措施来减缓气候变化带来的负面影响。

7. 文学创作

在文学创作中,思维链提示引导模型先明确主题,再设计结构,最后生成内容。这样能确保生成的内容既有逻辑又富有美感。在写作教学、文化创意等领域,分步骤的创作指导能有效提升生成文本的质量和连贯性,避免因直接生成导致的主题偏离或不连贯。

【例题 3-25】 写一首关于春天的诗。

【解】 思维链提示:

(1)明确主题:春天的特征是万物复苏、花开草长。

(2)设计诗的结构:分四行,依次描绘花开、风暖、雨润和鸟鸣。

(3)最终创作:"花开迎春风,
雨润大地浓。
枝头鸟歌唱,
万物焕新容。"

8. 数据分析

数据分析任务通常需要模型逐步处理数据集的各个部分,例如筛选、计算和汇总。通过思维链提示,可以引导模型逐步完成从数据提取到可视化的全过程,避免在复杂数据处理中遗漏关键步骤。

【例题 3-26】　在一个数据集中,A 类商品有 50 个,B 类商品有 30 个,每个 A 类商品售价 20 元,每个 B 类商品售价 15 元。求总收入。

【解】　思维链提示:

(1) A 类商品数量为 50,每件售价 20 元,总收入为 $50 \times 20 = 1000$ 元。

(2) B 类商品数量为 30,每件售价 15 元,总收入为 $30 \times 15 = 450$ 元。

(3) 总收入为 A 类商品和 B 类商品收入之和,即 $1000 + 450 = 1450$ 元。

9. 编程任务

通常编程任务包含多个逻辑步骤,从需求分析到代码实现。思维链提示能够帮助模型逐步完成代码功能拆解、语法验证和调试,生成更加可靠的程序。

【例题 3-27】　编写 Python 程序,计算一个列表中所有偶数的和。

【解】　思维链提示:

(1) 确定需求:需要计算列表中所有偶数的和。

(2) 遍历列表,用条件判断每个数字是否是偶数。

(3) 如果是偶数,将其加到总数变量中。

(4) 返回最终总数。

代码如下。

```python
def sum_even_numbers(numbers):
    total = 0
    for num in numbers:
        if num % 2 == 0:
            total += num
    return total
```

3.4.4　思维链提示的挑战与限制

尽管思维链提示在提高推理能力方面表现出色,但它也面临一些挑战和限制。

1. 资源消耗

生成中间步骤可能会增加计算和内存需求,从而影响模型的效率。特别是在处理复杂任务时,资源消耗问题更加突出。

2. 模型大小

较小的模型可能无法有效地从思维链提示中受益,而大模型则可能表现出更好的性能。

这要求在实际应用中根据任务需求和资源条件选择合适的模型大小。

3. 提示设计

设计有效的思维链提示可能需要专业知识和大量的人工参与。这增加了提示工程的复杂性和成本。因此,需要不断探索自动化和半自动化的提示生成方法,以降低人工参与的程度并提高提示工程的效率。

随着人工智能技术的不断发展,思维链提示有望在更多领域得到应用。例如,在医疗诊断、金融分析和教育辅导等领域,思维链提示可以帮助模型更好地理解问题本质、推导解决方案并提供清晰的逻辑链路。同时,还需要不断探索新的提示工程技术和方法,以进一步提高大模型在复杂任务中的性能,以及所提供解决方案的可解释性。

3.5　思维树提示

思维树提示(Tree of Thought,ToT)作为一种先进的提示工程技术,通过模仿人类解决问题的认知过程,赋能大语言模型以结构化的方法探索多种可能的解决方案路径。尽管伴随一定的计算开销与实施难度,ToT 凭借其在提高问题解决能力、处理不确定性和组织性等方面的优势,在各个应用场景中展现出巨大的潜力与价值。

3.5.1　思维树提示的内涵

思维树提示是思维链提示的进一步扩展,它巧妙地融合了决策树的分支逻辑,用于处理需要多路径决策或探索多种可能性的任务。在这种提示下,模型被引导去考虑不同的决策分支,对每个分支的可能结果进行预测和评估,最终选择最优路径。这种方法适用于需要综合考虑多种因素进行复杂决策的场景,如战略规划、风险评估和项目管理等。通过构建思维树,模型能够系统地探索问题空间,提高决策的合理性和效率。

思维树提示是一种基于树形结构组织推理步骤的提示方法,它通过将任务分解成多个分支,帮助模型理解和推理每个子任务之间的依赖关系。与思维链提示不同,思维树提示通过构建类似树的结构,使得模型在思考问题时可以沿着不同的路径,逐步推导出问题的答案。具体来说,思维树提示包括以下组成部分。

- 根节点:任务的主要问题或目标,通常是最终需要解决的问题。
- 子节点:从根节点出发的第一层分支,每个子节点代表一个子任务或一个需要单独处理的逻辑部分。
- 叶节点:最底层的节点,包含具体的推理步骤、计算或细节信息。

这种结构能够让模型在解决问题时,沿着每条路径深入思考,从而有效避免遗漏某些关键的推理步骤。

思维链提示的链形结构示意图和思维树提示的树形结构示意图如图 3-2 所示。

总之,思维树提示通过构建树形结构的思维路径,帮助模型进行多步推理,从而提高其解决问题的能力。这种方法在学术探索、决策分析和创意写作等复杂任务中展现其卓越的性能。

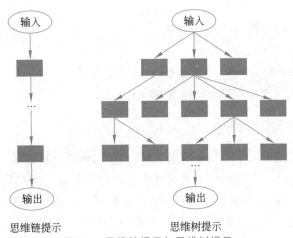

思维链提示　　　　　　　　思维树提示

图 3-2　思维链提示与思维树提示

3.5.2　思维树提示的工作步骤

思维树提示的工作步骤可以概括如下。

1. 确定中心主题和主要分支

选择一个中心思想或问题作为思考的起点,围绕中心思想确定几个主要思考方向,这些方向成为树的主要分支。

2. 细化分支内容

在每个主分支下,进一步细分出子分支,代表具体的思想或信息。这些子分支可以视为树的不同节点,节点之间的连接则代表了问题分解的逻辑关系。

3. 生成具体的思维步骤

在分解问题的基础上,生成一系列的思维步骤,这些步骤指导了从初始状态到目标状态的路径。这些步骤可能包括信息收集、假设提出和验证假设等。

4. 评估和调整

在执行每个思维步骤后,评估当前的状态,以确定是否达到了预期的目标或是否需要调整策略。这种评估有助于及时发现问题并采取相应的措施。

5. 探索不同的解决方案

运用搜索算法在思维树中探索不同的解决方案。这些算法可能包括深度优先搜索、广度优先搜索等,以找到最优或可行的解决方案。

3.5.3　思维树提示的应用场景

思维树提示作为一种结构化的思考工具,在诸多领域和场景中都有其独特的应用价值。以下用实例来说明思维树提示的应用场景。

1. 教育与学习领域

教师可以利用思维树提示系统地规划课程内容,明确教学目标和步骤,使教学更具条理性和逻辑性。学生可以使用思维树提示制订学习计划或整理学习笔记,将知识点以树形结构呈现,便于理解和记忆。在复习时可以沿着思维树回顾知识点,查漏补缺。

【例题 3-28】　制订学习计划"如何在一个月内掌握 Python 编程"。

【解】　没有思维树提示的回答:"每天学习编程,多练习,完成一些项目。"

有思维树提示的提示词:

> 请从以下步骤逐步回答:
> (1) 确定学习目标(如基础语法、文件操作);
> (2) 分配每周学习内容;
> (3) 安排实践任务;
> (4) 总结学习效果。

有思维树提示的回答:"首先,确定目标,如学会 Python 基础语法和文件操作。接着,将每周分配给不同主题:第一周学语法,第二周学文件操作。每周安排 2 天练习并做项目。最后,总结并解决遇到的问题。"

2. 科研与学术领域

科研人员可以利用思维树提示来规划研究路线,明确研究目标、方法和步骤,以及可能遇到的挑战和解决方案。在撰写学术论文时,作者可以使用思维树提示来组织论文结构,确保各部分内容之间的逻辑性和连贯性。

【例题 3-29】　制订科研计划"如何开展一项关于人工智能在医疗诊断中应用的研究"。

【解】　没有思维树提示的回答:"收集医疗数据,应用 AI 算法,分析结果。"

有思维树提示的提示词:

> 请按照以下步骤逐步规划:
> (1) 明确研究背景与目的(如提高医疗诊断准确率、减少误诊率);
> (2) 进行文献综述,了解现有研究状况与不足;
> (3) 确定研究方法与技术路线(如选择哪种 AI 算法、如何获取和处理数据);
> (4) 规划实验设计与实施步骤(如数据收集、模型训练、验证与测试);
> (5) 预期成果与可能面临的挑战及解决方案;
> (6) 撰写研究报告与论文。

有思维树提示的回复如下。

首先,明确本研究旨在通过人工智能技术提高医疗诊断的准确性和效率。接下来,进行深入的文献综述,梳理当前 AI 在医疗诊断中的应用案例、算法优缺点以及存在的挑战。设计实验包括数据预处理、模型构建与训练、交叉验证以及在实际病例上的测试。预期成果为开发出一套高效准确的 AI 辅助诊断系统。可能面临的挑战包括数据隐私保护、算法泛化能力等,将通过加密处理数据、优化算法结构等方式解决。最后,根据研究过程与结果撰写研究报告和学术论文。

3. 商业与管理领域

企业可以利用思维树提示对复杂问题进行决策分析,通过分解问题、列出关键因素和可能结果,帮助决策者做出更加明智的选择。项目经理可以使用思维树提示分解项目任务,明确任务之间的依赖关系和优先级,确保项目按计划顺利进行。

【例题 3-30】 制订项目"如何高效完成一个团队项目"的管理计划。

【解】 没有思维树提示的回答:"分工合作,定期开会,按时完成任务。"

有思维树提示的提示词:"请按照以下步骤回答:

(1) 确定项目目标和范围;

(2) 列出关键任务及优先级;

(3) 分配任务并设定时间表;

(4) 定期检查进度并解决问题。"

有思维树提示的回答:"首先,确定项目目标,如开发一个完整的产品原型。然后,列出关键任务,如需求分析、设计、开发和测试,并按优先级排序。将任务分配给团队成员,例如 A 负责设计,B 负责开发。设定时间表,如每两周完成一个阶段。最后,每周开会检查进度,解决遇到的技术问题或资源不足的问题。"

4. 创意与设计领域

设计师和创意工作者可以使用思维树提示来激发灵感,通过分支和节点的方式探索不同的创意方向,最终找到最佳的设计方案。在产品设计中,思维树提示可以帮助团队清晰地规划产品功能、用户界面和交互流程,确保产品设计的完整性和用户体验的优化。

【例题 3-31】 创意写作:"以'未来城市'为主题,创作一篇科幻短篇小说。"

【解】 思维树提示过程:

(1) 确定中心主题:未来城市科幻短篇小说。

(2) 主要分支。

• 故事背景设定:描述未来城市的社会环境、科技水平等。

• 主要角色塑造:创造具有独特性格和背景的角色。

• 情节构建:设计引人入胜的故事情节,包括冲突、转折和结局。

(3) 细化分支。

• 故事背景设定:想象未来城市中的高科技设施、智能生活场景等。

• 主要角色塑造:为每个角色设计详细的背景故事、性格特点、目标动机等。

- 情节构建：设计一系列事件来推动故事发展,包括角色的互动、挑战和成长。

（4）生成思维步骤。

- 第一步：确定故事的整体风格和主题思想。
- 第二步：构建故事的基本框架和主要情节。
- 第三步：详细描写未来城市的环境和氛围。
- 第四步：塑造主要角色并展开情节。
- 第五步：修订和完善故事细节,使其更加连贯和吸引人。

回答："一篇以未来城市为主题的科幻短篇小说,包含丰富的想象、生动的角色和引人入胜的情节。"

5. 客户服务与支持

客服人员可以使用思维树提示快速诊断客户遇到的问题,并沿着思维树找到相应的解决方案,提高客户满意度和服务效率。

【例题 3-32】　客户服务"如何解决客户无法登录账户的问题"。

【解】　没有思维树提示的回答："重启一下试试,或者检查一下密码是否正确,再不行就找技术人员帮忙。"

有思维树提示的提示词：

请按照以下步骤回答：
（1）确认客户账户信息是否正确；
（2）询问客户是否尝试过常见解决方法；
（3）检查系统是否有相关故障报告或维护通知；
（4）提供或引导至具体解决方案；
（5）跟进并确认问题解决情况。

有思维树提示的回答：

首先,确认客户的账户信息,包括用户名和密码是否正确无误。接着,询问客户是否已经尝试过一些常见的解决方法,例如重启设备、清除浏览器缓存或尝试使用不同的网络环境登录。然后,检查系统是否有关于登录功能的故障报告或正在进行的相关维护通知。如果系统正常,会引导客户通过重置密码或启用账户恢复功能尝试解决问题。如果问题依旧存在,会为客户提供联系技术支持的通道,并跟进直到确认客户的问题得到圆满解决。

6. 个人发展与规划

个人可以使用思维树提示设定长期和短期的目标,通过分解目标为具体的行动步骤,帮助自己更好地实现目标。在规划日常任务和时间安排时,思维树提示可以帮助个人清晰地列出任务清单,优先处理重要和紧急的任务,提高时间利用率。

【例题 3-33】　职业发展计划"如何在一年内提升职业技能"。

【解】　没有思维树提示的回答："报培训班,多看书,参加职业认证考试。"

有思维树提示的提示词：

> 请逐步回答以下问题：
> (1) 确定需要提升的具体技能；
> (2) 选择合适的学习资源(如课程、书籍)；
> (3) 制订学习进度计划；
> (4) 定期评估进展并调整策略。

有思维树提示的回答：

> 首先，确定需要提升的技能，如数据分析或团队管理。接着，选择适合的学习资源，如在线课程和行业书籍。制订学习计划，如每周学习 5 小时，每月完成一个课程或项目。最后，每季度评估技能掌握情况，调整学习方法，如加入实战项目或寻求导师指导。

【例题 3-34】　旅游行程规划"如何规划一场三天的城市观光旅行"。

【解】　没有思维树提示的回答："每天安排几个景点，晚上住酒店，提前买票。"

有思维树提示的提示词：

> 请按照以下步骤回答：
> (1) 确定旅行的主要目的(如休闲、文化探索)；
> (2) 根据目的选择每天的活动和景点；
> (3) 确保活动之间的距离合理；
> (4) 确定住宿地点和交通方式。

有思维树提示的回答：

> 首先，确定旅行目的是文化探索。第一天安排参观博物馆和历史遗迹，第二天重点体验当地市场和美食，第三天探索自然景观。每天确保景点之间的距离合理，如第一天集中在市中心区域，最后选择靠近机场的酒店。提前规划好交通方式，如公共交通或租车。

通过以上例子，可以看到思维树提示在教育、科研、商业、创意设计、客户服务以及个人发展等多个领域或场景中都具有广泛的应用价值。它能够帮助人们更好地组织思维、规划行动和解决问题，从而提高工作效率和生活质量。

3.5.4　思维树提示与思维链提示的比较

在大模型技术中，思维树提示和思维链提示是两种重要的提示工程技术，它们各自在提升模型推理能力方面发挥着独特的作用。

思维链提示通过将复杂的推理过程分解为多个步骤，并在每个步骤中指导模型逐步进行推理，帮助语言模型解决复杂问题。这种提示方法的基本思想是让模型以自然语言描述的形式理解和执行每个推理阶段所需的操作，逐步累积正确的推断。在实际应用中，思维链提示通常由多个中间步骤组成，每个步骤都解释了问题的一方面或一个子问题。模型需要根据前一个步骤的结果和当前问题的要求推断下一个步骤。通过这种逐步推理的方式,模型可以逐渐获得更多信息,并在整个推理过程中累积正确的推断。

思维树提示则是通过树结构来建模 LLM 的推理过程,允许模型使用不同的思维路径,并能提供全新的功能,如基于不好的结果反向回溯推理过程。思维树通过模拟人类的认知策略,使 AI 可以以树形分支的形式探索多种可能的解决方案,从而提高其解决复杂问题的能力。在处理不确定性问题时,不确定思维树作为思维树的扩展,通过量化和管理决策过程中的不确定性,使模型在面对模糊或复杂信息时,可以做出更准确的判断。这种能力在金融、医疗等领域的应用尤为重要,因为这些领域中的决策往往涉及大量未知变量。

对比思维树提示与思维链提示,可以看出二者各有优势。思维链提示的优势在于其线性推理过程清晰、易于理解,适合处理结构明确的场景。它通过少样本学习提高了 LLM 在基于推理的任务上的表现,特别是在数学和逻辑问题上的解决能力显著。然而,思维链提示在处理需要多路径推理和战略规划的场景时可能显得不够灵活。

相比之下,思维树提示的优势在于其树形结构允许模型同时探索多条推理路径,更加灵活多变。在处理复杂问题,尤其是需要战略规划和多路径推理的场景时,思维树提示表现出色。此外,思维树提示还通过自我评估机制提高了模型的决策质量,在面对不确定性问题时更具优势。然而,思维树提示也存在其局限性。由于需要维护多条决策路径和进行深度搜索等操作,思维树提示的实现需要较为强大的计算资源和内存支持。

综上所述,思维树提示与思维链提示在大模型技术中各有优劣。选择哪种提示方法取决于具体应用场景和需求。在实际应用中,可以根据问题的复杂性和模型的能力来灵活选择和组合这两种提示方法,以达到最佳的推理效果。

3.6 自动提示工程

随着大模型技术的发展,自动提示工程(Automated Prompt Engineering,APE)逐渐成为研究热点。它是一种通过自动化方法或算法生成、优化及选择提示词的技术,这些提示词作为引导模型生成特定输出或执行任务的指令,对于提升模型效能、降低人力成本、加速创新进程具有不可估量的价值。

3.6.1 为什么需要自动提示工程

自动提示工程的兴起,背后蕴含着深刻的逻辑与需求。

首先,从模型性能提升的角度来看,自动提示工程能够精准地构造和优化提示词,从而引导模型生成符合期望的输出。一个恰当且富有启发性的提示,能够激发模型潜在的知识和能力,使其生成准确、连贯、有创意的文本。而自动提示工程正是通过自动化的方法,从海量的数据中学习并提炼出最优的提示词组合,避免了人工设计提示词时的主观性和局限性,从而提升了模型的性能。

其次,自动提示工程有助于减少人工干预,降低人力成本。在传统的模型训练和应用过程中,往往需要专家或经验丰富的工程师手动设计和调整提示词,这一过程不仅耗时费力,而且难以保证提示词的最优性。而自动提示工程则能够自动完成这一任务,大大减轻了人工负担,使团队能够将更多资源聚焦于模型的核心研发与业务创新上。

再次,提高生成效率是自动提示工程的又一优势。在现代社会中,效率往往决定了技术的成败。自动提示工程通过快速迭代与优化提示词,缩短了模型生成高质量输出所需的时间周期,为企业的快速响应与市场竞争提供了有力支撑。

最后,自动提示工程对于推动大模型技术的普及和应用具有深远意义。大模型技术作为人工智能领域的前沿技术,其潜力和价值不言而喻。然而,由于技术门槛高、应用难度大等问题,大模型技术的普及和应用一直受到限制。而自动提示工程的出现,降低了大模型技术的应用门槛,使得更多的企业和个人能利用这一技术提升自己的业务水平和创新能力。

综上所述,自动提示工程之所以成为研究热点并受到广泛关注,是因为它在提升模型性能、减少人工干预、提高生成效率以及推动技术普及与应用等方面具有明显优势。

3.6.2　自动提示工程的技术原理

自动提示工程的核心是将提示生成、优化和选择的过程自动化,从而提升模型的输出质量。具体来说,自动提示工程的技术原理涉及以下几方面。

1. 提示生成

提示生成是自动提示工程的第一步,旨在创建多样化的输入提示,以覆盖不同任务需求。可以使用以下方法或算法。

(1)基于模板的生成。

提前设计通用的句式模板,然后结合任务相关的关键词自动生成提示。其实现方法是:使用字符串拼接构建模板,将关键词替换预定义占位符生成具体提示。

(2)基于语言模型的生成。

使用预训练模型(如 GPT-4)通过种子提示生成多样化的提示。其实现方法是:调用语言模型 API,设置初始提示并生成结果;设置生成参数以控制输出多样性。

(3)上下文派生生成。

从上下文信息中自动提取关键词或概念,并据此生成提示。其实现方法是:使用自然语言处理技术提取上下文中的主题词,利用模板或语言模型生成与主题相关的提示。

2. 提示优化

提示优化的目标是从生成的提示集中筛选和调整,使其更加清晰、具体和符合任务需求。以下是常见的提示优化方法。

(1)基于统计特征的优化。

根据提示的长度、句法复杂度和关键词覆盖率等指标优化提示。其实现方法是:计算提示的 TF-IDF 值(一种统计方法),确保重要关键词被高频使用;通过依存句法分析简化复杂句子,提升可读性。

(2)强化学习的优化。

通过奖励函数对提示的质量进行评估和优化。如果提示生成的输出与目标任务匹配,则给予高奖励。其实现方法是定义奖励函数,使用强化学习算法调整提示。

(3)基于语义相似度的优化。

初始提示可能过于简短或模糊,导致生成内容与目标答案匹配度低。优化提示使其生成的输出更贴合目标任务。其实现方法是使用语义相似度模型识别低匹配度提示,并通过改进初始提示的清晰度或补充上下文来优化生成结果。

(4)基于上下文强化的优化。

通过分析上下文内容,补充提示中的缺失信息或提高其针对性,使其更加贴合当前任务。其实现方法是使用上下文嵌入模型(如 GPT、BERT 等)分析对话或任务的上下文,提取关键内容;对提示添加上下文关键词或核心信息,提高提示的完整性和可操作性。

(5)基于模型不确定性的优化。

通过衡量生成模型对输出内容的不确定性程度,调整提示以减少潜在歧义。高不确定性通常表明提示不够清晰或过于复杂。其实现方法是使用不确定性估计方法(如模型的 Softmax 分布熵值)评估生成内容的不确定性;对于高不确定性提示,简化提示语言,或者引入具体限制条件。

(6)基于用户反馈的优化。

利用用户对生成内容的反馈(如评分或修改建议)优化提示,提升生成内容的相关性和准确性。其实现方法是记录用户反馈,标注提示和生成内容的优缺点;使用强化学习或监督学习调整提示生成模型,使其更符合用户偏好。

3. 提示选择

在多个候选提示词中,根据某种标准自动选择最佳提示。这一过程可能包括排序、筛选或组合不同提示以形成有效的输入。

3.6.3　自动提示工程的未来方向

自动提示工程作为提升大模型性能的关键技术,尽管已展现出明显的优势,但仍需面对多重挑战,这些挑战包括但不限于对高质量标注数据的依赖、模型结构的复杂性以及评估标准的不统一。为了解决这些难题,并引领自动提示工程迈向新的发展,未来的研究可聚焦于以下几个方向。

1. 无监督学习

无监督学习技术的深度融入成为破解数据依赖难题的关键。通过探索无监督或弱监督学习方法,如自学习、对比学习等,可以在不依赖大量人工标注数据的前提下,有效提升 APE 模型的泛化能力和对不同场景的适应能力,从而降低数据获取成本,拓宽应用边界。

2. 模型解释性

增强模型解释性是提升 APE 可信度和实用性的重要途径。当前,复杂的 APE 模型虽能有效生成优化提示,但其内部工作机制往往难以捉摸。因此,研究如何使 APE 模型更加"透明",如通过可视化技术展示提示词优化的决策路径,或开发可解释性强的模型架构,将有助于用户更好地理解并信任模型的输出结果,促进技术的实际应用。

3. 多模态融合

多模态融合为 APE 开辟了新的应用天地。随着多媒体内容的爆炸式增长,将 APE 技术拓展至图像描述、视频摘要等多模态任务中,不仅能够丰富 APE 的应用场景,还能促进跨模态信息的深度整合与理解,为构建更加全面、智能的信息处理系统奠定基础。这一方向的探索,无疑将为自动提示工程带来前所未有的发展机遇与挑战。

阅读材料:提示工程师

随着提示工程的重要性日益凸显,提示工程师(prompt engineer)这一角色逐渐兴起,他们是专门负责设计、优化和管理提示的专业人员,其工作对于提高大模型的性能和输出质量至关重要。提示工程师不仅需要深厚的 AI 技术背景,还需要良好的创意能力、问题解决能力和跨学科知识,以确保提示既符合技术要求,又能有效激发模型的潜力,如图 3-3 所示。

图 3-3　提示工程师

本章小结

提示工程融合了科学与艺术,专注于构建与优化输入提示,旨在引领大模型精准捕捉用户意图,生成既准确又富有洞察力的回答。在大模型的世界中,一个精妙构思的提示犹如一盏明灯,照亮模型探索的航道,直指用户心中的疑惑之岸。

提示作为用户与模型沟通的桥梁,形式多样,不拘一格。它可以是简洁明了的问题,一段阐述清晰的陈述,或是详尽具体的指令,甚至是融合了文本、图像等多模态信息的组合。例如,在向大模型询问历史事件时,用户输入的关于该事件的相关描述或问题就是提示。提示的质量,直接关乎模型输出的精准度与有效性,一个匠心独运的提示能够激发模型潜能,从海量数据中提炼出令人满意的智慧结晶。

零样本提示作为最基础的交互方式,仅需要任务描述与输入文本,考验的是模型自身的知识储备与归纳能力。然而,面对复杂或生僻的任务,模型可能难以准确把握用户意图,导致输出不能尽如人意。

少样本提示则通过提供少量示例,为模型搭建起直观的学习模板,明确了期望输出的结构与模式。在代码生成、翻译等任务中,这些示例如同导航灯塔,指引模型沿着正确的路径前行,提升了任务完成的质量与效率。

思维链提示则是一种更为高级的策略,它引导模型构建一系列逻辑连贯的思维环节,形成解决问题的思维链条。这种方法不仅增强了模型的逻辑推理与问题解决能力,还使得输出过程更加透明、更加可解释。从数学推理到文学创作,思维链提示的应用范围广泛,展现了其在复杂任务处理中的巨大潜力。

思维树提示则进一步模仿人类的认知过程,以树形结构展现思维路径,助力模型在多路径决策与推理中游刃有余。它适用于战略规划、风险评估等复杂决策场景,能够全面探索解决方案,提升决策的合理性与效率。然而,实现思维树提示,需辅以强大的计算资源与内存支持。

自动提示工程则是提示工程领域的巅峰之作,它利用自然语言处理与语义理解的先进技术,自动化生成、优化并选择提示词,精准引导模型生成预期输出。这一过程不仅极大地提升了交互效率,还显著增强了模型的可解释性与透明度,为大模型技术的广泛应用与推广奠定坚实基础。

习题三

1. 提示工程对于大模型的重要性主要体现在哪方面?(　　)
   A. 提高模型计算效率　　　　　　　　B. 降低模型存储需求
   C. 引导模型生成高质量输出　　　　　D. 减少模型训练时间
2. 零样本提示的特点是什么?(　　)
   A. 提供大量训练数据　　　　　　　　B. 不提供任何示例或额外信息
   C. 需要大量人工标注　　　　　　　　D. 只适用于简单任务
3. 在少样本提示中,通常提供多少个示例?(　　)
   A. 1个　　　　　　B. 2~10个　　　　C. 100个以上　　　D. 越多越好
4. 思维链提示主要用于提升模型的什么能力?(　　)
   A. 计算能力　　　　　　　　　　　　B. 存储能力
   C. 逻辑推理能力　　　　　　　　　　D. 图像识别能力
5. 思维树提示与思维链提示的主要区别在于以下哪一项?(　　)
   A. 思维树提示只适用于复杂任务
   B. 思维链提示不提供中间步骤
   C. 思维树提示以树形结构展现思维路径
   D. 思维链提示不需要模型理解

6. 思维树提示适用于哪种类型的任务？（　　　）
　　A. 简单分类任务　　　　　　　　　　B. 需要多路径决策的任务
　　C. 图像识别任务　　　　　　　　　　D. 语音识别任务

7. 在提示工程中,哪种提示类型通过提供少量示例来帮助模型理解任务？（　　　）
　　A. 零样本提示　　　B. 少样本提示　　　C. 思维链提示　　　D. 思维树提示

8. 在提示工程中,提供上下文信息的主要目的是什么？（　　　）
　　A. 增加模型计算量　　　　　　　　　B. 帮助模型理解用户意图
　　C. 提高模型存储能力　　　　　　　　D. 减少模型训练时间

9. 提示工程中的"迭代优化"是什么？（　　　）
　　A. 不断优化模型结构　　　　　　　　B. 不断提供新的数据样本
　　C. 根据模型输出反复调整提示词　　　D. 增加模型训练时间

10. 自动提示工程中,基于用户反馈的优化方法主要关注什么？（　　　）
　　A. 模型的计算速度　　　　　　　　　B. 用户的满意度和生成内容的质量
　　C. 模型的存储需求　　　　　　　　　D. 模型的训练成本

11. 简述提示工程的基本概念。

12. 在提示工程中,为什么需要简洁明了的提示词？

13. 零样本提示与少样本提示的主要区别是什么？

14. 分析零样本提示与迁移学习之间的关系,并讨论它们的异同点。

15. 在少样本提示中,示例的作用是什么？

16. 什么是思维链提示？请给出一个例子。

17. 思维链提示如何帮助模型解决复杂问题？

18. 论述思维链提示在提升模型逻辑推理能力方面的作用及其潜在局限性。

19. 简述思维树提示的工作原理。

20. 论述思维树提示在复杂决策任务中的优势及其实现难度。

21. 自动提示工程的核心任务是什么？

22. 设计一个提示词,引导大模型生成一篇关于环保主题的演讲稿。

23. 为一个图像识别任务设计少样本提示,识别并标注图片中的动物种类。

24. 设计一个思维树提示,规划一个周末户外徒步活动的行程安排。

25. 设计一个自动提示工程流程,用于优化代码生成任务的提示词。

26. 设计一种结合零样本提示与思维链提示的新方法,用于提高模型在文本生成任务中的创造性和连贯性。该方法应如何结合二者的优势,并说明其可能的应用场景。

27. 设计一个创新的提示工程方法,旨在提高模型在创意写作任务中的表现。

28. 论述提示工程在大模型技术中的应用价值及其面临的挑战。

29. 提出一种结合思维链提示与思维树提示的新方法,用于解决复杂的多步骤决策问题。

30. 讨论自动提示工程对于推动大模型技术普及的意义,并预测其未来发展趋势。

31. 探索如何利用自动提示工程技术,为特定领域的专业任务生成高质量的提示词。

32. 探索自动提示工程在跨语言文本生成任务中的应用。设计一个自动提示工程流程,该流程能够自动生成和优化提示词,以引导大模型在不同语言之间生成高质量、符合目标语言风格的文本。请详细说明该流程的关键步骤和潜在挑战。

第4章 大模型典型应用

在科技日新月异的时代,大模型作为人工智能领域的璀璨明珠,正以其强大的数据处理能力和深度学习能力,深刻改变着人们的工作、学习和生活方式。本章将深入探讨大模型的典型应用,涵盖内容创作、智能办公、智能客服、智能编程和自动驾驶等等,展现其在各领域的魅力与无限可能。

4.1 内容创作

在大模型技术的广泛应用中,内容创作已成为其核心领域之一,其影响力不断加深。特别是在社交媒体、新闻报道、小说创作、诗歌创作以及学术选题五大关键板块中,大模型技术以其卓越的生成、深入的理解和创新的能力,为内容创作带来了前所未有的变革,不仅提升了创作效率,还在丰富内容多样性、提升创作质量等方面展现出巨大潜力。

4.1.1 社交媒体

社交媒体是指允许人们撰写、分享、评价、讨论以及相互沟通的网站和技术的总称。它是人们用来分享意见、经验和观点的在线平台,主要包括社交网站、微博、微信、博客、论坛和短视频等。社交媒体在互联网的沃土上蓬勃发展,其传播的信息已成为人们浏览互联网的重要内容,不仅制造了人们社交生活中争相讨论的一个又一个热门话题,还吸引了传统媒体的跟进。

社交媒体具有人数众多、自发传播等因素,如果缺乏这两个因素中的任何一个,就不会构成社交媒体的范畴。此外,社交媒体还具备分享性、融合性、个体性、传播性和开放性等特点。这些特点使得社交媒体在互联网时代中扮演着越来越重要的角色,成为人们获取信息、分享生活和交流思想的重要渠道。

总之,社交媒体是一种基于互联网技术的社交工具,它打破了地理限制,让人们能轻松连接和交流,对人类的社交方式、生活方式乃至信息的传播方式都产生了深远的影响。

博客(网络日志)是个人或团队在互联网上公开发表文章、分享观点与经验的平台。它结合了网页的展示功能与日记的私密性,让每个人都能成为内容的创造者和传播者。博客不仅促进了信息的自由流通,还成为个人品牌建设、思想交流的重要渠道。然而,在有限的时间和资源情况下,创建一篇能够引起读者共鸣的文章往往具有很大的挑战性。这时,大模型工具的创造力和多样性就成为帮助用户进行博客创作的有力工具,只需要给它一个主题

或者问题,它就能够以多样的视角和想法生成丰富多彩的观点和主张,帮助用户从不同的角度审视问题,激发新的灵感和创意。

【例题 4-1】　请给我几个关于"人工智能"的吸引人的文章标题。

【解】　模型回复如下。

> 以下是几个关于人工智能的吸引人的文章标题。
> (1)"未来已来:人工智能如何重塑我们的世界"。
> (2)"智能革命:探索人工智能的无限可能"。
> (3)"人工智能时代:机遇与挑战并存"。
> (4)"超越人类智慧?揭秘人工智能的真相"。
> (5)"AI 崛起:重塑产业格局的科技力量"。
> (6)"智能未来:人工智能将如何改变你的生活"。
> (7)"解锁未来:人工智能技术的最新突破"。
> (8)"人机共生:人工智能与人类社会的和谐共处"。
> (9)"从科幻到现实:人工智能的发展历程与前景展望"。
> (10)"智慧未来:人工智能引领的科技新纪元"。

多个吸引人且具有深度解析的标题,可以让博客快速找到自己感兴趣的方向。在撰写文章之前,借助先进的大模型,还能生成逻辑严谨、自然流畅的初稿,提升文章的可读性和吸引力。无论是复杂高深的技术概念,还是纷繁多样的社会问题,大模型都能以精练的语言精准阐述观点,使博客文章既简洁明了,又充满魅力。

【例题 4-2】　请以"超越人类智慧?揭秘人工智能的真相"为标题写一篇博客文章。

【解】　模型回复如下。

> 超越人类智慧?揭秘人工智能的真相
> 人工智能(Artificial Intelligence,AI)作为当代科技的热门话题,正逐步渗透到我们生活的方方面面。从 AlphaGo 战胜围棋世界冠军李世石,到自动驾驶汽车的上路,再到智能音箱的普及,人工智能的每一次进步都引发了关于"AI 是否会超越人类智慧"的热烈讨论。本文旨在揭秘人工智能的真相,探讨其与人类智慧的关系。
> 一、人工智能的辉煌成就
> 近年来,人工智能在许多领域取得了令人瞩目的成就。在棋类比赛中,AlphaGo 的胜利展示了 AI 在策略规划和决策制定方面的强大能力。语言翻译方面,Google Translate 等翻译工具已经能够实现多种语言之间的流畅转换,极大地促进了全球交流。此外,自动驾驶汽车、人脸识别等技术的快速发展,也让我们看到了人工智能在提升生活品质方面的巨大潜力。
> 二、人工智能与人类智慧的碰撞
> 尽管人工智能在许多方面表现出色,但它与人类智慧的本质区别不容忽视。人工智能的智慧是基于大数据、算法和计算能力的产物,缺乏人类智慧中的情感、直觉和创造力。例如,AI 可以模仿人类的语言和行为,但无法真正理解人类的情感和思想。同时,人类的智慧是多元化的,涉及情感、直觉、道德判断等多方面,这些都是 AI 难以复制的。

三、人工智能的局限性与挑战

尽管人工智能在某些领域已经超越了人类,但它仍然面临诸多局限性和挑战。首先,AI 的软硬件都是由人类设计和开发的,其进步依赖于人类的创新和指导。其次,AI 缺乏自主创新和适应能力,无法像人类一样应对复杂多变的环境和任务。此外,随着 AI 技术的普及和应用,人类还面临着就业、隐私、数据共享等方面的挑战。

四、人工智能与人类智慧的融合

尽管人工智能与人类智慧存在本质区别,但它们的融合将带来无限的可能性。AI 可以帮助人类处理大量的数据和信息,提高工作效率和生活质量。同时,AI 还可以模拟人类的认知和行为,为心理学、神经科学等领域的研究提供新的思路和方法。未来,随着跨学科研究的深入和合作的加强,人工智能与人类智慧的融合将推动世界科技的进步和人类社会的发展。

五、结语

人工智能的发展无疑给人类社会带来了巨大的变革和机遇。然而,我们也需要清醒地认识到人工智能的局限性和挑战。在探索人工智能的无限可能时,我们应始终保持对人类智慧的敬畏和尊重。只有这样,我们才能真正实现人工智能与人类智慧的和谐共生,共同推动社会的进步和发展。

超越人类智慧?或许这是一个值得深思的问题。但无论如何,我们都应以开放和包容的心态面对人工智能的发展,共同创造一个更加美好的未来。

通过简单的几个步骤,作者就把大模型这样一个强大的 AIGC 工具转换为博客写作的得力助手,并迅速生成了一篇博客初稿。当然,这只是开始,接下来作者还需要细致地对初稿进行编辑与优化,实施人工的精雕细琢,使文章内容更加完整和准确。利用大模型进行写作无疑极大地提升了博客文章的生产效率与品质。随着不断的学习与实践,作者可以熟练地运用这一工具,使自己的文章更加引人入胜,充满魅力。

4.1.2　新闻报道

在新闻报道领域中,大模型技术以其高效的数据处理能力和精准的文本生成技术,提升了新闻报道的时效性与准确性。大模型能快速整合多渠道信息,筛选出关键新闻点,辅助记者快速撰写初稿,甚至自动生成简洁明了的新闻摘要。此外,通过情感分析与事实核查功能,大模型有助于确保报道的客观性与公正性,为公众提供及时、准确的信息服务。

传统的人工新闻写作通常需要很多时间来调查、采访、编辑和撰写文章,这一过程不仅需要大量的人力资源成本,而且也会受到记者的主观偏见以及知识水平限制的影响。而大模型不仅可以自动生成新闻稿,帮助记者和编辑节省时间,还可以充分考虑不同的观点和声音,帮助新闻机构提供多元化的新闻报道,吸引更多的受众。

在进行正式新闻写作之前,需要想出一个既可以让人一目了然,又可以让人眼前一亮的标题。新手在确定标题时往往需要耗费大量的时间,但是现在有了大模型,作为一种生成式人工智能,大模型在这方面表现出色。通过将新闻类相关语料库作为训练数据,大模型能够基于输入的主题或关键词生成与之相关的新闻标题,甚至可以根据人们的要求来变换不同的风格,这种新闻标题的生成方式可以节省大量的人力和时间成本,对于新闻机构和媒体来说具有重要的意义。

接下来,就以"探月工程"为例,在大模型的帮助下进行新闻写作。

【例题 4-3】 请就"探月工程"生成几个新闻标题。

【解】 模型回复如下。

(1)"中国探月工程再传捷报,嫦娥六号成功着陆月球背面"。
(2)"探月工程新突破:我国首次实现月球极地样品自动采集"。
(3)"国家航天局公布探月工程未来规划,瞄准月球科研站建设"。
(4)"嫦娥系列卫星助力探月工程,揭示月球起源新线索"。
(5)"国际合作新篇章:中国探月工程与国际伙伴共探月球奥秘"。
(6)"探月工程技术创新,嫦娥八号将实施月球资源勘查任务"。
(7)"中国探月工程进入新阶段,嫦娥七号准备启航探索月球南极"。
(8)"科学家借助探月工程数据,绘制出最详尽月球地质图"。
(9)"探月工程背后的故事:科研团队攻克重重难关,推动太空探索"。
(10)"教育融入探月梦想:中国探月工程启动青少年科普计划"。

一篇新闻往往内容冗长,有时人们希望能够在短时间内获得这篇新闻的关键信息,这时就需要简明扼要的新闻概要,大模型在生成新闻概要方面同样有着出色的表现。通过将新闻概要任务转换为一个文本生成问题,记者可以使用大模型自动生成新闻概要。大模型会根据输入的新闻内容输出一个简短且准确的概要,概括整篇新闻的要点。

【例题 4-4】 请你根据"国家航天局公布探月工程未来规划,瞄准月球科研站建设"这一标题生成一篇报道探月工程的新闻概要。

【解】 模型回复如下。

新闻概要:国家航天局公布探月工程未来蓝图,剑指月球科研站建设

近日,中国国家航天局正式对外公布了探月工程的未来发展规划,明确提出将瞄准月球科研站建设作为下一阶段的核心目标。根据规划,中国将依托已取得的探月成果,加速推进月球探测技术的深度研发与应用,旨在构建一个集科研、探索、实验于一体的综合性月球科研站。此举标志着中国探月工程迈入了一个全新的发展阶段,旨在深化对月球的科学认知,拓展月球资源的开发利用,并为未来的载人登月及深空探测奠定坚实基础。国家航天局表示,将秉持开放合作的态度,欢迎国际社会共同参与,携手推进人类月球探索事业的新发展。

这样就完成了新闻写作中的新闻标题、新闻概要的写作。下面,我们将对已经完成的部分进行逐步扩展,直至生成一篇完整的新闻稿件。

【例题 4-5】 请以"国家航天局公布探月工程未来规划,瞄准月球科研站建设"为标题生成一篇完整的新闻报道。

【解】 模型回复如下。

国家航天局公布探月工程未来规划,瞄准月球科研站建设

北京,2024 年 5 月 31 日,中国国家航天局在国新办举行的新闻发布会上正式公布了探月工程的未来规划,明确指出将致力于月球科研站的建设,标志着中国深空探测事业进入了一个全新的发展阶段。

据国家航天局副局长卞志刚介绍,继嫦娥六号成功着陆月球背面并圆满完成任务后,中国探月工程将继续稳步前进,瞄准月球科研站建设这一长远目标。规划分为两个阶段推进:第一阶段计划在 2035 年左右,建立起月球科研站的基本型结构,以月球南极为核心,构建能够支持百公里范围内科研活动的基础型设施。通过地月一体化信息网络,实现无人探月、载人登月及国际合作等多重任务的高效协同与数据交换,形成一个功能完备的月球科研中枢。

第二阶段则预期至 2050 年,将月球科研站发展为以月球轨道站为中转,月球南极站为主导,并增设月球赤道与背面探测点的综合站网体系。届时,该科研平台将具备长期无人值守、短期载人访问的能力,功能更加全面,确保科研活动的持续稳定运行。

为实现这一目标,中国探月工程将在未来几年内实施一系列重要任务。其中,嫦娥七号将于 2026 年发射,主要任务是对月球南极的环境及资源进行详细勘探;随后在 2028 年前后,嫦娥八号将升空,旨在验证月球资源的原位利用技术,并为月球科研站的建设奠定坚实基础。

国家航天局探月与航天工程中心副主任关锋提到,设计嫦娥八号时已充分考虑通信能力,意味着月球上将具备无线网络和能源供应。至于在月球上种植作物的可能性,科研人员正在积极研究,嫦娥八号或将承担起相关科学实验的重任。

此外,国家航天局还透露,围绕太阳系的起源与演化、小天体和太阳活动对地球的影响、地外生命信息探寻等重大科学问题,中国将按计划开展小行星探测、火星采样返回、木星系探测等深空探测任务。天问二号计划明年发射,完成小行星采样返回任务;天问三号将于 2028 年前后发射,实现火星采样返回;天问四号则计划在 2030 年前后发射,对木星进行探测。

国家航天局表示,中国探月工程及深空探测任务的实施,不仅是中国航天科技水平的重要体现,也是中国建设航天强国、推动人类共同探索宇宙奥秘的坚定承诺。中国愿意与国际社会一道,加强合作,共享成果,共同推动人类太空探索事业的新发展。

随着国家航天局探月工程未来规划的公布,中国探月事业的新篇章已经拉开序幕,月球科研站的建设将成为中国深空探测领域的新里程碑,引领人类向更远的星辰大海进发。

在不长的时间内,大模型就利用其丰富的语料库完成了对给定主题的新闻文本撰写。在此基础上,记者或编辑的主要任务就是对文本内容进行真实性以及客观性的检验,以及少量的修改工作。总体而言,人工智能在新闻写作领域的融入,为新闻工作者提供了一个强大的辅助工具,它不仅节省了记者宝贵的时间和精力,还提高了工作效率和工作质量。随着技术的不断进步,可以预见人工智能在新闻行业中扮演的角色将会越来越重要,并将持续改进新闻的撰写、发布和传播模式。

4.1.3 小说创作

大模型在小说创作中的应用,正逐渐改变着传统的写作方式与流程,为作家开辟了一片全新的创作天地。在过去,作家依靠自己的才华、观察力和想象力,将自己的所思所感娓娓道来。然而,这个过程是漫长而艰辛的,不仅需要灵感的迸发,还要经过无数次的修改和打磨。而大模型的出现,犹如一位神奇的魔术师,它能够迅速地捕捉到作家的意图,并提供相应的故事情节、人物设定和文字表达,使创作过程变得轻松愉快。

如果想使用大模型生成小说的内容,需要给它一个合适的提示,让它能够理解作家的创作意图和需求。一个好的提示应该包含以下几方面。

- 提示要生成的文体、类型和主题,以便大模型根据提示选择合适的语言和风格。
- 提示要生成的情节、人物和场景,以便大模型根据提示构建连贯和有趣的故事。
- 提示要生成的内容长度、结构和语言,以便大模型根据提示控制输出的范围和质量。
- 提示应该保持一定的灵活性和开放性,以便大模型发挥自己的创造力和想象力,为创作增加一些新颖有趣的元素。

提示就像一个好的指导教师,能够帮助大模型生成符合要求的小说内容。读者可以自己尝试编写一些提示词,观察大模型的生成结果。

【例题 4-6】　编写"大鹏所城"的历史小说。

提示词:

> 请编写"大鹏所城"的历史小说。
> (1) 小说类型:历史小说、短篇小说。
> (2) 情节:大鹏所城的赖氏家族自清嘉庆年间以来,世代行武,三代曾出五位将军,史称"三代五将"。他们带兵抗敌,以保家卫国为己任,有"宋有杨家将,清有赖家邦"的美誉。抗英名将赖恩爵是清道光年间的著名水师将领,曾参与并指挥了"九龙海战",取得了鸦片战争的首捷。
> (3) 人物:三代五将,赖恩爵。
> (4) 场景:大鹏所城,建于 1394 年,它是明清两代中国海防的军事要塞。大鹏所城平面呈近梯形布局,占地约 10 万平方米,城墙高 6 米、长 1200 米。

【解】　模型回复如下。

> 大鹏所城之荣光
> 大鹏所城,这座始建于明洪武二十七年(1394 年)的古老军事要塞,屹立在南海之滨,见证了无数风雨沧桑。城墙高耸,石缝间似乎还回响着往昔的战鼓雷动。长 1200 米的城墙,围起了一片英雄的土地,也围起了赖氏家族三代人的荣耀与梦想。
> 自清嘉庆年间起,赖氏家族便与这座古城结下了不解之缘。他们世代行武,血脉中流淌着对这片土地深沉的爱与保卫家国的责任。三代之间,竟出了五位将军,这在当时是何等的荣耀! 人们提起赖家,无不竖起大拇指,赞叹道:"宋有杨家将,清有赖家邦。"
> 其中,最为人称道的,便是那抗英名将赖恩爵。他生于清道光年间,自幼便展现出非凡的武艺与智谋。大鹏所城的海风,似乎都因他而更加凛冽,仿佛预示着一位杰出将领的诞生。
> 道光年间,英夷犯境,海疆告急。赖恩爵临危受命,担任水师将领,他深知此战关乎国家尊严与民族存亡。在大鹏所城的城墙上,他望着远方波涛汹涌的大海,心中燃起了熊熊

的斗志。

九龙海战的号角吹响了,那是鸦片战争中的一场关键战役。赖恩爵身先士卒,指挥若定,他的战船在海浪中穿梭,炮火连天,却丝毫未能阻挡他前进的步伐。士兵们在他的带领下英勇无畏,与英夷展开了殊死搏斗。

终于,在赖恩爵的正确指挥下,清军取得了九龙海战的胜利,这也是鸦片战争中的首捷。消息传回大鹏所城,全城欢腾,人们纷纷涌上街头,庆祝这一来之不易的胜利。赖恩爵的名字,也从此镌刻在了历史的丰碑上。

岁月流转,大鹏所城的城墙依旧屹立不倒,而那些曾经在这里生活、战斗过的赖氏家族将军们,却已化作了历史的尘埃。然而,他们的故事,却如同这古城一样,永远地留在了人们的心中。每当夕阳西下,城墙上的光影交错间,似乎还能看见那些英勇的身影,在守护着这片土地,守护着大鹏所城的荣光。

大模型为小说创作提供了便捷的初稿,但真正的文学魅力在于精细的雕琢与情感的融入。作家可以借助这一工具生成初步框架,随后反复推敲、精心修改,直至每一个字、每一句话都恰到好处,完美传达心中所想,让小说焕发独特的光彩。在这一过程中,作家的才华与努力才是赋予小说灵魂的关键。

4.1.4　诗歌创作

诗歌是人类创造的艺术瑰宝,自古以来就扮演着记录历史、表达情感的重要角色。然而,在创作过程中,诗人常常面临着灵感枯竭、创意匮乏的困扰。幸运的是,大模型的出现为诗歌创作注入了新的活力。大模型不仅可以生成小说,还可以生成诗歌,为诗人的创作提供一些参考和启发。

提示工程在诗歌创作中的应用,主要有以下几种方式。

1. 生成诗歌的主题或灵感

可以为大模型提示一个简单的词语或短语,引导它生成一个与之相关的主题或灵感,为诗人的创作提供方向或思路。

【例题 4-7】　你是一个诗人,请给予我一些有关"中秋节"的诗歌灵感,帮助我更好地创作。

【解】　模型回复如下。

当然,中秋节作为一个充满传统文化与家庭团聚氛围的节日,自古以来就是诗人抒发情感、寄托思念的绝佳题材。

以下是一些关于中秋节的诗歌灵感,希望能激发你的创作灵感。

月圆人团圆——以月为引,描绘家人围坐一堂,共享月饼,共赏明月的温馨场景。可以通过月光下的影子、轻风中的桂香等细节,营造出一种静谧而温暖的氛围。

思乡之情——借助中秋的圆月,表达对远方亲人的深切思念。可以描绘异乡游子仰望星空,心中涌动的乡愁,以及对家的无限向往。

月的传说与幻想——融入嫦娥奔月、吴刚伐桂等传说故事,创作一首富有神话色彩的诗歌。可以想象自己与嫦娥对话,或是跟随吴刚的脚步,在月宫中漫步。

时光流转与感慨——通过对比往年的中秋记忆,感慨时间的流逝与人生的变迁。可以回忆童年时的无忧无虑,对比成年后的责任与担当,表达对过去美好时光的怀念。

自然与人的和谐——强调人与自然的和谐共生,通过中秋之夜的景象,展现大自然的美妙与人类情感的交融。可以描绘月光下的山川河流,以及人们在自然中的欢聚。

希望这些灵感能够激发你的创作热情,让你笔下的中秋诗歌既富有传统韵味,又不失个人特色与情感深度。祝你创作顺利,诗兴大发!

2. 生成诗歌全文或部分

可以给大模型一个完整的提示,包括主题、灵感、风格或结构等,引导它生成一首完整的诗歌,或者生成其中的一部分,为创作提供一种可能的方案或参考。

【例题 4-8】　你是一位诗人,请创作一首五言绝句,主题是"秋天",风格优美,注重韵律和意境的营造。

【解】　模型回复如下。

秋日韵
秋叶舞金黄,
霜风拂意长。
寒塘映月影,
静美入诗行。

此外,诗歌评论是对诗歌作品进行深入分析、解读与评价的活动。评论者通过细致阅读诗歌文本,理解其字面与深层含义,捕捉意象、隐喻等修辞手法,并感受诗歌的节奏与韵律美。同时,评论者会研究诗歌的创作背景,包括诗人经历和社会环境等,以便全面地把握诗歌主题。诗歌评论不仅是对作品的解读,更是对诗歌艺术的一种贡献与推动。

【例题 4-9】　刀郎的《序曲》作为一首诗歌,请评论其在文学、音乐上的价值。
九州山歌何寥哉,
一呼九野声慷慨。
犹记世人多悲苦,
清早出门暮不归。

【解】　模型回复如下。

刀郎的《序曲》作为一首融合文学与音乐的诗歌,其在文学与音乐上的价值均不容小觑。

(1) 文学价值。

意境深远:《序曲》以简洁的四句诗,勾勒出一幅幅生动的画面,从九州的辽阔到世人的悲苦,再到清早出门暮不归的无奈,意境层层递进,引人深思。这种意境的营造展现了诗人深厚的文学功底和对生活的深刻洞察。

情感真挚：诗中"犹记世人多悲苦，清早出门暮不归"两句，直接表达了诗人对世人生活的同情和关怀。这种真挚的情感流露，使得诗歌更加贴近人心，能够触动读者的情感共鸣。

语言精练：《序曲》的语言简洁而富有力量，每个字词都经过精心挑选，既符合诗歌的韵律要求，又能够准确传达诗人的意图和情感。这种精练的语言风格，是诗歌创作中的一大亮点。

（2）音乐价值。

旋律优美：《序曲》采用了广西山歌的旋律，这种旋律高亢悠扬，具有鲜明的地域特色。刀郎将其巧妙地融入诗歌，使得诗歌与音乐完美结合，呈现出独特的艺术魅力。

情感表达丰富：音乐的情感表达能力是极强的，而《序曲》通过音乐与诗歌的结合，将世人的悲苦、生活的无奈等情感表达得淋漓尽致。这种情感的传达，不仅依赖于诗歌的文字，更依赖于音乐的旋律和节奏。

创新融合：刀郎将传统的山歌元素与现代音乐元素相结合，创造出了一种新的音乐风格。这种创新融合不仅丰富了音乐的表现形式，也为诗歌的创作提供了新的思路和可能性。

综上所述，刀郎的《序曲》在文学与音乐上都展现出了极高的价值。它以其深远的意境、真挚的情感、精练的语言和优美的旋律，赢得了广大听众和读者的喜爱。同时，它也为我们提供了一个思考生活、感悟人生的独特视角，让我们在欣赏艺术的同时，也能够更加深刻地理解生活、珍惜当下。

4.1.5　学术选题

在学术研究领域中，大模型通过深度挖掘与分析海量学术文献，为研究者提供有价值的研究方向与选题建议。它能够识别研究热点、前沿趋势以及潜在的研究空白，帮助研究者快速定位有价值的研究课题。同时，大模型还能辅助研究者进行文献综述、数据整理等工作，提高研究效率与准确性，推动学术研究的创新发展。

通常科学研究的学术选题可分为几个步骤，每一步骤都旨在提高选题的准确性、创新性和实用性。以下举例说明每一步骤的具体工作内容。

1. 明确研究目的和兴趣

明确研究目的：在开始选题之前，首先要明确研究的目的和意义。例如，是为了解决某个具体问题，还是为了探索某一领域的未知边界。

结合个人兴趣：选择自己感兴趣的课题有助于增强研究期间的积极性和主动性。例如，如果对环境保护领域感兴趣，可以选择与人工智能在环境保护中的应用相关的课题。

2. 调研文献和资料

查阅文献资料：通过查阅相关领域的文献资料，熟悉当前研究的热点和空白，为选题提供依据。例如,可以利用 Google Scholar、IEEE Xplore 和中国知网等学术搜索引擎查找最新的相关论文。

利用工具辅助:运用工具,如关键词检索、智能推荐等快速锁定研究方向。例如,在大模型中输入研究领域和兴趣点,大模型会快速筛选出最具潜力和创新性的选题建议。

3. 确定研究主题和范围

初步确定选题:在大模型的启发下选定课题,并通过"苏格拉底式提问"挖掘问题本质。例如,对于"机器学习在环境保护中的应用"这一领域,可以进一步细化为"利用机器学习模型预测空气质量的变化"。

细化研究方向:依托大模型推荐的研究路径与方法,结合扩展文献功能汲取灵感,全面打开思路。例如,可以进一步考虑使用哪种机器学习算法,以及需要收集哪些环境数据来训练模型。

4. 评估选题的创新性和可行性

评估创新性:确保选题具有创新性,能够推动领域的发展。例如,要评估所提的选题是否提出了新的方法、技术或理论,是否对现有研究有显著的改进或延伸。

评估可行性:考虑选题的可行性,包括数据可获得性、技术难度、研究时间等因素。例如,要评估所需的环境数据是否容易获取,所使用的机器学习算法是否成熟且能够实现,以及整个研究是否能在预定的时间内完成。

5. 制订研究计划和提纲

制订研究计划:明确研究的时间节点、阶段任务和预期成果。例如,制订详细的研究计划,包括数据收集、模型训练和实验验证等阶段。

撰写论文提纲:按照研究内容构建论文的框架结构。例如,可以包括引言、相关工作、方法、实验、结果和讨论等部分。

【例题 4-10】 假设一个研究者的兴趣是人工智能在生物信息学中的应用,并且希望研究如何改进深度学习模型的训练算法以提高药物重定位预测的准确性。请问该研究者利用大模型辅助选题的详细步骤有哪些。

【解】

药物重定位(drug repurposing)技术作为一种高效且经济的药物研发策略,近年来备受关注。它旨在挖掘已上市药物的新用途,以降低新药研发的成本和时间。在这种背景下,研究者希望借助人工智能技术,特别是深度学习模型来提升药物重定位预测的准确性。

使用大模型辅助选题的详细步骤如下。

(1)明确研究目的和兴趣。

研究者首先明确自己的研究目标:利用人工智能技术改进药物重定位的预测方法。兴趣点聚焦在深度学习模型的训练算法上,希望通过改进这些算法来提高预测的准确性和效率。

（2）广泛调研文献和资料。

利用大模型的文本处理能力和数据库访问权限，输入关键词，如"人工智能""生物信息学""深度学习模型""药物重定位"，进行深入的文献检索。大模型可以快速筛选出相关的高质量文献、研究报告和会议论文，帮助研究者全面了解该领域的研究现状、挑战和潜在的研究方向。

（3）确定具体研究主题和范围。

在大模型提供的文献和资料基础上，研究者深入分析并识别研究空白和潜在的创新点。初步确定选题为"基于深度学习模型的药物重定位技术研究"，并进一步细化到"利用深度学习模型自动检测和识别药物—疾病的潜在关系"。明确研究的边界和限制，确保选题既具有前瞻性，又切实可行。

（4）评估选题的创新性和可行性。

研究者评估该选题的创新性，认为该研究具有推动药物重定位技术发展的潜力，并评估数据可获得性、技术可行性等因素，确认选题具备实施条件。

（5）制定研究计划和提纲。

根据选题和研究目标，研究者制订详细的研究计划，包括数据收集、模型训练、实验验证等阶段，并撰写论文提纲，明确各部分的内容、结构和逻辑关系，确保研究的系统性和连贯性。计划中还应包括应对可能遇到的挑战和风险的策略，以确保研究的顺利进行。

通过以上详细步骤，研究者能够高效地确定一个既具有研究价值，又切实可行的学术选题，为后续的深入研究奠定坚实的基础。

综上所述，大模型技术在社交媒体、新闻报道、小说创作、诗歌创作以及学术选题等领域的应用，不仅提高了内容创作的效率和质量，还拓展了创作的边界和可能性，为内容创作者提供了更为广阔的创新空间与发展机遇。

4.2　智能办公

大模型在智能办公方面亦有广泛的应用，这些应用提升了办公效率，优化了工作流程，为用户提供了智能化、个性化的服务体验。

4.2.1　办公应用

用户在处理办公文档时，可以借助于大模型工具来查找文字拼写和语法错误，对文本进行分类，制作表格，生成PPT内容，从而降低工作难度，提高办公效率。

1. 查找拼写错误

借助于大模型工具可以进行拼写检查，帮助用户找出文档中可能存在的拼写错误。用户只需要将文档内容输入大模型工具，它就可以检查并标示可能的拼写错误，并提供正确的拼写替换建议。

【例题 4-11】　打开需要检查拼写错误的文档,将内容复制到大模型工具的输入框,并输入提示词:"为以上内容进行拼写检查。"

【解】　需要做查找拼写错误的原文档内容如下:

手机里的创意与灵感之源

手机,这个贴身的数字伴侣,早已超越了通讯的范畴,成为我创意与灵感的源泉。每当灵感闪现,我便迅速打开记事本应用,指尖轻敲,将那些稍纵即逝的想法定格为永恒的文字。

图片编辑软件里,我随意涂鸦,将日常琐碎便知成色彩斑斓的艺术品;音乐播放器中,旋律流淌,激发我内心深处未曾触及的情感,化为创作的动力。社交媒体上,世界各地的创意碰撞,让我思维火花四溅,灵感如泉涌般不绝。

手机,这个小小的屏幕背后,藏着无线可能。它是我探索世界的窗口,也是我内心创意的释放平台。在这里,我既是创作者,也是欣赏者,每一次滑动屏幕,都可能开启一段新的创意旅程,让灵感在手机的世界里自由飞翔。

提示词 1:为以上内容进行拼写检查。

大模型工具经过拼写检查并修正错误的输出结果是:

> 手机里的创意与灵感之源
>
> 手机,这个贴身的数字伴侣,早已超越了通讯的范畴,成为我创意与灵感的源泉。每当灵感闪现,我便迅速打开记事本应用,指尖轻敲,将那些稍纵即逝的想法定格为永恒的文字。
>
> 图片编辑软件里,我随意涂鸦,将日常琐碎编织成色彩斑斓的艺术品;音乐播放器中,旋律流淌,激发我内心深处未曾触及的情感,化为创作的动力。社交媒体上,世界各地的创意碰撞,让我思维火花四溅,灵感如泉涌般不绝。
>
> 手机,这个小小的屏幕背后,藏着无限可能。它是我探索世界的窗口,也是我内心创意的释放平台。在这里,我既是创作者,也是欣赏者,每一次滑动屏幕,都可能开启一段新的创意旅程,让灵感在手机的世界里自由飞翔。

如果用户不想花费时间逐一核对,可以要求大模型工具反馈检查拼写错误结果。

提示词 2:反馈一下检查结果,单独列出错误的内容。

大模型工具输出的错误内容列表如图 4-1 所示。

> **错误内容表:**
>
> 1. "将日常琐碎便知成色彩斑斓的艺术品"中的"便知"是错误的,应改为"编织"。
>
> 2. "藏着无线可能"中的"无线"是错误的,应改为"无限"。
>
> **以上是文本中存在的拼写错误,其他部分的拼写和语法均正确。**

图 4-1　错误内容列表

2. 查找语法错误

大模型工具还可以进行语法检查,帮助用户找出文档中的语法错误。无论是句法结构、主谓一致性还是标点符号的使用,大模型工具都能帮助用户发现并纠正潜在的语法问题。

【例题 4-12】 打开需要查找语法错误的文档,将内容复制到大模型工具的输入框中,并输入提示词:"为以上内容进行语法检查,并在修正后反馈错了哪些内容。"

【解】 需要做查找语法错误的原文档内容如下:

互联网创业

互联网创业是一场智慧与勇气的交响。在这片无垠的数字海洋中,每一个梦想者都是航海家,驾驶着创新的船只,探索未知的商业新大陆。代码编织未来;算法预测趋势,他们利用大数据的灯塔,照亮前行的道路。

创业路上,挑战与机遇并存。从零到一的突破,需要的不仅是技术的深耕,更有对市场脉搏的敏锐把握。失败的苦涩与成功的甘甜交织,塑造了创业者坚韧不拔的精神。

互联网创业,更是一场生态的共舞。平台、用户、开发者,两者紧密相连,共同编织着数字经济的宏伟蓝图。在这里,每一个微小的创新都可能引发连锁反应,推动社会进步的车轮滚滚向前。

提示词:为以上内容进行语法检查,并在修正后反馈错了哪些内容。

大模型工具经过语法检查并修正错误的输出结果是:

> 互联网创业
>
> 互联网创业是一场智慧与勇气的交响。在这片无垠的数字海洋中,每一个梦想者都是航海家,驾驶着创新的船只,探索未知的商业新大陆。代码编织未来,算法预测趋势,他们利用大数据的灯塔,照亮前行的道路。
>
> 创业路上,挑战与机遇并存。从零到一的突破,需要的不仅是技术的深耕,更有对市场脉搏的敏锐把握。失败的苦涩与成功的甘甜交织,塑造了创业者坚韧不拔的精神。
>
> 互联网创业,更是一场生态的共舞。平台、用户、开发者,三者紧密相连,共同编织着数字经济的宏伟蓝图。在这里,每一个微小的创新都可能引发连锁反应,推动社会进步的车轮滚滚向前。

大模型工具输出的修正反馈如图 4-2 所示。

修正反馈:

1. "代码编织未来;算法预测趋势"中的分号应改为逗号,以保持句子的连贯性。正确的表达应为"代码编织未来,算法预测趋势"。

2. "平台、用户、开发者,两者紧密相连"中的"两者"使用不当,因为这里涉及的是三个主体,应改为"三者紧密相连"。

除了上述两处小错误外,原文的其余部分在语法上都是正确的。

图 4-2　修正反馈

3. 文本分类

使用大模型工具进行文本分类,可以帮助用户快速而准确地对文本进行归类和管理。

【例题 4-13】 某公司办公室采购业务如下。小王采购办公用品:钢笔 100 支、蓝色签字笔 100 支;电子设备:电脑 10 台、打印机 10 台;植物:柠檬树 5 颗、山茶花 10 盆。同时,小李也采购办公用品:钢笔 10 支、蓝色签字笔 10 支;电子设备:电脑 2 台、打印机 2 台、扫描仪 1 台;植物:柠檬树 2 棵、山茶花 2 盆。请统计公司分类汇总的清单。

【解】 提示词:对以上内容进行分类处理。

模型回复如下。

这是一道归纳整理问题。首先,我们需要明确题目中给出的所有物品,并将它们按照类别进行分类,然后提取出各类别的总数。

首先,筛选出题目中每样物品的数量信息并判断是否为办公用品、电子设备或植物。

办公用品:

小王:钢笔 100 支、蓝色签字笔 100 支

小李:钢笔 10 支、蓝色签字笔 10 支

电子设备:

小王:电脑 10 台、打印机 10 台

小李:电脑 2 台、打印机 2 台、扫描仪 1 台

植物:

小王:柠檬树 5 颗、山茶花 10 盆

小李:柠檬树 2 棵、山茶花 2 盆

然后,对每种类别进行汇总:

办公用品汇总:

钢笔:$100 + 10 = 110$ 支

蓝色签字笔:$100 + 10 = 110$ 支

电子设备汇总:

电脑:$10 + 2 = 12$ 台

打印机:$10 + 2 = 12$ 台

扫描仪:1 台(仅小李购买)

植物汇总:

柠檬树:$5 + 2 = 7$ 棵

山茶花:$10 + 2 = 12$ 盆

综上所述,公司分类汇总的清单如下。

办公用品:

钢笔:110 支

蓝色签字笔:110 支

电子设备:

电脑:12 台

打印机:12 台

扫描仪:1 台

植物:

柠檬树:7 棵

山茶花:12 盆

4. 制作文档表格

文档表格是整理和展示数据的重要工具,大模型工具可以帮助用户快速制作和优化文档表格,使文档的数据呈现更加清晰。

【例题 4-14】 打开需要制作表格的文档,将员工资料复制到大模型工具的输入框中,并输入提示词:"将以上内容整理成表格。"

张三,男,1980.5.20 出生,2002.7.10 入职

李四,女,1989.8.18 出生,2014.7.05 入职

王五,男,1997.6.13 出生,2021.6.25 入职

【解】 模型回复如图 4-3 所示。

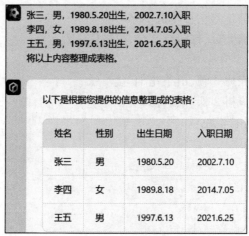

图 4-3　文本转换成表格

5. 生成 PPT 内容

可以通过大模型工具生成演示文稿的主题、标题、目录大纲以及指定的内容等,形成完整的 PPT 演示文稿,为工作汇报、学术展示等提供有力支持。

【例题 4-15】 以"智能手机的便携性"为主题,生成 2 页 PPT 内容。要求:突出智能手机便携性的优缺点,限 100 字。

【解】 模型回复如图 4-4 所示。

第1页:	第2页:
标题: 智能手机便携性探讨	**标题:** 便携性对工作生活的影响
内容:	**内容:**
• **优点:** 轻巧易携，随时随地使用。 • **缺点:** 易丢失，屏幕小影响体验。	• **提升效率:** 随时处理工作信息。 • **娱乐便捷:** 随身享受音乐、视频。
配图: 智能手机放入口袋或包的图示。	**配图:** 用户在不同场景下使用手机的场景图。

图 4-4　生成的 PPT 内容

4.2.2 会议管理

会议管理作为现代企业高效运作的重要一环,其核心价值在于提升会议效率、优化会议体验,并确保会议信息的准确传达与记录。在这一过程中,大模型不仅能够根据会议主题、参与人员等多元信息自动策划会议议程,还能在会议全程中发挥实时记录与智能分析的作用,会后则能自动生成高质量的会议纪要。

1. 会议创建与安排

用户通过智能系统创建会议日程时,大模型会分析会议室的使用情况,智能推荐无冲突的时间段与地点,确保会议安排合理。

2. 会议通知与邀请

系统发送会议通知时,大模型根据参会人员的角色与偏好定制通知内容,确保每位参会者都能及时、准确地获取会议信息,并做好充分准备。

3. 会议签到与统计

大模型会实时处理签到数据,为会议组织者提供精准的参会人员统计与分析。

4. 会议资料分发与管理

大模型助力会议资料的智能分发,它可以根据会议主题与参会人员需求,自动整理并推送相关资料到参会者的无纸化会议终端,确保信息同步与高效利用。

5. 会议记录与纪要生成

实时记录:会议期间,大模型依托先进的自动语音识别技术,实现多语种、高精度的语音识别与转录,将会议中的每一句话都准确转换为文字记录。

智能处理:转录后的文本,经过大模型的进一步智能处理,包括精准分段、语气优化、冗余信息剔除等,确保会议记录既书面化,又高度准确。

纪要生成:会议结束后,大模型自动分析会议记录,提取关键信息和讨论结果,生成结构清晰、内容精练的会议纪要,大大节省人工整理时间。

6. 智能分析与摘要

大模型不仅能生成会议纪要,还能提供全文摘要与分段摘要,方便用户快速把握会议主旨。同时,智能问答功能让用户能一键直达问答源头,提高查阅效率。

【例题 4-16】 某科技公司计划于下周二(12 月 19 日)上午 10 点至 12 点召开一次关于新产品研发的项目进度会议。参会人员包括项目经理李华、技术总监王明以及研发团队成员张伟、赵敏等。为了确保会议的顺利进行和高效管理,公司决定使用搭载了大模型技术的智能办公系统进行会议管理。如何利用智能办公系统的"会议管理"功能,特别是使用大模型来完成此次会议的记录和纪要生成工作?

【解】　① 会议创建与通知：在智能办公系统中，用户在创建会议日程时，大模型已开始在后台工作。它分析会议室使用情况，智能推荐无冲突的时间段与地点，并自动向所有参会人员（包括李华、王明、张伟、赵敏等）发送包含会议时间、地点、议题及会议链接的个性化通知，确保信息准确传达。

② 会议记录准备：参会人员通过智能办公系统上传会议相关资料时，大模型自动对这些资料进行智能分类与整理，确保每位参会者都能在其设备上快速找到所需信息。同时，大模型还能根据资料内容，为会议议程的策划提供建议。

③ 会议实时记录：会议开始后，智能办公系统启动实时语音转文字功能，此时大模型发挥关键作用。它不仅能够准确识别并转录不同语言背景的参会人员发言，还能自动区分发言人身份，为每位发言者的讲话内容添加时间戳和身份标签，如图 4-5 所示。

图 4-5　会议实时记录

④ 会议纪要生成：会议结束后，大模型根据实时记录的文字内容，自动进行深度分析与智能摘要。它提取出会议的关键信息、讨论结果及后续行动计划，生成结构清晰、内容精练的会议纪要。

⑤ 会议纪要的分发与存档：系统自动将大模型生成的会议纪要发送给所有参会人员及相关部门负责人。参会者可以通过智能办公系统对会议纪要进行查阅、编辑和批注。同时，系统支持将会议纪要以多种格式（如 Word、PDF 等）导出并存档，方便后续查阅和管理。

4.2.3　语言翻译

大模型凭借其强大的处理能力和深度学习算法，实现了即时且准确的语言翻译功能，这一突破极大地促进了全球信息的流通与共享。它不仅支持包括但不限于英语、中文、法语、西班牙语等多种主流及小众语言之间的自由转换，还在翻译过程中巧妙消除了语言间的障碍，使得跨语言沟通变得前所未有地顺畅。

1. 文本翻译

文本翻译是语言翻译的核心应用之一。大模型通过深度挖掘和分析海量的多语言语料库,精准掌握了各种语言间的语法结构、词汇用法及表达习惯,从而能够快速地将一种语言的文本内容准确无误地转换成另一种语言,同时确保原文的语义、情感色彩及文体风格得到完整保留。这种翻译技术不仅适用于日常对话的简单表达,还能够应对复杂的文学作品、专业论文、技术文档等多样化的翻译需求。例如,在跨国企业合作中,大模型能够迅速而准确地翻译合同条款、市场分析报告和产品介绍等文件,为双方的沟通搭建无障碍的桥梁,有力推动了国际合作的发展。

2. 实时口译

通过语音识别和机器翻译技术的结合,大模型能够实时地将说话者的语音转换为另一种语言的文本或语音输出。这种应用在国际会议、远程教学和旅游服务等场景中尤为有用。它不仅能够减轻人工口译的负担,还能提高翻译的效率和准确性,使跨文化交流变得更加顺畅。

3. 多模态翻译

除了传统的文本翻译外,大模型还具备处理图像、视频等多模态数据的能力。例如,在社交媒体上,用户可能会发布包含文字、图片和视频的帖子。大模型可以通过图像识别技术提取图片中的文字信息,并结合上下文进行翻译;同时,它还能识别视频中的语音内容,并将其翻译为其他语言。这种多模态翻译的能力丰富了翻译的应用场景,使得信息在不同语言和媒介之间的传递更加全面和高效。

4. 特定领域翻译

大模型通过特定领域的训练,能够掌握特定领域或行业的专业术语和知识体系,从而提供精准的翻译服务。例如,在医学领域,大模型能够准确翻译医学文献、病例报告等,帮助医生了解国际最新的医疗技术和研究成果;在法律领域,它能够精确翻译法律条文、合同等,确保法律文件的准确性和权威性。这种特定领域的翻译能力对于促进专业的国际交流与合作具有重要意义。

【例题 4-17】　假设你是一名跨国公司的项目经理,需要将一份关于"人工智能在医疗诊断中的应用"的英文研究报告翻译成中文,以便在国内团队中分享。请使用大模型进行翻译,并评估翻译质量。

【解】　① 准备阶段:获取英文研究报告原文,确定翻译的目标语言为中文。

② 翻译阶段:选择一个基于大模型技术的翻译工具,将英文研究报告原文输入翻译工具,等待翻译工具完成翻译并获取中文翻译结果。

③ 评估阶段:检查翻译结果中的专业术语是否准确,如"人工智能"(Artificial Intelligence)、"医疗诊断"(Medical Diagnosis)等是否得到了正确的翻译。阅读翻译后的中文文本,评估其是否流畅自然,是否符合中文的表达习惯。对比原文和翻译结果,确保没有遗漏或添加任何信息。

翻译节选:

原文:Artificial Intelligence (AI) is revolutionizing the field of medical diagnosis by enhancing the accuracy and efficiency of disease detection.

翻译结果：人工智能（AI）正在通过提高疾病检测的准确性和效率来彻底改变医疗诊断领域。

通过这个例题，可以看到大模型在语言翻译中的应用不仅高效便捷，而且能够提供高质量的翻译结果。当然，在实际应用中，还需要根据具体情况对翻译结果进行适当的评估和优化。

4.2.4　文档要点

大模型在精炼文档要点方面展现出非凡的能力，为各行各业带来了极大的便利。特别是在信息爆炸的今天，诸如券商的行业分析师等职业人士，每天都需要阅读并处理大量的行业公告、公司报告等文档。这些文档往往篇幅冗长，内容繁杂，要从中提炼出关键要点和核心信息，无疑是一项费时耗力的任务。

通过先进的自然语言处理和机器学习算法，大模型能够迅速识别并提取文档中的关键信息，如业绩亮点、市场趋势和风险因素等，为分析师提供了精准而简洁的要点总结。这不仅提高了工作效率，还确保了分析结果的准确性和全面性，助力专业人士在复杂多变的市场环境中快速做出明智决策。

【例题 4-18】　假设你是一名金融分析师，需要快速了解一家上市公司最新发布的年度财报中的关键信息，以便进行后续的投资分析。财报原文长达 100 页，包含大量的财务数据、业务回顾、市场前景分析等内容。

任务：使用大模型精炼财报要点。

【解】　① 准备阶段：获取上市公司的年度财报原文，并确定需要提炼的关键要点，如营业收入、净利润、市场份额和未来发展战略等。

② 应用 AI 精炼：使用具备文档要点精炼功能的大模型工具，将财报原文上传到该工具中。设置需要提炼的要点类型或关键词，启动精炼过程。

③ 结果评估：等待大模型工具完成精炼后，获取精炼后的要点总结。检查这些要点是否准确反映了财报中的关键信息，如数据是否准确、分析是否到位等。

财报原文片段："本年度，公司实现营业收入 100 亿元，同比增长 20%；净利润达到 10 亿元，同比增长 15%。在市场方面，公司继续巩固了在 XX 领域的领先地位，市场份额达到 30%。未来，公司将加大研发投入，拓展新业务领域，以期实现更可持续的增长。"

大模型工具的精炼结果是：

> 营业收入：100 亿元，同比增长 20%。
>
> 净利润：10 亿元，同比增长 15%。
>
> 市场份额：在 XX 领域达到 30%，保持领先地位。
>
> 未来发展战略：加大研发投入，拓展新业务领域。

通过这个例题，可以看到大模型工具在精炼文档要点方面的强大能力，它能够帮助专业人士快速抓住文档的核心内容，提高工作效率和决策准确性。

4.3　智能客服

大模型在智能客服领域的应用正在改变消费者与企业间的互动方式。随着自然语言处理、语音识别和语音合成等技术的不断发展,大模型能够为消费者提供智能化的客服服务,从而提升消费者的购物体验和满意度。这种智能客服系统不仅能够帮助消费者快速解决问题,还能够为消费者提供个性化的服务体验。

4.3.1　智能客服的优势

大模型在客服服务领域的优势如下。

1. 显著提高效率

凭借强大的数据处理与智能分析能力,大模型能够理解消费者的意图,并给出精准、即时的回复。这种高效的处理方式,不仅极大缩短了消费者的等待时间,还有效减轻了客服团队的工作压力,从而提升了客服服务的整体效率。企业因此得以在保持服务质量的同时,降低人力成本,实现运营效率的飞跃。

2. 提供个性化服务

大模型通过深度学习算法,能够分析消费者的历史购买记录、浏览行为、偏好设置等多维度数据。基于这些信息,它能够为消费者提供个性化的产品推荐、服务方案及问题解决策略,让每一位消费者都能感受到独一无二的关怀与尊重。

3. 有效控制成本

智能客服的引入,意味着大量重复、烦琐的客服工作可以由大模型自动完成。这不仅减少了人工客服的招聘与培训成本,还降低了人为因素导致的服务不一致性风险。长远来看,这将为企业节省大量成本,提升整体盈利能力。

4. 提升客户满意度

快速响应、准确解答与个性化服务相结合,大模型为消费者打造了一个流畅、愉悦的服务体验。这种高质量的客服体验,不仅能够直接提升消费者的满意度,还能通过口碑传播,为企业赢得更多潜在客户的信任与青睐。长此以往,将有助于企业构建坚实的品牌忠诚度与良好的市场形象,为企业的可持续发展奠定坚实基础。

4.3.2　智能客服的关键技术

1. 自然语言处理

自然语言处理是大模型的核心技术之一,能够让机器理解和分析人类语言,从而进行自动化处理和回复。在客服服务中,大模型可以通过自然语言处理技术自动回答消费者的问题和消除消费者的疑虑。当消费者在购物过程中遇到问题或需要帮助时,他们可以通过在线聊天或发送邮件等方式向客服提出问题。大模型可以利用自然语言处理技术理解消费者提出的问题,然后给出准确、及时的回复。这种智能化的客服服务不仅可以提高效率,减少消费者等待的时间,还可以确保消费者在任何时间都能够得到帮助,从而提升了消费者的购物体验和满意度。

在自然语言处理中,情感分析是非常重要的一部分。大模型可以通过情感分析技术识别和分析消费者在文本中所表达的情感,从而更好地了解消费者的需求和反馈。例如,当消费者在购物过程中遇到问题时,大模型可以通过情感分析技术判断消费者的情绪状态,然后根据消费者的情绪状态提供相应的解决方案。如果消费者感到沮丧或不满,大模型可以提供耐心和贴心的服务,以帮助消费者解决问题;如果消费者感到轻松和愉快,大模型可以提供简洁和快速的解决方案,以满足消费者的需求。

2. 语音识别和语音合成

随着智能语音助手的普及,越来越多的消费者习惯使用语音进行交流。大模型首先可以利用语音识别将消费者的语音信息转换为文本信息,然后通过自然语言处理进行分析和理解,最后利用语音合成技术将文本回答转换为语音信息传达给消费者。

在语音识别和语音合成技术中,音质和口音是需要考虑的因素。大模型可以通过学习和训练来适应不同的音质和口音,从而提高语音交互的准确性和流畅性。同时,为了提供人性化的服务体验,语音合成技术需要具备多种语言风格和语调供消费者选择,以满足消费者的不同需求和喜好。

【例题 4-19】　列举两个大模型在智能客服中的实际应用示例。

【解】　(1) 上海 12345 政务热线。

背景:上海 12345 政务热线引入"星辰"政务大模型。

应用:深度嵌入政务热线生产和运营流程,为话务员提供智能话务总结、智能填单/派单、智能知识库问答等功能;为管理人员提供数字运营分析辅助,监控话务量和工单量,自动识别集中热点;为培训人员提供智能化培训服务,自动出题,辅助数据打标。

效果:提升了话务员的工作效率和服务质量,为管理人员提供了有力的决策支持。

(2) 滴滴客服场景大模型应用实践。

背景:滴滴开始探索将大模型技术融入现有技术架构。

应用:增强业务表现,改变现有生产模式,重构运营模式。

效果:提升了客服系统的智能化水平和服务质量。

这些案例展示了大模型在智能客服中的广泛应用和显著成效,不仅提高了服务效率和质量,还降低了成本,提升了客户满意度。

4.4　智能编程

传统的代码开发需要程序员在编译器上通过丰富的编码经验将复杂的逻辑转换为代码。而大模型的出现使不会编程的人也可以在提示词的帮助下,借助于大模型工具快速完成编写程序代码、改写程序代码和协助解决程序异常等工作。

4.4.1　编写程序代码

借助于大模型,编程过程可以得到简化。大模型通过自然语言处理技术,可以理解和生成符合编程语言的代码,帮助开发者快速实现程序功能。用户只需要描述需求,大模型便能自动生成代码片段或完整程序,从而提高了软件开发效率,降低了软件开发门槛。

通过与大模型互动来编写程序代码。大模型不仅能够根据用户提供的简洁描述生成多种编程语言,如 Python、Java 和 C++ 等的代码,还能够根据上下文对代码进行自动调试、错误修复和优化。例如,程序员可以将遇到的 bug 或问题描述给模型,它将进行自动分析并提供解决方案或修改建议。此外,模型还能够对代码进行注释、优化和重构,使得生成的代码更加规范、易于理解。

【例题 4-20】　在大模型工具的输入窗口中输入:"假如你是一位 Python 程序员,请设计一款判定质数的程序。其功能是根据用户给定的数据判断其是否为质数,并写出理由。循环执行,直到用户输出 0 退出程序,每行加上注释语句。"

【解】　大模型工具生成的 Python 完整代码如下。其中,用户可以单击"复制代码"按钮将代码复制到 Python 编译器中运行或进行进一步修改。

```python
def is_prime(n):
    """
    判断一个数是否为质数的函数。
    质数是大于 1 的整数,且仅能被 1 和自身整除的数。
    """
    #判断 n 是否小于或等于 1,因为质数的定义是大于 1 的整数
    if n <= 1:
        return False, f"{n} 不是质数,因为质数定义为大于 1 的整数。"
    #2 是唯一的偶数质数
    if n == 2:
        return True, f"{n} 是质数,因为它只能被 1 和 {n} 本身整除。"
    #排除偶数(除了 2 以外的偶数都不是质数)
    if n % 2 == 0:
        return False, f"{n} 不是质数,因为它是偶数,
                    除了 1 和 {n} 本身外,它还能被 2 整除。"
    #只需判断到 sqrt(n)
    #因为一个大于 sqrt(n) 的因子必定有一个小于 sqrt(n) 的因子
    for i in range(3, int(n ** 0.5) + 1, 2):
        #如果 n 能被 i 整除,则 n 不是质数
        if n % i == 0:
            return False, f"{n} 不是质数,因为它能被 {i} 整除。"
    #如果没有找到任何因数,则 n 是质数
    return True, f"{n} 是质数,因为它只能被 1 和 {n} 本身整除。"


def main():
```

```
"""
主程序,循环接收用户输入并判断是否为质数。
用户输入 0 时退出程序。
"""
while True:
    #获取用户输入
    user_input = input("请输入一个数字来判断它是否为质数(输入 0 退出):")
    #判断用户是否输入了退出命令
    if user_input == '0':
        print("程序已退出。")
        break
    #尝试将输入转换为整数
    try:
        num = int(user_input)
    except ValueError:
        print("请输入有效的数字!")   #如果输入不是有效的数字
        continue
    #调用判断质数的函数并输出结果
    result, explanation = is_prime(num)
    print(explanation)

#运行主程序
if __name__ == "__main__":
    main()
```

生成的代码解释如图 4-6 所示。

代码解释:

1. `is_prime(n)` 函数:
   - 用来判断一个数是否为质数。
   - 质数是指大于1的自然数,且只能被1和自身整除。
   - 如果输入的数字小于或等于1,返回"不是质数"的解释。
   - 特别处理了2(唯一的偶数质数),以及其他偶数。
   - 对于大于2的数字,检查从3到 `sqrt(n)` 之间的奇数因子。如果能整除则返回"不是质数",否则返回"是质数"。

2. `main()` 函数:
   - 启动程序的主循环,提示用户输入一个数字。
   - 如果用户输入数字 `0`,则退出程序。
   - 如果输入无效(如非数字字符),提示用户重新输入。
   - 如果输入有效,则调用 `is_prime()` 函数来判断数字是否为质数,并输出相应的解释。

3. 主程序部分:
   - 程序首先运行 `main()` 函数,等待用户输入。
   - 每次输入都会被验证,如果是有效的数字,会判断是否为质数并输出理由;如果输入 `0`,则退出程序。

图 4-6　代码解释

程序运行结果如图 4-7 所示。

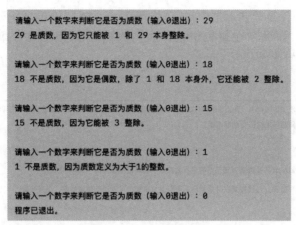

图 4-7　程序运行结果

4.4.2　改写程序代码

编写高质量的代码不仅需要实现功能,还要考虑代码的简洁性、可读性和维护性。代码改写的目的是通过改进程序结构、减少冗余、提升性能或修复潜在的错误,从而使代码易懂且更具可扩展性。

在智能编程环境中,大模型可以自动识别代码中的冗余或复杂部分,提供简洁的改写方案。例如,针对一段使用低效算法或过多循环的代码,大模型可以识别并建议使用更合适的内置函数或更高效的算法,如将冒泡排序改为快速排序或使用 Python 内置的 sorted( )函数。通过这种方式,程序员可以节省大量时间,避免重复劳动,并且提高代码的质量。

在代码改写的过程中,测试和验证至关重要。每次改写后都应进行全面的测试,确保改写后的代码仍然符合功能需求,并且没有引入新的错误或性能问题。通过大模型辅助的代码改写,程序员不仅能提升工作效率,还能增强代码的可维护性和可扩展性。

【例题 4-21】　改写复杂代码并进行错误修正。

题目描述:假设你有一段实现了简单排序的 Python 代码,但它编写得比较复杂且容易出错。你希望将这段代码改写成更简洁的形式,同时,如果存在逻辑错误,请修正它。

请对以下原始代码进行改写。

```python
def sort_list(input_list):
    for i in range(len(input_list)):
        for j in range(len(input_list) - i - 1):
            if input_list[j] > input_list[j + 1]:
                temp = input_list[j]
                input_list[j] = input_list[j + 1]
                input_list[j + 1] = temp
    return input_list
```

任务要求:
① 改写代码:将上述代码改写为更简洁的形式。
② 错误修正:如果存在逻辑错误,进行修正并给出详细的解释。

【解】　在大模型工具的输入框中输入"你现在是一个 Python 程序员，请将以下代码改写为更简洁的形式。如果存在逻辑错误，则进行修正并给出简要的解释。程序代码为：XXX（复制上面的原始代码）"。

模型回复如图 4-8 和图 4-9 所示。

这段代码实现了冒泡排序（Bubble Sort）算法，虽然逻辑上没有错误，但它可以进一步简化和优化，主要体现在代码的简洁性和可读性方面。

改写方案：

1. 使用 Python 的多重赋值语法来简化元素交换，避免使用额外的 `temp` 变量。

2. 改进循环条件，如果在某次外层循环后没有发生交换，可以提前结束排序，提高效率。

改进后的代码：

```python
def sort_list(input_list):
    n = len(input_list)
    for i in range(n):
        swapped = False  # 标记是否发生交换
        for j in range(n - i - 1):
            if input_list[j] > input_list[j + 1]:
                # 使用多重赋值简化交换
                input_list[j], input_list[j + 1] = input_list[j + 1], input_list
                swapped = True
        if not swapped:  # 如果没有发生交换，提前终止排序
            break
    return input_list
```

图 4-8　改写后的代码

在给出改写后的代码后，还会附上代码解释和优化点（优化方法），如图 4-9 所示。

解释：

1. `input_list[j], input_list[j + 1] = input_list[j + 1], input_list[j]`：使用 Python 的多重赋值语法进行元素交换，省去了额外的 `temp` 变量。

2. `swapped` 变量：用于标记每次内层循环是否有交换操作。如果没有交换，说明列表已经是有序的，可以提前退出外层循环，提高效率（时间复杂度从最坏情况的 `O(n^2)` 可以优化到 `O(n)`）。

3. `range(n)`：外层循环的范围是 `n` 次，因为每次遍历会将一个较大的元素推向末尾，所以最多进行 `n` 次排序。

优化点：

1. 使用多重赋值来简化代码。

2. 加入提前终止机制，在列表已经有序时减少不必要的比较。

图 4-9　解释和优化点

4.4.3　协助解决程序异常

在智能编程中，协助解决程序异常是一个关键环节，旨在提升程序的稳定性和健壮性。

程序异常指的是在程序执行过程中，由于数据输入不当、代码逻辑错误、外部环境变化等原因导致的错误或异常。大模型工具通过自动分析程序代码、理解其执行路径，能有效地帮助程序员发现和修复潜在的异常问题。

例如，常见的程序异常包括空指针引用、数组越界、除零错误、文件读取失败等。这些异常如果不处理，可能会导致程序崩溃或产生错误结果。大模型工具通过自动化的静态代码分析和动态执行跟踪，能够实时识别代码中的潜在风险，并为程序员提供修复建议。

【例题 4-22】　解决程序中的异常问题。

问题描述：下面的 Python 程序用于计算给定数字列表的平均值，但程序存在潜在问题。请分析并修复其中的编程异常。

```
def calculate_average(numbers):
    sum_numbers = 0
    for num in numbers:
        sum_numbers += num
    return sum_numbers / len(numbers)
numbers = [10, 20, 30, '40', 50]  #列表中包含一个字符串,可能导致错误
average = calculate_average(numbers)
print("Average is:", average)
```

【解】　在大模型工具的输入窗口中输入“下面的 Python 程序用于计算给定数字列表的平均值，但程序存在一些潜在问题。请分析并修复其中的编程异常。程序代码为：XXX（复制上面的 Python 程序代码）”。

模型回复如图 4-10、图 4-11 和图 4-12 所示。

首先，是问题分析，即程序问题的提出，如图 4-10 所示。

这个程序的目标是计算给定数字列表的平均值，但它存在几个潜在问题，特别是在数据类型和异常处理方面。

问题分析：

1. **类型不匹配：在测试数据中，`numbers` 列表包含了一个字符串 `'40'`，而我们期望的是一个包含整数的列表。`sum_numbers += num` 会尝试将字符串和整数相加，导致 `TypeError` 异常。**
2. **除以零：如果列表为空（`numbers` 列表为空），`len(numbers)` 会返回零，导致除零错误。**
3. **数据验证缺失：没有验证输入的数字列表是否包含无效数据（如非数字类型的元素），这可能会导致程序崩溃。**

图 4-10　问题分析

其次，给出修复后的程序代码清单，如图 4-11 所示。

在给出修复后的程序代码后，还会附上修复方法的解释和说明，以及代码的运行结果，如图 4-12 所示。

```
# 修复后的代码:                                                    复制代码
def calculate_average(numbers):
    if not numbers:  # 检查列表是否为空
        raise ValueError("The list of numbers is empty.")  # 如果为空, 抛出异常
    sum_numbers = 0
    count = 0
    for num in numbers:
        try:
            num = float(num)  # 尝试将元素转换为数字, 如果不是数字则跳过
            sum_numbers += num
            count += 1
        except ValueError:
            print(f"Warning: '{num}' is not a valid number and will be skipped."
    if count == 0:
        raise ValueError("No valid numbers to calculate the average.")
    return sum_numbers / count

# 测试数据
numbers = [10, 20, 30, '40', 50]  # 列表中包含一个字符串, 可能导致错误
try:
    average = calculate_average(numbers)
    print("Average is:", average)
except ValueError as e:
    print(e)
```

图 4-11　修复后的代码

主要修复和改进：

1. **类型转换**：使用 `float(num)` 尝试将列表中的每个元素转换为浮动类型（如果是字符串并且可以转换为数字）。如果不能转换，程序会捕捉到 `ValueError` 异常，并跳过该元素。

2. **空列表检查**：在开始计算之前，先检查列表是否为空。如果为空，抛出 `ValueError` 异常，避免除以零的错误。

3. **有效数字统计**：在计算和累计总和时，同时统计有效数字的个数 `count`，避免非数字元素影响最终结果。如果有效数字个数为零，则抛出异常。

运行结果：

```vbnet
                                                                复制代码
Warning: '40' is not a valid number and will be skipped.
Average is: 22.0
```

此代码的优点在于对输入数据进行了验证和错误处理，避免了运行时崩溃，并确保了程序的健壮性。

图 4-12　主要修复和改进

4.5　自动驾驶

　　大模型在自动驾驶领域的应用广泛而深入，不仅贯穿于数据处理、环境感知和决策规划等关键环节，还助力自动驾驶系统的优化与升级。凭借持续学习和自我进化的能力，大模型

能够迅速适应各种新的驾驶场景和复杂路况,提升自动驾驶系统的适应性和鲁棒性。

4.5.1　数据处理与预处理

　　自动驾驶系统依赖于大量的传感器数据进行决策和规划,这些数据包括摄像头捕捉的图像、雷达和激光雷达扫描的点云数据等。这些原始数据通常含有噪声、冗余和不一致性,如果直接用于自动驾驶系统的分析和决策,可能会导致误判和不稳定。因此,数据处理与预处理成为自动驾驶系统中不可或缺的环节,它确保了数据的质量和可靠性,为后续的环境感知、决策和规划任务提供了坚实的基础。

　　数据清洗是数据处理与预处理的第一步,旨在去除原始数据中的错误、重复、不完整或无关紧要的信息。例如,在图像数据中,可能需要去除模糊的图像、遮挡的物体或错误的标注。在点云数据中,则需要去除噪声点、离群点和重复点。数据清洗确保了数据的一致性和准确性,为后续的算法提供了可靠的数据输入。

　　数据转换是将原始数据转换为适合建模的格式或类型的过程。例如,在图像处理中,可能需要将图像从 RGB 格式转换为灰度格式,或者调整图像的大小和分辨率。在点云处理中,则可能需要将点云数据从三维空间投影到二维平面上,以便进行进一步的分析和处理。数据归一化则是对数据进行标准化处理,使得不同维度的数据具有相同的尺度和分布。数据转换与归一化有助于算法更好地适应不同的数据特征,提高模型的性能和准确性。

　　数据挖掘是从海量数据中提取有用信息或模式的过程。在自动驾驶中,数据挖掘可以帮助用户发现潜在的交通模式、驾驶行为和事故原因等。特征提取则是从原始数据中提取出对模型有用的特征,以便进行分析和建模。例如,在图像数据中,可以提取边缘、角点和纹理等特征;在点云数据中,可以提取出形状、大小和位置等特征。通过数据挖掘和特征提取,可以为自动驾驶系统提供丰富的环境信息和决策依据。

　　数据增强是一种通过生成新的数据样本来增加训练数据集多样性的方法。在自动驾驶中,数据增强可以帮助模型更好地适应不同的驾驶环境和场景。例如,通过对图像进行旋转、缩放和裁剪等操作,可以生成新的图像样本;通过对点云数据进行平移、旋转和缩放等操作,可以生成新的点云样本。仿真测试则是利用生成的数据样本对自动驾驶系统进行测试和验证,以评估其性能和安全性。通过数据增强和仿真测试,可以提高自动驾驶系统的鲁棒性和适应性。

　　【例题 4-23】　在自动驾驶的数据处理与预处理环节中,数据增强技术起到了什么作用?请结合具体例子说明其如何帮助自动驾驶系统提高其鲁棒性和适应性。

　　【解】　在自动驾驶的数据处理与预处理环节中,数据增强技术起到了增加训练数据集多样性、提高模型泛化能力的作用。通过生成新的数据样本,数据增强可以帮助自动驾驶系统更好地适应不同的驾驶环境和场景,从而提高其鲁棒性和适应性。

　　假设自动驾驶系统正在训练一个图像识别模型,用于识别道路上的交通标志。然而,实际的驾驶环境中,交通标志可能会因为光照、角度和遮挡等因素而呈现不同的外观。如果训练数据集仅包含数量有限的交通标志图像,模型可能无法很好地泛化到不同的场景。

　　通过数据增强技术,可以对原始的交通标志图像进行一系列变换,如旋转、缩放、裁剪和调整亮度等,从而生成大量的新图像样本。这些新样本涵盖更多可能的驾驶场景,使得模型在训练过程中能够学习到更多关于交通标志的特征和变化。

例如,可以对一张正面的交通标志图像进行旋转,模拟车辆在不同角度下拍摄到的标志;或者对图像进行裁剪,模拟标志被部分遮挡的情况;还可以调整图像的亮度,模拟不同光照条件下的标志识别。通过这些变换,可以得到一个更加丰富和多样的训练数据集。

使用这个增强后的数据集来训练模型,可以使模型更加健壮,能够更好地识别在不同光照、角度和遮挡条件下的交通标志。这样,自动驾驶车辆在实际道路上行驶时,即使遇到之前未见过的交通标志或复杂的驾驶环境,也能够准确地识别并做出正确的驾驶决策,从而提高自动驾驶系统的安全性和可靠性。

4.5.2　环境感知与理解

自动驾驶车辆需要对周围环境进行实时、准确的感知与理解,以做出安全的驾驶决策。这种感知能力包括对车辆、行人、道路标志和交通信号等周围环境的准确识别和理解。大模型通过训练和学习,能够实现对周围环境的精准识别和分类,为自动驾驶车辆提供必要的环境信息。

深度学习模型是大模型技术的核心,它通过对大规模数据进行训练和学习,能够实现对复杂环境的准确识别和理解。例如,卷积神经网络(CNN)和循环神经网络(RNN)等深度学习模型,可以处理图像和视频数据,从中提取出有用的特征信息,用于对物体进行识别和分类。自动驾驶车辆通常配备多种传感器,如摄像头、雷达和激光雷达等。大模型技术可以对这些传感器获取的数据进行整合和处理,以实现对周围环境的全面感知。

4.5.3　决策与规划

在自动驾驶系统中,决策与规划环节负责基于感知模块提供的环境信息,从而生成合适的驾驶策略。这一环节不仅需要考虑当前的环境状态,还需要预测未来的交通状况,以制定出最优的行驶路径和速度。决策与规划的好坏直接关系自动驾驶车辆的安全性和效率。

决策与规划模块相当于车辆的大脑,负责根据感知的环境信息,制定出合适的行驶策略,包括路径规划、行为决策和运动规划等多个层次。路径规划负责生成从起点到终点的全局路径,行为决策则根据当前环境和交通规则决定具体的驾驶行为,如变道、超车等,而运动规划则进一步细化这些行为,生成满足车辆动力学约束的轨迹。

大模型,尤其是深度学习模型,在自动驾驶的决策制定中发挥着关键作用。这些模型能够处理复杂的感知数据,如图像、雷达和激光雷达数据,从中提取有用的特征信息,用于制定决策。例如,CNN可以识别道路标志和障碍物,RNN则可以处理时间序列数据,预测其他车辆和行人的运动轨迹。

强化学习是一种通过试错来学习最佳策略的方法,非常适用于自动驾驶的决策优化。大模型可以通过强化学习,在模拟环境中不断尝试不同的驾驶策略,并根据反馈(如碰撞、违反交通规则等)来调整策略,最终学习到最优的驾驶策略。这种方法不仅可以提高决策的准确性和效率,还可以帮助自动驾驶车辆适应不同的交通环境和路况。

迁移学习是一种将在一个任务上学到的知识迁移到另一个相关任务上的方法。在自动驾驶中,大模型可以通过迁移学习,将在一个城市或路况上学到的驾驶知识迁移到另一个城市或路况上,从而提高决策的泛化能力。这种方法可以大大减少在新环境中重新训练模型的时间和成本。

4.5.4 智能优化与控制

自动驾驶技术涉及复杂的感知、决策和规划过程,其中控制系统的智能优化与控制是确保车辆安全、高效、舒适行驶的关键。传统的控制系统往往依赖于预设的规则和算法,难以适应复杂多变的交通环境。而大模型技术通过学习和优化大量数据,能够实现对车辆控制系统的智能调整和优化,提高系统的自适应能力和鲁棒性。

大模型技术能够处理和分析海量数据,包括车辆状态数据、传感器数据和环境数据等。通过对这些数据的深度学习和挖掘,大模型可以发现车辆控制系统中的潜在问题,进而对控制系统进行智能优化。例如,大模型可以学习驾驶员的驾驶习惯和行为模式,对车辆的油门、刹车、转向等系统进行精细控制,以提高车辆的操控性能和行驶稳定性。

大模型技术的深度学习算法与控制算法相结合,可以实现对车辆控制系统的智能调整和优化。深度学习算法能够从数据中学习到复杂的非线性映射关系,而控制算法则能够基于这些映射关系实现对车辆行为的精准控制。这种融合方式使得自动驾驶车辆的控制系统更加智能化和自适应化。

大模型技术在自动驾驶中的应用为智能优化与控制提供了新的思路和方法。通过利用大模型强大的计算能力和深度学习能力,可以实现对车辆控制系统的智能调整和优化,提高车辆的性能和安全性。此外,大模型在自动驾驶领域中的应用还涵盖仿真测试、语音交互、数据标注、多模态处理以及算力支持等多方面。这些应用不仅提高了自动驾驶技术的性能和安全性,还推动了自动驾驶技术的快速发展和普及。

本章小结

本章探讨了大模型在内容创作、智能办公、智能客服、智能编程和自动驾驶等典型应用中的广泛影响。在内容创作方面,大模型显著提升了社交媒体、新闻报道、小说创作、诗歌创作和学术选题等领域的效率与质量。通过大模型工具,人们可以快速地生成吸引人的文章标题和文章初稿,提升了新闻报道的时效性与准确性。同时,大模型工具为小说创作和诗歌创作提供了灵感。此外,大模型还能深度挖掘学术文献,为研究者提供有价值的学术选题建议。这些应用不仅丰富了创作内容,还拓展了创作的边界,为内容创作者提供了更多的创新空间。

在智能办公方面,大模型工具能够检查拼写和语法错误,精准地进行文本分类,高效地制作文档表格,自动生成 PPT 内容,从而简化工作流程。在会议管理中,大模型通过自动策划会议议程、实时记录会议内容并进行智能分析,以及自动生成高质量的会议纪要,极大地优化了会议管理流程。语言翻译功能则支持多语言即时翻译,涵盖文本翻译、实时口译、多模态翻译以及特定领域的专业翻译,有效促进了全球信息的流通。此外,大模型还能精炼文档要点,帮助用户快速提取关键信息,提升了决策效率。

通过使用大模型技术,智能客服系统显著提高了服务效率并有效控制了成本,提升了客户满意度。智能客服的关键技术包括自然语言处理、语音识别和语音合成等。大模型技术使智能客服系统能够快速响应、准确解答消费者问题,为消费者打造流畅、愉悦的服务体验,从而通过口碑传播为企业赢得更多潜在客户的信任。

大模型通过自然语言处理技术理解和生成代码,智能编程涵盖编写程序代码、改写程序代码以及协助解决程序异常等功能。用户描述需求,模型能够理解这些需求并自动生成代码片段或完整程序,还能进行自动调试、错误修复和优化,提高代码的可读性和规范性。大模型工具通过静态代码分析和动态执行跟踪,可以实时识别代码中的潜在风险,提供修复建议,提升程序的稳定性和健壮性。

大模型技术应用于自动驾驶领域的方式主要包括数据处理与预处理、环境感知与理解、决策与规划以及智能优化与控制等。通过数据清洗、数据转换等技术提高数据质量;整合多种传感器数据,实现对周围环境的精准识别;利用深度学习、强化学习等技术制定驾驶策略;对车辆控制系统进行智能调整和优化,提高自适应能力和鲁棒性。

习题四

1. 在社交媒体领域,大模型技术主要被用来提升什么?(　　)
   A. 硬件性能　　　　B. 创作效率　　　　C. 网络速度　　　　D. 用户体验
2. 新闻报道中使用大模型技术的主要目的是什么?(　　)
   A. 取代记者　　　　　　　　　　　B. 提高新闻时效性
   C. 降低新闻成本　　　　　　　　　D. 增加新闻数量
3. 在内容创作中,大模型如何帮助提升新闻报道的时效性?(　　)
   A. 分析新闻数据　　　　　　　　　B. 延迟新闻发布时间
   C. 提供新闻选题建议　　　　　　　D. 自动撰写完整新闻稿
4. 诗歌创作中使用大模型的主要优势是什么?(　　)
   A. 提高诗歌情感　　　　　　　　　B. 提供创作灵感
   C. 替代诗人创作　　　　　　　　　D. 增加诗歌数量
5. 在学术选题中,大模型主要用来做什么?(　　)
   A. 替代研究者进行实验　　　　　　B. 提供选题建议
   C. 撰写完整论文　　　　　　　　　D. 评估实验结果
6. 在会议管理中,大模型通过什么技术实现实时记录?(　　)
   A. 图像识别　　　B. 语音识别　　　C. 人脸识别　　　D. 指纹识别
7. 大模型在语言翻译中主要依赖什么技术?(　　)
   A. 自然语言处理　　　　　　　　　B. 图像识别
   C. 指纹识别　　　　　　　　　　　D. 声纹识别
8. 在语言翻译中,大模型如何确保翻译质量?(　　)
   A. 人工校对　　　　　　　　　　　B. 简化翻译过程

C. 减少翻译成本　　　　　　　　　　D. 深度学习和海量语料库

9. 在自动驾驶系统中,数据预处理的主要目的是什么?(　　)

A. 增加数据量　　　　　　　　　　　B. 提高数据质量

C. 减少数据存储　　　　　　　　　　D. 加速数据处理

10. 在自动驾驶中,数据增强技术的主要作用是什么?(　　)

A. 提高图像质量　　　　　　　　　　B. 增加训练数据多样性

C. 减少数据冗余　　　　　　　　　　D. 优化算法性能

11. 大模型在内容创作领域有哪些主要应用?

12. 论述大模型在内容创作领域的应用及其对社会的影响。

13. 如何利用大模型技术提升社交媒体内容的多样性和创新性?

14. 新闻报道中,使用大模型的好处有哪些?

15. 诗歌创作中,大模型如何提供灵感?

16. 大模型在学术选题中如何帮助研究者?

17. 论述大模型在学术选题中的应用及其对学术研究的影响。

18. 在会议管理中,大模型如何生成会议纪要?

19. 大模型在语言翻译中支持哪些功能?

20. 分析多模态翻译在全球化背景下的重要性及其实现挑战。

21. 智能客服的优势有哪些?

22. 探讨大模型在智能客服中的应用及其对企业客户服务的影响。

23. 智能编程中,大模型如何帮助编写程序代码?

24. 自动驾驶系统依赖哪些传感器数据?

25. 分析大模型在环境感知与理解中的应用及其对自动驾驶安全性的影响。

26. 如何应用大模型优化自动驾驶系统的决策规划能力,提高行车安全性?

27. 大模型在智能优化与控制中如何帮助提高自动驾驶系统的鲁棒性?

28. 分析智能优化与控制对自动驾驶性能的影响及其实现途径。

29. 设计一个基于大模型的智能写作助手,并描述其主要功能和实现流程。

30. 设计一个智能会议管理系统,并描述其在大模型技术支持下的工作流程。

31. 设计一个基于大模型的智能翻译系统,并描述其主要功能和特点。

32. 设计一个跨语言智能客服系统,能够处理来自不同国家和地区用户的咨询,提供多语言服务。

第 5 章 大模型数据分析

随着大数据时代的到来,数据分析已成为推动现代企业和行业发展的核心动力。它与人工智能一起,正逐步改变各行各业的运作模式。本章阐述数据分析的核心概念与方法,运用大模型技术为数据可视化、回归分析及聚类分析等应用提供切实可行的解决方案,并通过实例演示,助力读者掌握相关的技能。

5.1 数据分析概述

大模型不仅在自然语言处理领域具有广泛应用场景,还在数据分析、推荐系统等领域展现出了强大的应用潜力。作为智能化、个性化服务的提供者,大模型正逐步成为企业和个人在数据驱动决策过程中不可或缺的重要工具。其强大的生成能力使得非专业人士也能迅速掌握并应用大模型技术,有效降低了数据分析和人工智能的入门门槛。

5.1.1 数据分析的定义

数据分析是对数据进行系统的收集、清洗、分析、解释和展示的过程,旨在从数据中发现有用的信息和知识。这一过程的核心在于通过技术手段揭示数据背后的规律、趋势和关联,从而为决策提供帮助。大模型在数据分析中的优势主要体现在自动化、智能化和准确性等方面。它能够自动处理海量数据,发现数据中的隐藏模式和关系,提供深入的洞察和决策支持。

数据分析在大模型技术中的重要性不言而喻,它不仅是大模型训练和优化的基础,也是大模型能够在实际应用中发挥效能的关键。以下是对数据分析重要性的解释。

1. 数据分析是大模型训练的基础

大模型依赖大规模数据集进行训练。数据分析能够从这些数据中提取有用的特征和信息,为模型提供学习的基础。通过数据分析,可以识别并去除数据中的噪声和异常值,提高数据的纯净度和质量。这有助于大模型准确地学习数据的分布和模式,从而提升模型的性能。

2. 数据分析支持大模型的优化

数据分析可以帮助识别对模型性能影响最大的特征,并进行特征选择和降维处理。这可以降低模型的复杂度,提高模型的泛化能力,并降低过拟合的风险。在大模型的训练过程

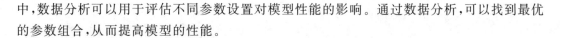

中，数据分析可以用于评估不同参数设置对模型性能的影响。通过数据分析，可以找到最优的参数组合，从而提高模型的性能。

3. 数据分析助力大模型的应用

大模型在实际应用中，如金融风控、医疗诊断和智能推荐等，需要依赖数据分析来进行预测和决策。数据分析能够帮助模型识别出潜在的风险和机会，为实际应用提供有力的支持。通过数据分析，大模型可以了解用户的偏好和需求，从而提供个性化的服务。例如，在电商领域，大模型可以根据用户的浏览和购买历史，推荐符合用户喜好的商品。

4. 数据分析推动大模型技术创新

数据分析能够从数据中挖掘出潜在的知识和模式，为大模型的创新提供灵感和方向。例如，通过数据分析，可以发现某些特征之间的关联关系，从而设计出更有效的算法和模型。数据分析在大模型技术中的应用促进了计算机科学、统计学和数学等多个学科的融合与发展，这种跨学科融合为大模型技术创新与发展提供了新的思路和方法。

尽管大模型在数据分析中取得了显著成果，但仍面临数据偏见、模型可解释性不足等挑战。未来的研究需要更加注重算法的公平性和可解释性，并加强跨学科合作，推动技术创新和应用拓展。

5.1.2　数据分析的特点

1. 数据规模庞大

大模型通常需要处理海量的数据，这些数据规模可能达到 TB 级别甚至 PB 级别。庞大的数据规模对数据的存储、处理和分析能力提出了很高的要求。

2. 数据类型多样

大模型需要处理的数据类型多种多样，涵盖了文本、图像、视频、音频等多模态数据。不同类型的数据蕴含着不同的信息和特征，需要采用不同的处理和分析方法。这对数据分析的灵活性和适应性提出了更高要求。

3. 数据质量要求高

大模型的性能在很大程度上依赖数据的质量。高质量的数据能够提高模型的准确性和泛化能力。因此，在数据分析过程中，需要对数据进行严格的清洗、去噪和预处理，以确保数据的准确性和可靠性。

4. 分析技术复杂

为了从海量、多样的数据中提取出有用的信息和知识，大模型采用的数据分析技术通常较为复杂。这些技术可能涉及深度学习、自然语言处理和计算机视觉等，需要综合运用多种算法和方法。

5. 分析结果具有预测性

通过数据分析,大模型能够揭示数据之间的内在联系和规律,从而对未来的趋势和结果进行预测。这种预测能力对于制定决策、优化资源配置等方面具有重要意义。

5.1.3 数据分析的流程

通常,数据分析包括以下几个阶段。

1. 数据收集

数据收集即收集需要分析的数据,这些数据既包括结构化数据,如数据库中的表格数据、电子表格中的数值数据等,又包括非结构化数据,如文本、图像、视频、音频等多媒体数据。在收集数据的过程中,还需要注意数据的时效性和合法性,确保数据的新鲜度和合规性。

2. 数据清洗

在收集到的原始数据中,往往存在着缺失值、异常值、重复值和格式不一致等问题。这些问题如果不及时处理,会对数据分析结果产生影响。因此,需要对数据进行清理、转换和整理,以确保数据的准确性、完整性和一致性。数据清洗的具体操作可能包括删除或填补缺失值、替换或删除异常值、合并或删除重复数据,以及统一数据格式等。

3. 数据分析

在数据分析阶段,需要使用统计学、机器学习等方法对数据进行分析和探索。通过数据分析,人们可以发现数据中的模式、趋势和关联,揭示出数据背后隐藏的规律和信息。数据分析的方法多种多样,包括描述性统计、推断性统计、聚类分析、回归分析和关联规则挖掘等。

4. 数据解释

数据分析的结果往往是以数学模型、算法或图表等形式呈现的,这些结果对于非专业人士来说可能难以理解。因此,需要将数据分析的结果转换为可理解的形式,并解释其意义和影响。数据解释的过程需要结合业务背景和实际需求,提出有针对性的见解和建议。数据解释可以帮助决策者更好地理解数据分析结果,从而做出更明智的决策。

5. 数据展示

将数据分析的结果以图表、报告等形式进行展示。数据展示是数据分析成果的最终呈现方式,它直接影响数据分析结果的传播和应用效果。因此,需要注重数据展示的可视化效果和易读性,确保数据展示能够清晰地传达数据的意义和价值。同时,还可以根据实际需求,将数据展示结果以不同的形式(如 PPT、在线报告、交互式仪表板等)进行分享和传播,以便更好地沟通和传达数据分析的成果。

5.1.4 数据分析的应用

在大模型技术中,数据分析的应用非常广泛,涵盖了多个行业和领域。

1. 金融领域

(1)风险评估:大模型通过分析大量的金融交易数据、客户信用记录等信息,可以精准地评估贷款、投资等金融活动的风险。

(2)市场趋势预测:通过分析市场数据、经济指标等,大模型可以帮助金融机构预测市场趋势,制订投资策略。

2. 智能制造

(1)质量检测:大模型可以对生产过程中的产品进行实时质量检测,及时发现并纠正质量问题。

(2)预测性维护:通过分析设备的运行数据、维修记录等,大模型可以预测设备的故障风险,提前进行维护,避免生产中断。

3. 零售与电商

(1)消费者行为分析:大模型可以分析消费者的购买历史、浏览记录等数据,了解消费者的偏好和需求,为个性化推荐和精准营销提供依据。

(2)库存管理:通过分析销售数据、库存数据等,大模型可以帮助企业优化库存管理策略,降低库存成本,提高资金周转率。

4. 医疗领域

(1)医学影像分析:大模型能够对医学影像进行自动分析和诊断,辅助医生发现病灶、判断病情。

(2)疾病预测与预防:通过分析患者的遗传信息、生活习惯和体检数据等,大模型可以预测患者患病的风险,并提出预防措施。

5. 教育领域

(1)智能辅导:大模型可以根据学生的学习进度和能力,提供个性化的学习资源和建议,帮助学生提高学习效果。

(2)学情分析:通过分析学生的学习数据、作业完成情况等,大模型可以帮助教师了解学生的学习情况,制订针对性的教学计划。

6. 智慧城市

(1)交通流量预测:通过分析历史交通数据、天气信息和节假日等因素,大模型可以预测未来的交通流量,为交通管理部门提供决策支持。

(2)智能红绿灯控制:大模型可以根据实时交通情况,智能调整红绿灯的配时,缓解交通拥堵。

综上所述,数据分析在大模型技术中的应用非常广泛,涵盖了金融、制造、零售、医疗、教育、智慧城市和媒体娱乐等多个领域。通过深度挖掘和分析数据中的价值信息,大模型能够为企业和机构提供精准的决策支持和创新服务。

【例题 5-1】　列举 3 个数据分析在大模型技术中应用的例子。

【解】　(1)金融风控。

① 信贷审批:大模型通过对借款人的历史还款记录、收入状况、信用评分等多维度数据进行分析,可以快速、准确地评估借款人的信用风险,辅助金融机构做出信贷审批决策。

② 反洗钱监测:利用大模型对交易数据进行实时监测和分析,能够识别出异常交易模式,及时发现并报告可疑的洗钱行为,保障金融系统的安全稳定。

(2)智能制造的预测性维护。

① 设备健康监测:大模型通过对设备的运行数据、维护记录、故障历史等多维度数据进行分析,可以预测设备的健康状况,提前发现潜在的故障风险。

② 维护计划优化:基于设备健康监测的结果,大模型可以自动生成维护计划,包括维护时间、维护内容、所需备件等,帮助企业合理安排维护资源,降低维护成本。

(3)教育领域的智能评估。

① 学生能力评估:大模型可以通过分析学生的作业完成情况、考试成绩、课堂表现等多维度数据,对学生的学习能力进行客观、全面的评估。

② 教学效果反馈:通过对学生的学习数据进行分析,大模型还可以为教师提供教学效果反馈,帮助教师了解教学情况,及时调整教学策略。

这些例子展示了数据分析在大模型技术中的广泛应用。通过深度挖掘和分析数据中的价值信息,大模型能够为企业和机构提供精准、高效的决策支持和创新服务。

5.2　数据处理方法

数据处理是数据分析流程中的核心环节,它涉及对原始数据进行一系列的操作和转换,以确保数据的准确性、一致性和完整性,从而支持后续的分析和决策过程。数据处理主要包括数据预处理、数据选择、数值操作、数值运算、数据分组和时间序列分析等。

5.2.1　数据预处理

数据预处理是数据分析前的必要准备阶段,其目的是清洗和整理数据,使其适合进一步的分析。数据预处理主要包括缺失值填充、重复值删除、异常值删除或替换等。

缺失值是数据中常见的现象,可能由于记录错误、设备故障或人为疏忽等原因造成。缺失值的处理方法包括删除含有缺失值的记录(在数据量大且缺失值比例较小时可行)、使用均值/中位数/众数等统计值进行填充,或采用插值法、机器学习算法等更复杂的方法进行预测填充。

重复值是指数据集中完全相同的记录,它们可能在数据录入错误时或数据合并过程中产生。重复值的存在会扭曲数据的分布,影响分析结果的准确性。因此,在数据分析前,需要仔细检查数据集是否存在重复值,并予以删除。

异常值是指数据中明显偏离其他数据点的值,可能由于测量错误、数据录入错误或极端事件等原因造成。异常值的存在会对统计分析和机器学习模型的性能产生负面影响,如拉高或拉低平均值、影响回归模型的拟合效果等。处理异常值的方法包括删除异常值、用统计值(如中位数)替换异常值、根据业务逻辑进行特殊处理等。在处理异常值时,需要谨慎判断,以免误删或误替换包含重要信息的数据点。

【例题 5-2】　基于提供的图书管理数据集,分别执行以下操作,并以表格形式返回大模型工具的处理结果。

(1) 删除数据集中有重复的记录行;

(2) 找出数据集中缺失值,并使用这一列的均值(整数)进行填充;

(3) 将库存量大于 30 的值视作异常值并将其替换为 30。

图书管理数据集如下:

图书 ID	书名	作者	出版社	出版日期	定价	库存量
20120001	计算机导论	蔡平	电子工业出版社	2012.8	35	8
20120002	计算思维导论	陈国良	高等教育出版社	2012.10	29	15
20120003	计算思维导论	唐培和	广西师范大学出版社	2012.10	45	12
20220001	大学计算机	王移芝	高等教育出版社	2022.9	43	33
20120001	计算机导论	蔡平	电子工业出版社	2012.8	35	8
20240001	计算机科学导论	战德臣	高等教育出版社	2024.8	82	
20200001	人工智能导论	廉师友	清华大学出版社	2020.10	69.8	
20220002	人工智能通识教程	王万良	清华大学出版社	2022.6	59.8	22
20240002	人工智能引论	吴飞	高等教育出版社	2024.4	56	38
20240003	人工智能导论	莫宏伟	人民邮电出版社	2024.1	69.8	10

【解】　模型回复分别如图 5-1、图 5-2 和图 5-3 所示。

(1) 删除重复行后的数据集如图 5-1 所示。

(1) 删除重复行后的数据集

(删除图书ID为20120001的重复行)

图书ID	书名	作者	出版社	出版日期	定价	库存量
20120001	计算机导论	蔡平	电子工业出版社	2012.8	35	8
20120002	计算思维导论	陈国良	高等教育出版社	2012.10	29	15
20120003	计算思维导论	唐培和	广西师范大学出版社	2012.10	45	12
20220001	大学计算机	王移芝	高等教育出版社	2022.9	43	33
20240001	计算机科学导论	战德臣	高等教育出版社	2024.8	82	(缺失)
20200001	人工智能导论	廉师友	清华大学出版社	2020.10	69.8	(缺失)
20220002	人工智能通识教程	王万良	清华大学出版社	2022.6	59.8	22
20240002	人工智能引论	吴飞	高等教育出版社	2024.4	56	38
20240003	人工智能导论	莫宏伟	人民邮电出版社	2024.1	69.8	10

图 5-1　删除重复行后的数据集

（2）填充缺失值后的数据集（均值整数填充）如图 5-2 所示。

(2) 填充缺失值后的数据集（均值整数填充）

- 定价列均值计算（不含缺失值）：(35 + 29 + 45 + 43 + 82 + 69.8 + 59.8) / 7 ≈ 54.86（取整数55）
- 库存量列均值计算（不含缺失值）：(8 + 15 + 12 + 33 + 22 + 38 + 10) / 7 ≈ 19.71（取整数20）
- 填充缺失值：

图书ID	书名	作者	出版社	出版日期	定价	库存量
20120001	计算机导论	蔡平	电子工业出版社	2012.8	35	8
20120002	计算思维导论	陈国良	高等教育出版社	2012.10	29	15
20120003	计算思维导论	唐培和	广西师范大学出版社	2012.10	45	12
20220001	大学计算机	王移芝	高等教育出版社	2022.9	43	33
20240001	计算机科学导论	战德臣	高等教育出版社	2024.8	55	20
20200001	人工智能导论	廉师友	清华大学出版社	2020.10	69.8	20
20220002	人工智能通识教程	王万良	清华大学出版社	2022.6	59.8	22
20240002	人工智能引论	吴飞	高等教育出版社	2024.4	56	38
20240003	人工智能导论	莫宏伟	人民邮电出版社	2024.1	69.8	10

图 5-2　填充缺失值后的数据集

（3）替换异常值后的数据集（库存量＞30 的值视作异常值并替换为 30）如图 5-3 所示。

(3) 替换异常值后的数据集（库存量>30的值视作异常值并替换为30）

图书ID	书名	作者	出版社	出版日期	定价	库存量
20120001	计算机导论	蔡平	电子工业出版社	2012.8	35	8
20120002	计算思维导论	陈国良	高等教育出版社	2012.10	29	15
20120003	计算思维导论	唐培和	广西师范大学出版社	2012.10	45	12
20220001	大学计算机	王移芝	高等教育出版社	2022.9	43	30
20240001	计算机科学导论	战德臣	高等教育出版社	2024.8	55	20
20200001	人工智能导论	廉师友	清华大学出版社	2020.10	69.8	20
20220002	人工智能通识教程	王万良	清华大学出版社	2022.6	59.8	22
20240002	人工智能引论	吴飞	高等教育出版社	2024.4	56	30
20240003	人工智能导论	莫宏伟	人民邮电出版社	2024.1	69.8	10

图 5-3　替换异常值后的数据集

5.2.2　数据选择

数据选择主要是根据实际需求和分析目标,从数据集中选取特定的记录行或列。通过数据选择,可以减少数据的维度,聚焦关键信息,提高数据分析的效率和准确性。本节以上述例题的结果数据为例,进行数据选择。

【例题 5-3】　基于 5.2.1 节处理后的图书管理数据集(如图 5-3 所示),将出版社为"清华大学出版社"的全部图书筛选出来,并以表格形式返回大模型工具的处理结果。

【解】　模型回复如图 5-4 所示。

根据您提供的图书管理数据集,以下是筛选出出版社为"清华大学出版社"的全部图书,并以表格形式返回的处理结果:

图书ID	书名	作者	出版社	出版日期	定价	库存量
20200001	人工智能导论	廉师友	清华大学出版社	2020.10	69.8	20
20220002	人工智能通识教程	王万良	清华大学出版社	2022.6	59.8	22

这就是出版社为"清华大学出版社"的全部图书信息。

图 5-4　大模型工具按出版社筛选后的结果

【例题 5-4】　基于 5.2.1 节处理后的图书管理数据集(如图 5-3 所示),选择库存量大于 10 且定价低于 50 元的图书,并筛选出这些书的"书名""作者""库存量"信息,并以表格形式返回大模型工具的处理结果。

【解】　模型回复如图 5-5 所示。

根据您提供的图书管理数据集,以下是筛选出库存量大于10且定价低于50的图书的"书名""作者"和"库存量",并以表格形式返回的处理结果:

书名	作者	库存量
计算思维导论	陈国良	15
计算思维导论	唐培和	12

这两本图书满足库存量大于10且定价低于50的条件。

图 5-5　大模型工具按库存量和定价筛选后的结果

5.2.3　数值操作

数值操作主要是对数据进行替换、排序等。本节仍以之前的数据为例,进行数值操作。

【例题 5-5】　基于 5.2.1 节处理后的图书管理数据集(如图 5-3 所示),依次执行以下操作,以表格形式返回大模型工具的处理最终结果。

(1) 将库存量小于 12 的值替换成 20;

（2）将数据集记录按照库存量进行降序排列。

【解】 模型回复如图 5-6 所示。

根据您提供的图书管理数据集，依次执行以下操作后的最终处理结果如下：

（1）将库存量小于12的值替换成20；

（2）将数据集记录按照库存量进行降序排列。

处理后的数据集表格如下：

图书ID	书名	作者	出版社	出版日期	定价	库存量
20220001	大学计算机	王移芝	高等教育出版社	2022.9	43	30
20240002	人工智能引论	吴飞	高等教育出版社	2024.4	56	30
20220002	人工智能通识教程	王万良	清华大学出版社	2022.6	59.8	22
20240001	计算机科学导论	战德臣	高等教育出版社	2024.8	82	20
20200001	人工智能导论	廉师友	清华大学出版社	2020.10	69.8	20
20120002	计算思维导论	陈国良	高等教育出版社	2012.10	29	15
20120003	计算思维导论	唐培和	广西师范大学出版社	2012.10	45	12
20240003	人工智能导论	莫宏伟	人民邮电出版社	2024.1	69.8	20
20120001	计算机导论	蔡平	电子工业出版社	2012.8	35	20

图 5-6 大模型工具进行替换和排序操作后的结果

读者可以思考,若将库存量为 20 的数据记录参与排序,应该如何修改提示词(参考思维链提示)。

5.2.4 数值运算

数值运算主要是对数据进行算术运算、比较运算和汇总运算等,这些运算能够帮助用户从原始数据中提取出有价值的信息,为后续的数据分析和决策提供支持。本节仍以之前的数据为例进行数值运算。

【例题 5-6】 基于 5.2.1 节处理后的图书管理数据集(如图 5-3 所示),依次执行以下操作,并以表格形式返回大模型工具的处理结果。

（1）将"定价"和"库存量"进行相乘,用相乘结果生成"小计"列,并删除"出版日期"列;

（2）对数据记录进行计数,并对"小计"列求和,返回计算结果。

【解】 模型回复如图 5-7 和图 5-8 所示。

5.2.5 数据分组

数据分组是按照某些维度先对数据进行分组,再对分组后的数据进行汇总运算等操作。本节仍以之前的数据为例进行数据分组。

【例题 5-7】 基于 5.2.1 节处理后的图书管理数据集(如图 5-3 所示),依次执行以下操作,并以表格形式返回大模型工具的处理结果。

根据您的要求,以下是对图书管理数据集进行处理后的结果:

处理步骤:

1. 将"定价"和"库存量"进行相乘,生成"小计"列,并删除"出版日期"列。

图书ID	书名	作者	出版社	定价	库存量	小计
20120001	计算机导论	蔡平	电子工业出版社	35	8	280
20120002	计算思维导论	陈国良	高等教育出版社	29	15	435
20120003	计算思维导论	唐培和	广西师范大学出版社	45	12	540
20220001	大学计算机	王移芝	高等教育出版社	43	30	1290
20240001	计算机科学导论	战德臣	高等教育出版社	82	20	1640
20200001	人工智能导论	廉师友	清华大学出版社	69.8	20	1396
20220002	人工智能通识教程	王万良	清华大学出版社	59.8	22	1315.6
20240002	人工智能引论	吴飞	高等教育出版社	56	30	1680
20240003	人工智能导论	莫宏伟	人民邮电出版社	69.8	10	698

图 5-7　大模型工具完成增加列、删除列操作后的结果

2. **对数据记录进行计数**,并对"小计"列求和。

- 数据记录计数: 9条
- "小计"列求和: 9274.6

以上就是按照您的要求处理后的图书管理数据集及相关的计算结果。

图 5-8　大模型工具完成计数和求和操作后的结果

(1) 以出版社名称进行分组,返回除高等教育出版社以外的分组数据;

(2) 统计各出版社出版图书的数量。

【解】　模型回复如图 5-9 和图 5-10 所示。

5.2.6　时间序列分析

时间序列分析主要有时间格式互换、时间索引和时间运算等。本节仍以之前的数据为例进行时间序列分析。

【例题 5-8】　基于 5.2.1 节处理后的图书管理数据集(如图 5-3 所示),依次执行以下操作,并以表格形式返回大模型工具的处理结果。

(1) 删除"定价""库存量"两列,同时删除高等教育出版社出版的图书记录;

(2) 提取"出版日期"中的"月"部分,存储在"月份"新列中;

(3) 将清华大学出版社所出版图书的出版日期推迟 30 天,存储在"备注"新列中。

【解】　模型回复如图 5-11、图 5-12 和图 5-13 所示。

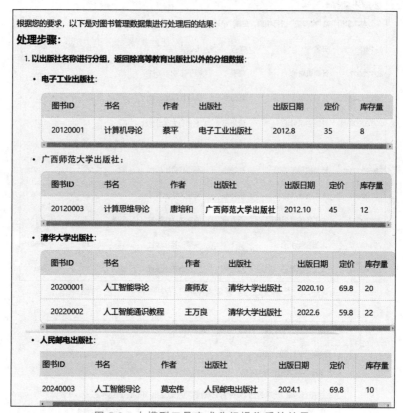

根据您的要求，以下是对图书管理数据集进行处理后的结果：

处理步骤：

1. **以出版社名称进行分组，返回除高等教育出版社以外的分组数据：**

- **电子工业出版社：**

图书ID	书名	作者	出版社	出版日期	定价	库存量
20120001	计算机导论	蔡平	电子工业出版社	2012.8	35	8

- **广西师范大学出版社：**

图书ID	书名	作者	出版社	出版日期	定价	库存量
20120003	计算思维导论	唐培和	广西师范大学出版社	2012.10	45	12

- **清华大学出版社：**

图书ID	书名	作者	出版社	出版日期	定价	库存量
20200001	人工智能导论	廉师友	清华大学出版社	2020.10	69.8	20
20220002	人工智能通识教程	王万良	清华大学出版社	2022.6	59.8	22

- **人民邮电出版社：**

图书ID	书名	作者	出版社	出版日期	定价	库存量
20240003	人工智能导论	莫宏伟	人民邮电出版社	2024.1	69.8	10

图 5-9　大模型工具完成分组操作后的结果

2. **统计各出版社出版图书的数量**（包括高等教育出版社以供参考）：

出版社	图书数量
电子工业出版社	1
高等教育出版社	4
广西师范大学出版社	1
清华大学出版社	2
人民邮电出版社	1

以上就是按照您的要求处理后的图书管理数据集，包括除高等教育出版社以外的分组数据和各出版社出版图书的数量统计结果。

图 5-10　大模型工具完成分组和统计操作后的结果

处理步骤：

1. 删除"定价"和"库存量"两列，同时删除高等教育出版社出版的图书记录：

图书ID	书名	作者	出版社	出版日期
20120001	计算机导论	蔡平	电子工业出版社	2012.8
20120003	计算思维导论	唐培和	广西师范大学出版社	2012.10
20200001	人工智能导论	廉师友	清华大学出版社	2020.10
20220002	人工智能通识教程	王万良	清华大学出版社	2022.6
20240003	人工智能导论	莫宏伟	人民邮电出版社	2024.1

图 5-11　大模型工具完成删除操作后的结果

2. **提取"出版日期"中的"月"部分，存储在"月份"新列中：**

图书ID	书名	作者	出版社	出版日期	月份
20120001	计算机导论	蔡平	电子工业出版社	2012.8	8
20120003	计算思维导论	唐培和	广西师范大学出版社	2012.10	10
20200001	人工智能导论	廉师友	清华大学出版社	2020.10	10
20220002	人工智能通识教程	王万良	清华大学出版社	2022.6	6
20240003	人工智能导论	莫宏伟	人民邮电出版社	2024.1	1

图 5-12　大模型工具完成提取、存储操作后的结果

3. **将清华大学出版社图书的出版日期推迟30天，存储在"备注"新列中**（假设原出版日期格式为YYYY.MM，推迟30天可能涉及月份变化，这里简单以文本形式表示推迟后的日期，实际应用中可能需要日期计算函数）：

- 注：推迟30天的计算是基于假设的月份天数，实际情况可能因月份天数不同而有所变化。

图书ID	书名	作者	出版社	出版日期	月份	备注
20120001	计算机导论	蔡平	电子工业出版社	2012.8	8	-
20120003	计算思维导论	唐培和	广西师范大学出版社	2012.10	10	-
20200001	人工智能导论	廉师友	清华大学出版社	2020.10	10	2020.11
20220002	人工智能通识教程	王万良	清华大学出版社	2022.6	6	2022.7
20240003	人工智能导论	莫宏伟	人民邮电出版社	2024.1	1	-

图 5-13　大模型工具完成新数据计算、存储操作后的结果

5.3　数据可视化

通过数据可视化,大模型分析数据的过程变得更加透明化,数据的趋势、分布及关联一目了然。此外,数据可视化还架起了专业人士与非专业人士之间的沟通桥梁,使复杂的数据和模型结果变得易于理解,从而有效促进了跨领域的交流与合作。

5.3.1　数据可视化及图表类型

数据可视化将复杂的数据通过图形、图表等形式直观地展示出来,以便人们更好地理解和分析数据。在数据分析中,数据可视化是必不可少的重要部分。数据可视化能够简化数据分析过程,使分析人员能够快速地理解数据,从而提高分析效率,节省时间和精力。

数据可视化可以清晰地展示数据的趋势、分布和关联,帮助分析人员发现数据中的隐藏规律和模式,为决策提供依据。

数据可视化的图表类型丰富多样,常见且适用于大模型的图表类型有柱形图、折线图、饼图、散点图、雷达图、热力图和组合图表等。

5.3.2　柱形图应用

1. 柱形图的概念

柱形图也称为柱状图或条形图,是一种通过矩形条的高度(或长度)来表示数据大小的图形。在柱形图中,每个矩形条代表一个数据类别,矩形条的高度则反映了该类别的数据值。柱形图可以垂直或水平放置,根据数据的特性和展示需求来选择。

柱形图的特点是直观易读、易于比较,并且支持多系列数据。柱形图特别适合用于比较不同类别的数据,如不同产品的销售额、不同地区的用户数量等。通过观察矩形条的高度,用户可以迅速判断出各类别之间的数据差异。柱形图还可以展示多个数据系列,通过并列或堆叠矩形条来表示不同系列的数据。这使得柱形图在展示复杂数据关系时具有很高的灵活性。

2. 柱形图的用途

(1)数据比较:柱形图最常用于比较不同类别的数据,帮助用户快速识别出数据之间的差异和趋势。

(2)数据分布展示:通过矩形条的高度(或长度),柱形图可以展示数据的分布情况,如销售额的分布、用户年龄的分布等。

(3)时间序列数据分析:柱形图可以用于展示时间序列数据,通过多个时间点的柱形图展示数据随时间的变化趋势。这对于分析销售额增长、用户数量变化等时间序列数据非常有用。

（4）预算和计划展示：在预算和计划制订过程中，柱形图可以用于展示各部门的预算分配、项目计划进度等。这有助于决策者了解资源的分配情况和项目的进展情况。

（5）市场调研和报告：柱形图在市场调研报告中广泛应用，用于展示不同品牌的市场份额、消费者偏好等。它使得市场调研结果直观易懂，有助于企业制订市场策略。

【例题 5-9】　某公司两个产品上半年的销售额（万元）分别如下。

月份：　　1　　2　　3　　4　　5　　6

产品1：　12　20　8　　10　13　22

产品2：　10　15　12　10　8　　12

根据销售数据制作表格，并绘制相应的柱形图。

【解】　模型回复如图 5-14 和图 5-15 所示。

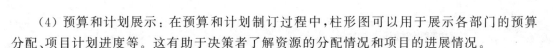

以下是根据您提供的销售数据制作的表格，以及关于如何绘制相应柱形图的描述。

销售数据表格

月份	产品1销售额（万元）	产品2销售额（万元）
1	12	10
2	20	15
3	8	12
4	10	10
5	13	8
6	22	12

图 5-14　大模型输出的销售数据表格

根据大模型工具生成的"5.具体绘制步骤（以 Excel 为例）"，在 Excel 中可以绘制出销售额示意图，如图 5-16 所示。

5.3.3　折线图应用

1. 折线图的概念

折线图也称为线形图或趋势图，是一种通过连接数据点形成的线段来展示数据变化趋势的图形。在折线图中，每个数据点代表一个时间节点或类别上的数据值，线段则反映了数据随时间或类别的连续变化情况。

折线图的特点是趋势展示、时间序列分析和连续性展示。折线图特别适用于时间序列数据的分析，如股价走势、气温变化和销售额增长等。通过折线图，用户可以直观地看到数据随时间的变化规律。这对于理解数据的动态变化和预测未来趋势很有帮助。

2. 折线图的用途

（1）趋势分析：折线图最常用于趋势分析，帮助用户了解数据随时间或类别的变化趋势。这对于市场预测、经济分析和健康监测等领域非常重要。

柱形图绘制描述

1. **图表标题：**
   - 标题设置为"某公司两个产品上半年销售额柱形图"。

2. **X轴（横轴）：**
   - 表示月份，从左到右依次为1月到6月。
   - 月份可以清晰地标注在X轴上，以便读者识别。

3. **Y轴（纵轴）：**
   - 表示销售额，单位为万元。
   - 刻度可以根据数据范围合理设置，例如0、5、10、15、20、25等，以确保图表清晰易读。

4. **柱形条：**
   - 为每个月份绘制两组柱形条，一组代表产品1的销售额，另一组代表产品2的销售额。
   - 使用不同的颜色来区分两个产品的销售额，例如产品1使用蓝色，产品2使用绿色。
   - 柱形条的高度对应各个月份的销售额数值。

5. **具体绘制步骤（以Excel为例）：**
   - 在Excel中输入上述销售数据表格。
   - 选择数据区域，包括月份、产品1销售额和产品2销售额三列。
   - 单击"插入"选项卡，然后选择"柱形图"中的一种（如"簇形柱形图"）。
   - Excel会自动生成柱形图，显示每个月份两个产品的销售额。
   - 根据需要调整图表的标题、轴标签、颜色、柱形样式等，以使图表更加清晰易读。例如，可以添加数据标签来显示每个柱形条的具体数值。

6. **图表解读：**
   - 通过柱形图，可以直观地看到每个月份两个产品的销售额对比情况。
   - 可以分析哪个月份哪个产品的销售额较高或较低，以及销售额的变化趋势。

按照上述描述，您可以在Excel或其他数据可视化软件中轻松创建这个柱形图。柱形图是一种非常直观的数据可视化方式，能够清晰地展示不同类别（在这里是月份和产品）之间的数据对比和变化趋势。

图 5-15　大模型输出的柱形图绘制描述

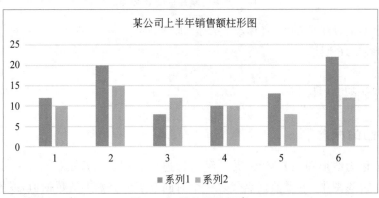

图 5-16　销售额示意图

（2）数据比较：通过展示多个数据系列的变化趋势，折线图可以用于比较不同数据系列之间的差异和相似性。这有助于用户了解不同因素对数据的影响程度。

（3）异常检测：折线图可以帮助读者识别数据中的异常点或突变点，这些点可能代表数据中的错误、特殊事件或重要转折点。

（4）预测和规划：通过观察折线图中的趋势和模式，用户可以预测未来的数据变化，为决策和规划提供依据。

【例题 5-10】　假设某公司具有一个产品的实际销售数据(从 1 月到 9 月),根据这些数据预测最后一个季度的销售趋势。实际销售数据表示如下。

月份	实际销售额(万元)	预测销售额(万元)
1	100	-
2	110	-
3	105	-
4	120	-
5	130	-
6	140	-
7	135	-
8	145	-
9	150	-
10	-	?
11	-	?
12	-	?

试预测 10 月至 12 月销售额并绘制相应的折线图。

【解】　模型回复如图 5-17 和图 5-18 所示。

为了预测10月至12月的销售额,我们可以采用一种简单的时间序列分析方法,例如线性趋势预测。这种方法假设销售数据随时间呈现线性增长或下降的趋势,并可以通过拟合一条直线到已知数据点来预测未来的值。

预测步骤:

1. **计算月均增长率** (或拟合线性模型):

- 虽然严格的线性回归需要统计软件或手动计算斜率,但我们可以简化这个过程,通过观察或计算最后几个月的增长情况来估计。
- 为了简化,我们可以假设增长率是恒定的(或接近恒定),并基于最后几个月的数据来估算。

2. **应用增长率预测未来销售额:**

- 使用9月的销售额作为起点,应用估算的增长率来预测10月、11月和12月的销售额。

简化预测:

假设我们观察到销售额在逐月增加,并且为了简化,我们采用最后两个月(8月和9月)的平均增长率来预测:

- 8月到9月的增长率 = (150 - 145) / 145 ≈ 3.45%

我们假设这个增长率在未来三个月保持不变(这是一个简化的假设,实际情况可能更复杂)。

预测结果:

- 10月预测销售额 = 150 * (1 + 3.45%) ≈ 155.175万元,四舍五入为155万元
- 11月预测销售额 = 155 * (1 + 3.45%) ≈ 160.398万元,四舍五入为160万元
- 12月预测销售额 = 160 * (1 + 3.45%) ≈ 165.52万元,四舍五入为166万元

图 5-17　大模型输出的预测数据

根据大模型工具生成的"折线图绘制说明",在 Excel 中可以绘制出预测销售趋势示意图,如图 5-19 所示。

折线图数据：

月份	实际销售额（万元）	预测销售额（万元）
1	100	-
2	110	-
3	105	-
4	120	-
5	130	-
6	140	-
7	135	-
8	145	-
9	150	-
10	-	155
11	-	160
12	-	166

折线图绘制说明：

- **X轴**：月份（1到12）
- **Y轴**：销售额（万元）

图 5-18　大模型输出的折线图数据和绘制说明

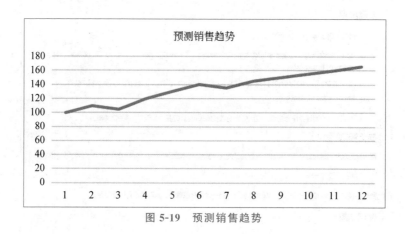

图 5-19　预测销售趋势

5.3.4　饼图的应用

1. 饼图的概念

饼图又称为圆饼图或扇形图，是一种用圆形及圆内扇形的角度来表示数值大小的图形。它将圆分割成多个扇形区域，每个扇形区域代表一个数据类别，扇形的大小（即圆心角的大小）则反映了该类别在总体中所占的比例。

饼图的特点是能展示比例、直观易懂、简洁明了。饼图以圆形的直观形式展示数据，使得用户可以一眼看出各部分与整体的关系。通过不同颜色的扇形区域，可以区分不同的数据类别。饼图主要用于展示各部分在总体中所占的比例，而不是展示具体的数值。

2. 饼图的用途

(1) 展示占比情况：饼图最适合用于展示不同类别在总体中所占的比例，如不同产品类别的销售额占比、网站流量来源分布和公司各部门的预算分配比例等。

(2) 市场调研分析：饼图可以用于展示不同品牌或产品的市场占有率，帮助企业了解市场竞争格局。

(3) 预算和资源配置：饼图可以用于展示公司或项目的预算分配情况，帮助决策者了解资源的使用和分配情况。

【例题 5-11】 以下数据是某年全球笔记本计算机主要品牌的市场占有率。

品牌	市场占有率(%)
联想	23.25
惠普	20.88
戴尔	16.64
苹果	10.31
华硕	7.11
其他	21.81

试问：如何绘制其饼图？

【解】 模型回复如图 5-20 所示。

绘制饼图的步骤：

1. **准备数据**：
   - 确保您有以下两列数据：
     - 第一列：品牌名称（联想、惠普、戴尔、苹果、华硕、其他）
     - 第二列：对应的市场占有率百分比（23.25%、20.88%、16.64%、10.31%、7.11%、21.81%）
2. **选择数据可视化工具**：
   - 打开您选择的数据可视化工具，如Excel、Google Sheets或在线图表生成器。
3. **输入数据**：
   - 在工具中创建一个新的工作表或数据输入区域，并输入您的数据。
4. **选择饼图类型**：
   - 在工具的图表选项中，选择"饼图"或"二维饼图"。有些工具还可能提供"三维饼图"选项，但通常二维饼图更易于阅读和理解。
5. **生成饼图**：
   - 应用饼图选项后，工具会自动根据您的数据生成饼图。
   - 饼图将显示每个品牌的市场占有率，每个品牌由一个扇形表示，扇形的大小与市场占有率成正比。
6. **调整图表设置**：
   - 根据需要调整图表的标题、图例、颜色、字体大小等设置。
   - 确保图表清晰易读，各品牌的市场占有率一目了然。

图 5-20 大模型输出的绘制饼图的步骤

根据大模型工具生成的"绘制饼图的步骤"，在 Excel 中可以绘制出笔记本计算机主要品牌市场占有率示意图，如图 5-21 所示。

图 5-21　笔记本计算机市场占有率

5.4　回归分析

回归分析是一种广泛应用于数据科学和统计学中的技术,旨在研究变量之间的关系,并预测目标变量的值。在回归分析中,线性回归和多项式回归是两种常见的方法,前者用于建模变量之间的线性关系,而后者则用于捕捉复杂的非线性关系。

5.4.1　线性回归的概念

线性回归是一种常用的统计分析和预测建模技术,其核心目的是建立因变量(目标变量)与一个或多个自变量(预测变量)之间的线性关系。根据自变量的数量,线性回归可以分为简单线性回归和多元线性回归。前者只有一个自变量,而后者则包含两个或更多的自变量。

在线性回归中,目标是找到一个最优的线性方程,使其尽可能准确地描述数据之间的关系。对于简单的线性回归,这一模型可以表示为:

$$y = \beta_0 + \beta_1 x$$

对于多元线性回归,模型扩展为:

$$y = \beta_0 + \beta_1 x_1 + \beta_2 x_2 + \cdots + \beta_n x_n$$

其中,y 是因变量,$x_1, x_2, \cdots, x_n$ 是自变量,β_0 是截距,$\beta_1, \beta_2, \cdots, \beta_n$ 是自变量的系数。

线性回归的关键在于优化系数 β,使得预测值和实际值之间的误差最小化。最常用的优化方法是通过最小化均方误差(MSE)来实现优化,其表达式如下:

$$\text{MSE} = \frac{1}{n} \sum_{i=1}^{n} (y_i - \hat{y}_i)^2$$

其中,y_i 是第 i 个数据点的实际值,$\hat{y}_i$ 是第 i 个数据点的预测值,n 是数据点的总数。

线性回归方法因其简单性和高效性,在很多领域得到了广泛应用。例如,在房地产领域,根据房屋的面积、位置、楼层等因素,可以通过线性回归预测房价;在市场分析中,根据广告投入、定价策略和竞争对手等变量,可以预测销售额;在医学研究中,可以分析病人某些生理指标对治疗效果的影响。此外,线性回归还被用于供应链优化,通过历史数据预测库存需求和生产量。

5.4.2 线性回归算法实现

线性回归是一种用来分析变量之间关系的方法,而通过大模型,可以实现线性回归的建模和分析。大模型的强大之处在于,它可以将复杂的建模流程转化为直观的对话方式,即使没有编程经验的学习者也能快速上手。

在使用大模型实现线性回归时,用户只需要提供描述性语言,例如"使用面积和房价的数据进行线性回归分析",同时提供一组数据。大模型会自动生成所需的代码,包括数据导入、模型构建、训练和结果输出的完整流程。

此外,大模型可以进一步根据用户需求调整模型,例如支持多变量回归或优化参数配置。这种人机互动的方式,让用户可以专注于问题本身,而不被技术细节困扰,从而更快地掌握数据分析的基本概念和实践技巧。

【例题 5-12】 利用大模型实现线性回归分析,并生成结果图表。

提示词:

> 有一组房屋面积和价格的数据,希望使用线性回归分析二者的关系。请生成 Python 代码,要求代码包含以下部分:数据导入与可视化、构建线性回归模型并训练、输出回归方程及模型的性能指标、绘制散点图和回归直线。此外,请确保代码可以直接在 PyCharm 中运行。房屋面积和价格数据如表 5-1 所示。

表 5-1 房屋面积和价格数据

AREA(面积)	PRICE(价格)
50	80
60	100
70	120
80	150
90	170
100	200

【解】 大模型生成线性回归分析的代码如下。

```
#导入必要的库
import numpy as np
import pandas as pd
import matplotlib.pyplot as plt
from sklearn.linear_model import LinearRegression
from sklearn.metrics import mean_squared_error, r2_score
```

```
#数据定义
data = {
    'AREA': [50, 60, 70, 80, 90, 100],
    'PRICE': [80, 100, 120, 150, 170, 200]
}

#将数据转换为 DataFrame
df = pd.DataFrame(data)

#数据可视化(散点图)
plt.scatter(df['AREA'], df['PRICE'], color='blue', label='Data Points')
plt.xlabel('Area(sqm)')
plt.ylabel('Price(10,000 Yuan)')
plt.title('Scatter Plot of Area vs Price')
plt.legend()
plt.show()

#提取特征变量和目标变量
X = df[['AREA']].values          #特征变量,需要为二维数组
y = df['PRICE'].values           #目标变量

#构建线性回归模型
model = LinearRegression()
model.fit(X, y)

#预测结果
y_pred = model.predict(X)

#回归方程和性能指标
print(f"回归方程: y = {model.intercept_:.2f} + {model.coef_[0]:.2f} * x")
print(f"均方误差 (MSE): {mean_squared_error(y, y_pred):.2f}")
print(f"R^2: {r2_score(y, y_pred):.2f}")

#绘制散点图和回归直线
plt.scatter(df['AREA'], df['PRICE'], color='blue', label='Data Points')
plt.plot(df['AREA'], y_pred, color='red', label='Regression Line')
plt.xlabel('Area(sqm)')
plt.ylabel('Price(10,000 Yuan)')
plt.title('Linear Regression Analysis')
plt.legend()
plt.show()
```

上述代码实现了一个线性回归算法,分析了房屋面积(AREA)与房屋价格(PRICE)之间的关系。首先,数据被存储在字典中并转换为 DataFrame 格式。使用 plt.scatter 方法绘制散点图,展示房屋面积与价格之间的关系。然后,提取特征变量(房屋面积)和目标变量(房屋价格),并使用线性回归(LinearRegression)模型进行训练。训练后,模型输出回归方程(y=截距+系数×自变量)以及均方误差(MSE)和 R^2 值,评估模型拟合效果。

最后,该代码还绘制了线性回归直线的散点图。代码中设置了回归直线用红色表示,显

示了面积与价格之间的线性关系。在 PyCharm 运行程序代码后，输出界面如图 5-22 所示。

```
回归方程: y = -43.33 + 2.40 * x
均方误差 (MSE): 8.89
R^2: 0.99
```

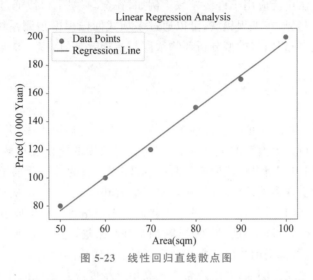

图 5-22　线性回归的输出界面

生成的线性回归直线散点图如图 5-23 所示。

图 5-23　线性回归直线散点图

图 5-5 中的散点大致沿直线分布，说明面积和价格之间有线性关系。如果回归直线能紧密贴合数据点，说明模型拟合效果好，预测较准确。图例和横纵轴分别解析如下。

(1) Data Points：散点图中的数据点，代表每个房屋的面积(横轴)和对应的价格(纵轴)。这些点通过蓝色显示。

(2) Regression Line：回归直线，表示通过线性回归模型拟合得出的最佳预测直线，用红色表示。它展示了房屋面积和价格之间的线性关系。

(3) Area(sqm)：横轴标签，表示房屋的面积，单位是平方米(sqm)。

(4) Price(10 000 Yuan)：纵轴标签，表示房屋的价格，单位是“万元”(10 000 元)。

5.4.3　多项式回归的概念

多项式回归是线性回归的一种扩展，旨在通过拟合复杂的非线性关系来提高模型的预测能力。与线性回归不同，多项式回归不仅考虑自变量的线性关系，还引入了自变量的高次幂，以捕捉数据中的非线性趋势。多项式回归适用于一些实际场景，例如，当数据表现出弯曲或波动时，线性回归可能无法有效地拟合，而多项式回归则能提供更好的拟合效果。

对于简单的二次多项式回归模型，其数学形式为：

$$y=\beta_0+\beta_1 x+\beta_2 x^2$$

对于更高阶的多项式回归，模型扩展为：

$$y=\beta_0+\beta_1 x+\beta_2 x^2+\beta_3 x^3+\cdots+\beta_n x^n$$

其中,y 是因变量,x 是自变量,β_0 是截距,β_1,β_2,$\cdots$,β_n 是模型的系数。

多项式回归的目标是找到最佳的系数组合,使得拟合曲线尽可能准确地反映数据之间的关系。通常优化方法是最小化均方误差(MSE)。

$$\text{MSE} = \frac{1}{n}\sum_{i=1}^{n}(y_i - \hat{y}_i)^2$$

其中,y_i 是第 i 个数据点的实际值,$\hat{y}_i$ 是第 i 个数据点的预测值,n 是数据点的总数。

多项式回归方法广泛应用于许多领域。例如,在金融领域,可以通过多项式回归模型预测股票价格的变化趋势;在工程领域,可以通过多项式回归模型预测系统的性能曲线;在医学领域,可以通过多项式回归模型分析药物浓度与治疗效果的关系,等等。

5.4.4　多项式回归算法实现

多项式回归是一种用于拟合非线性关系的强大工具。通过大模型,用户可以实现多项式回归的建模与分析。大模型的优势在于,它能够将烦琐的建模过程转化为直观的对话形式,帮助用户理解如何应用多项式回归,即使没有编程经验的学习者也能快速上手。

在使用大模型实现多项式回归时,用户只需要提供描述性语言,例如"使用面积和房价的数据进行多项式回归分析",同时提供一组数据。大模型将自动生成多项式回归分析所需的代码,包括数据导入、特征扩展、模型构建、训练和结果输出这一系列完整流程。

此外,大模型可以根据用户的需求调整多项式回归的阶数(例如选择二次、三次等),并提供进一步的优化建议。例如,若用户希望提高拟合精度或避免过拟合,大模型会给出相应的建议,帮助用户调整模型配置。

【例题 5-13】　利用大模型实现多项式回归分析并生成结果图表。

提示词:

> 有一组房屋面积和价格的数据,希望使用多项式回归分析二者的关系。请生成Python 代码,要求代码包含以下部分:数据导入与散点图可视化、构建多项式回归模型并进行训练、输出回归方程和模型性能指标和绘制多项式回归结果图。此外,请确保代码可以直接在 PyCharm 中运行并生成多项式回归散点图。房屋面积与价格数据如下:
>
> | AREA(面积) | PRICE(价格) |
> | --- | --- |
> | 50 | 80 |
> | 60 | 100 |
> | 70 | 120 |
> | 80 | 150 |
> | 90 | 170 |
> | 100 | 200 |
> | 110 | 260 |
> | 120 | 350 |

【解】　大模型生成多项式回归分析的代码如下。

```
import pandas as pd
import matplotlib
matplotlib.use('Agg')                              #使用非交互式后端
import matplotlib.pyplot as plt
from sklearn.preprocessing import PolynomialFeatures
from sklearn.linear_model import LinearRegression
from sklearn.model_selection import train_test_split
from sklearn.metrics import mean_squared_error, r2_score

#1. 数据导入
data = {
    'AREA': [50, 60, 70, 80, 90, 100, 110, 120],
    'PRICE': [80, 100, 120, 150, 170, 200, 260, 350]
}
df = pd.DataFrame(data)

#2. 数据可视化(散点图)
plt.scatter(df['AREA'], df['PRICE'], color='blue')
plt.title('Scatter Plot of Area vs Price')
plt.xlabel('Area(m²)')
plt.ylabel('Price(thousands)')

#3. 特征扩展:多项式回归(选择二次多项式)
X = df[['AREA']].values                            #自变量(面积)
y = df['PRICE'].values                             #因变量(价格)
poly = PolynomialFeatures(degree=2)                #使用二阶多项式
X_poly = poly.fit_transform(X)

#4. 模型构建与训练
model = LinearRegression()
model.fit(X_poly, y)

#5. 预测
y_pred = model.predict(X_poly)

#6. 结果输出:评估模型
mse = mean_squared_error(y, y_pred)                #均方误差
r2 = r2_score(y, y_pred)                           #决定系数 (R²)

#输出多项式回归方程、MSE 和 R²
print("多项式回归方程:")
print(f"y = {model.intercept_:.2f} + {model.coef_[1]:.2f} * x + {model.coef_
[2]:.2f} * x²")
print(f"均方误差(MSE): {mse:.2f}")
print(f"决定系数(R²): {r2:.2f}")
```

```
#7. 可视化:多项式回归结果图
plt.scatter(X, y, color='blue', label='Actual data')
plt.plot(X, y_pred, color='red', label='Polynomial fit')
plt.title('Polynomial Regression: Area vs Price')
plt.xlabel('Area(m²)')
plt.ylabel('Price(thousands)')
plt.legend()
plt.savefig('polynomial_regression_result.pdf')
```

上述代码实现了一个二次多项式回归算法,分析了房屋面积(Area)与房屋价格(Price)之间的关系。首先,数据被存储在字典中,并转换为 DataFrame 格式。使用 plt.scatter 方法绘制散点图,展示面积与价格之间的关系。接着,提取特征变量(面积)和目标变量(价格),并使用 PolynomialFeatures(degree=2) 对特征变量进行二次多项式变换。这是因为面积与价格之间的关系可能不是简单的线性关系,而是具有曲线特征,因此需要引入多项式特征来拟合更复杂的关系。然后,使用 LinearRegression 模型进行训练。训练后,模型输出回归方程(包含截距和多项式各项的系数)以及模型的性能指标,包括均方误差(MSE)和决定系数(R^2 值)。MSE 衡量的是模型的预测误差,R^2 值衡量模型对数据变化的解释能力。

最后,该代码还使用 plt.plot 方法绘制了多项式回归曲线的散点图。回归曲线用红色表示,展示了面积与价格之间的二次多项式回归关系。在 PyCharm 运行程序代码后,输出界面如图 5-24 所示。

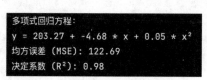

图 5-24　多项式回归的输出界面

生成的多项式回归曲线的散点图如图 5-25 所示。

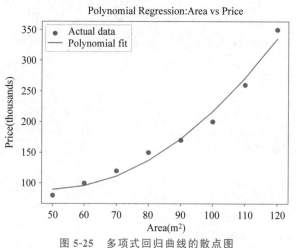

图 5-25　多项式回归曲线的散点图

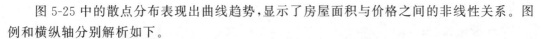

图 5-25 中的散点分布表现出曲线趋势,显示了房屋面积与价格之间的非线性关系。图例和横纵轴分别解析如下。

(1) Actual data:散点图中的蓝色数据点代表每个房屋面积(横轴)和相应的房屋价格(纵轴)。这些数据点展示了面积和价格之间的实际关系,呈现出较明显的曲线趋势。

(2) Polynomial fit:回归曲线(红色),表示通过多项式回归模型拟合得出的预测结果。红色曲线紧贴数据点,表明多项式回归模型能准确反映面积与价格的对应关系,特别是在面积变化范围较大时,回归曲线的表现更加稳定。

(3) Area(m^2):横轴标签,表示房屋面积,单位为平方米(m^2)。面积是模型的特征变量,是影响房屋价格的重要因素。

(4) Price(Thousands):纵轴标签,表示房屋价格,单位为千元(Thousands)。价格是模型的目标变量,受到房屋面积变化的直接影响。

回归分析是一种强大的统计工具,能够帮助人们理解变量之间的关系并进行预测。除了本节讲述的线性回归和多项式回归外,其他如 Ridge 回归、Lasso 回归和支持向量回归等方法都可以用于不同的回归分析场景,读者可以尝试通过大模型来学习不同场景的回归分析方法。

5.5　聚类分析

聚类分析是将数据集中的对象划分为若干簇或组的过程,使得同一簇内的对象相似度较高,不同簇之间的对象相似度较低。利用大模型进行聚类分析时,可以处理高维数据和非线性数据,提高聚类的效果和准确性。本节介绍如何使用大模型帮助实现聚类任务。无论是初学者还是数据分析师,都可以通过这种方式掌握聚类分析的基本概念和方法。

5.5.1　K-Means 聚类分析

K-Means 聚类算法是一种常用的机器学习方法,用于将数据集划分为多个簇(clusters)。其基本思想是将数据点分配到离其最近的簇中心,从而使得每个簇内部的数据点尽可能相似,而不同簇之间的数据点尽可能不同。K-Means 算法的核心流程包括确定簇数量、初始化簇中心、分配数据点到最近的簇中心、更新簇的中心点,直到簇中心不再发生变化或达到设定的最大迭代次数。总之,K-Means 算法将数据分成 K 个簇,每个簇中的数据非常相似,而不同簇的数据差异较大。这一过程简单且高效,适用于很多数据分析和分类场景。

K-Means 聚类算法有以下主要步骤。

(1) 初始化(initialization)。

算法开始时,首先需要确定簇的数量 K,这是一个超参数,需要提前设定。K 可以是根据实际问题或经验预先决定的簇数。然后,K-Means 算法随机选择 K 个数据点作为簇的初始中心,这些初始的中心点将作为各个簇的代表。

目标:选择 K 个初始中心点。

方法：随机选取数据中的 K 个点。

（2）分配（assignment）。

初始化后，每个数据点都需要被分配到离它最近的簇中心。具体来说，K-Means 算法会计算每个数据点与所有 K 个簇中心的距离（通常使用欧几里得距离）。然后，每个数据点都会被分配到距离它最近的簇中心所属的簇。

目标：将所有数据点分配到距离最近的簇中心。

方法：对于每个数据点，计算它与所有簇中心的距离，选择距离最小的簇中心。

（3）更新（update）。

在每一轮分配后，K-Means 算法会根据当前簇中所有数据点的位置，重新计算每个簇的中心点。新中心点是簇中所有数据点的均值（即所有数据点的坐标的平均值）。每个簇的中心点位置会发生变化。

目标：根据当前簇中的所有数据点计算新的簇中心。

方法：对每个簇，计算簇内所有数据点的平均值，作为新的簇中心。

（4）迭代（Iteration）。

分配和更新步骤会不断重复进行。每次更新簇中心后，数据点的分配可能会发生变化，因为簇中心的位置发生了变化。簇中心需要重新计算。这一过程会持续进行，直到满足停止条件为止，通常停止条件是以下两种情况之一：第一，簇中心的位置不再变化，或者变化非常小；第二，达到了预设的最大迭代次数。一旦停止条件满足，算法停止执行，最终得到 K 个簇。

通过这一系列步骤，K-Means 算法能够将数据有效地分成 K 个簇，每个簇内的数据点尽可能相似，不同簇之间的差异尽可能大。这个过程通常很高效，特别是对于大规模数据集，是一种非常流行的聚类算法。

K-Means 聚类分析是一种将数据分成若干个类别的方法。为了有效地使用 K-Means 算法，数据集需要满足以下基本条件。

- 数据应是数值型。K-Means 聚类分析需要计算数据点之间的距离（通常使用欧氏距离），而这种计算要求数据是数值的。例如，如果数据中包含文本或类别信息，需要先将其转换为数值形式。

- K-Means 聚类分析的前提是数据有明显分类或分组情况。如果数据之间没有明显的分组规律，K-Means 算法就会难以准确地把数据分到正确的组内。例如，想象有苹果、橙子和香蕉，如果它们的颜色和形状明显不同，K-Means 能将它们轻松分成三组（苹果、橙子、香蕉）。但如果它们看起来很相似，K-Means 可能无法将其正确分组，甚至把所有水果分到同一组，或者分成不合适的几组。

5.5.2　K-Means 聚类算法实现

大模型可以帮助用户自动化和简化多个步骤，提升分析效率。通过与大模型交互，用户可以对数据集实现 K-Means 聚类分析。大模型能够提供关于数据预处理、簇数选择、算法参数调整等方面的建议，帮助用户理解优化聚类过程。

　　此外,大模型可以帮助自动化聚类结果的解读和可视化工作,使得分析人员能够直观地理解各簇的特点和数据分布。在实际操作中,大模型可以自动完成数据导入、模型训练、结果输出等工作,从而使得 K-Means 聚类分析更加高效。

【例题 5-14】　使用大模型完成 K-Means 聚类分析。

　　问题描述:需要使用 K-Means 聚类算法对一组用户基本信息的数据集进行分析,确定最佳聚类数量,并展示聚类后的结果。以下是数据集的一部分:

用户编号	年龄段	性别	月收入(元)	居住城市	消费偏好
1	青年	男性	16000	北京	教育
2	中年	女性	4200	北京	教育
3	老年	男性	4800	北京	旅游
4	青年	女性	18000	上海	教育
5	中年	男性	4500	上海	教育
6	老年	女性	4000	上海	旅游
7	青年	男性	7000	广州	旅游
8	中年	女性	9000	广州	美食
9	老年	男性	6500	广州	美食
10	青年	女性	17000	深圳	旅游
11	中年	男性	12000	深圳	教育
12	老年	女性	7800	深圳	教育
13	青年	男性	19000	北京	教育
14	中年	女性	8200	上海	旅游
15	老年	男性	6800	广州	美食
16	青年	女性	20000	深圳	旅游
17	中年	男性	11000	北京	教育
18	老年	女性	7200	上海	旅游
19	青年	男性	15500	北京	教育
20	青年	女性	17500	上海	旅游

使用 K-Means 算法对这些数据进行聚类,并且实现以下任务:

(1) 确定最佳聚类数(即 K 值);

(2) 输出聚类后的数据表格;

(3) 绘制年龄与收入的聚类散点图。

请使用大模型完成聚类分析。

【解】　提示词:

　　请使用 K-Means 聚类算法分析以下数据集,确定最佳的 K 值,并对数据进行聚类。聚类后输出数据表格,并绘制年龄与收入的散点图。使用不同的标识区分不同的聚类。

　　数据集:

用户编号	年龄段	性别	月收入(元)	居住城市	消费偏好
1	青年	男性	16000	北京	教育
2	中年	女性	4200	北京	教育
3	老年	男性	4800	北京	旅游
4	青年	女性	18000	上海	教育
5	中年	男性	4500	上海	教育
6	老年	女性	4000	上海	旅游
7	青年	男性	7000	广州	旅游
8	中年	女性	9000	广州	美食
9	老年	男性	6500	广州	美食
10	青年	女性	17000	深圳	旅游
11	中年	男性	12000	深圳	教育
12	老年	女性	7800	深圳	教育
13	青年	男性	19000	北京	教育
14	中年	女性	8200	上海	旅游
15	老年	男性	6800	广州	美食
16	青年	女性	20000	深圳	旅游
17	中年	男性	11000	北京	教育
18	老年	女性	7200	上海	旅游
19	青年	男性	15500	北京	教育
20	青年	女性	17500	上海	旅游

大模型生成的 K-Means 聚类算法程序代码及其解释如下。

```
import pandas as pd
import numpy as np
import matplotlib
matplotlib.use('Agg')                                          #使用非交互式后端
import matplotlib.pyplot as plt
from sklearn.cluster import KMeans
from sklearn.preprocessing import StandardScaler

#创建数据集
data = {
    '用户编号': [1, 2, 3, 4, 5, 6, 7, 8, 9, 10, 11, 12, 13, 14, 15, 16, 17, 18, 19, 20],
    '年龄段': ['青年', '中年', '老年', '青年', '中年', '老年', '青年', '中年', '老年',
'青年', '中年', '老年', '青年', '中年', '老年', '青年', '中年', '老年', '青年', '青年'],
    '性别': ['男性', '女性', '男性', '女性', '男性', '女性', '男性', '女性', '男性',
'女性', '男性', '女性', '男性', '女性', '男性', '女性', '男性', '女性', '男性', '女性'],
    '月收入(元)': [16000, 4200, 4800, 18000, 4500, 4000, 7000, 9000, 6500, 17000,
12000, 7800, 19000, 8200, 6800, 20000, 11000, 7200, 15500, 17500],
    '居住城市': ['北京', '北京', '北京', '上海', '上海', '上海', '广州', '广州', '广州',
'深圳', '深圳', '深圳', '北京', '上海', '广州', '深圳', '北京', '上海', '北京', '上海'],
```

```
    '消费偏好': ['教育', '教育', '旅游', '教育', '教育', '旅游', '旅游', '美食', '美食',
'旅游', '教育', '教育', '教育', '旅游', '美食', '旅游', '教育', '旅游', '教育', '旅游']
}
df = pd.DataFrame(data)

#选择需要聚类的特征:年龄段和月收入
df['年龄段'] = df['年龄段'].map({'青年': 1, '中年': 2, '老年': 3})
                                                    #将年龄段转换为数字
features = df[['年龄段', '月收入(元)']]

#数据标准化
scaler = StandardScaler()
features_scaled = scaler.fit_transform(features)

#使用肘部法则确定最佳的 K 值
inertia = []
for k in range(1, 11):
    kmeans = KMeans(n_clusters=k, random_state=42)
    kmeans.fit(features_scaled)
    inertia.append(kmeans.inertia_)

#绘制肘部法则图
plt.figure(figsize=(8, 6))
plt.plot(range(1, 11), inertia, marker='o')
plt.title('肘部法则:选择最佳 K 值')
plt.xlabel('K 值')
plt.ylabel('聚类内误差平方和')

#保存为 PDF 文件
plt.savefig('elbow_method.pdf', format='pdf')
plt.close()

#选择最佳 K 值(假设从肘部法则图中选择 K=3)
kmeans = KMeans(n_clusters=3, random_state=42)
df['聚类标签'] = kmeans.fit_predict(features_scaled)

#输出聚类后的数据表格
print(df[['用户编号', '年龄段', '月收入(元)', '聚类标签']])

#绘制聚类散点图
plt.figure(figsize=(8, 6))
plt.scatter(df['年龄段'], df['月收入(元)'], c=df['聚类标签'], cmap='viridis',
marker='o')
plt.title('K-Means Clustering: Scatter Plot of Age and Income')  #标题
plt.xlabel('Age Group')                                         #英文 x 轴标签
plt.ylabel('Monthly Income (Yuan)')                             #y 轴标签
plt.colorbar(label='Cluster Label')                             #颜色条标签

#保存为 PDF 文件
plt.savefig('kmeans_scatter_plot.pdf', format='pdf')
plt.close()
```

代码解释：

（1）数据标准化：数据标准化是为了消除不同特征之间的数值差异。因为不同的数据有不同的数值范围，这会影响模型的效果。通过使用 StandardScaler 工具，可以将数据转换成统一的尺度，让每个特征的数值更具可比性，从而提高模型的表现。

（2）肘部法则：通过绘制肘部法则图选择最佳的聚类数 K。肘部法则显示聚类内误差平方和（Inertia）随着 K 值的变化情况，K 值的拐点通常为最佳聚类数。

（3）K-Means 聚类：选择 $K=3$（根据肘部法则图）进行 K-Means 聚类，并将聚类标签添加到数据表中。

（4）输出结果：输出包含聚类标签的数据表格，并绘制年龄与月收入的散点图，其中不同颜色表示不同的聚类。

大模型预测的输出结果如下。

（1）最佳聚类数：假设从肘部法则图中选择 $K=3$。

（2）聚类后的数据表格如表 5-2 所示。

表 5-2　聚类后的数据表

用户编号	年龄段	性别偏好	月收入（元）	居住城市	主要消费来源	聚类标签
1	1	男性	16000	北京	教育	0
2	2	女性	4200	北京	教育	2
3	3	男性	4800	北京	旅游	2
4	1	女性	18000	上海	教育	0
5	2	男性	4500	上海	教育	2
6	3	女性	4000	上海	旅游	2
7	1	男性	7000	广州	旅游	1
8	2	女性	9000	广州	美食	1
9	3	男性	6500	广州	美食	1
10	1	女性	17000	深圳	旅游	0
11	2	男性	12000	深圳	教育	1
12	3	女性	7800	深圳	教育	2
13	1	男性	19000	北京	教育	0
14	2	女性	8200	上海	旅游	2
15	3	男性	6800	广州	美食	1
16	1	女性	20000	深圳	旅游	0
17	2	男性	11000	北京	教育	1
18	3	女性	7200	上海	旅游	2
19	1	男性	15500	北京	教育	0
20	1	女性	17500	上海	旅游	0

表 5-2 中,年龄段被转换为了数值数据,如 1-青年、2-中年、3-老年。

因为 $K=3$,所以 K-Means 算法将数据划分为 3 个簇,并给每个簇分配一个聚类标签(0、1、2)。

标签 0 的簇(如用户编号为 1,4,10,13,16,19,20 的用户)可能集中在某些特定的年龄段和收入水平,可能代表高收入群体。

标签 1 的簇(如用户编号为 7,8,9,11,15,17)代表了另一个收入和年龄段的组合,可能代表中等收入群体。

标签 2 的簇(如用户编号为 2,3,5,6,12,14,18)则代表了第三类聚类结果,可能代表低收入群体。

聚类散点图显示了不同聚类标签(颜色)对应的年龄段与月收入的散点图,如图 5-26 所示。

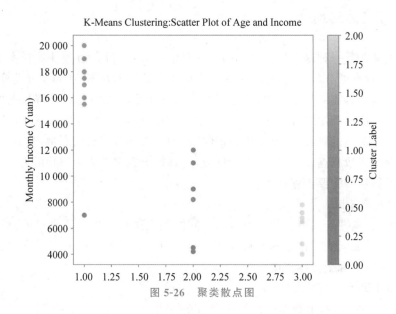

彩图

图 5-26 聚类散点图

图 5-26 展示了基于 K-Means 算法的聚类结果,横轴为"年龄段",纵轴为"月收入(元)",颜色表示不同的聚类标签。以下是对图 5-26 中信息的具体分析。

(1) 横轴(年龄段):横轴上的取值范围是 1~3,分别对应"青年(1)""中年(2)""老年(3)"三个年龄段。年龄段数据经过数值化处理,因此这里的点在横轴上的分布是离散的。

(2) Monthly Income(月收入):纵轴显示的是月收入(元),范围大致在 4000~20 000元。数据在纵轴上的分布反映了不同的收入水平。

(3) Cluster Label(聚类标签):图中的点通过不同的颜色(如绿色、紫色、黄色)表示不同的聚类簇。

通过上述例题,大模型作聚类分析生成了三个清晰的群体:高收入群体、中等收入群体和低收入群体。这一分析结果展现了数据聚类的强大应用潜力,为商业和社会领域的决策提供了重要的参考依据。

在营销策略方面,聚类结果帮助用户明确了目标人群的特征。例如,高收入青年群体的购买力更强,适合向其推广高端产品,而中等收入的中年群体则更关注性价比高的商品或服务。此外,低收入的中老年人群可能更需要经济实惠的解决方案,通过数据驱动的营销策略可以显著提升产品的市场匹配度和投放效率。

在政策制定领域,聚类结果为公共资源的合理分配提供了依据。例如,针对低收入的中老年群体,政府可以设计精准的经济补贴政策,帮助他们提高生活质量。对于高收入群体,政策可以倾向于鼓励创新消费,以推动经济增长。同时,用户画像分析的深入应用,可以帮助企业更好地理解各类人群的行为特征,进一步细化产品设计、改善用户体验,甚至预测市场趋势。

总之,结合 K-Means 算法与大模型的强大自然语言处理能力,数据分析不再局限于简单的结果展示,而是能够更直观、更智能地应用到实际场景中,从而为商业发展和社会治理提供切实可行的指导。

5.5.3　层次聚类分析

层次聚类算法是一种基于层次结构的无监督学习方法,旨在通过计算样本之间的相似性,将数据逐步聚合或分裂,从而形成一棵树形的聚类结构。与 K-Means 聚类算法不同,层次聚类无须提前指定簇的数量,而是通过可视化的方式帮助人们直观了解数据的内部结构和分布特征。层次聚类主要分为两种方法,即自底向上(合并)和自顶向下(分裂)。前者从每个数据点作为单独的簇开始,逐步将相似的簇合并,直到所有数据点被归为一个簇。后者从一个簇包含所有数据点开始,逐步将簇拆分,直到每个数据点成为单独的簇。

层次聚类算法的主要步骤如下。

(1)计算距离矩阵。

算法开始时,需要计算所有数据点两两之间的距离或相似性。距离矩阵是一个对称的二维数组,其中的元素表示任意两个数据点之间的距离。常见的距离度量方法包括欧几里得距离、曼哈顿距离和余弦相似度。

(2)初始化聚类。

自底向上方法:将每个数据点作为一个独立的簇。

自顶向下方法:将所有数据点作为一个整体簇。

(3)合并或分裂簇。

自底向上方法:找到当前距离最近的两个簇,并将它们合并成一个新簇。

自顶向下方法:找到最不相似的簇,并将其分裂为两个子簇。

(4)更新距离矩阵。

每次合并或分裂簇后,需要更新距离矩阵,以反映当前簇的相似性。

(5)构建树形图。

将每一步的合并或分裂记录下来,最终形成一个树形结构。数据点之间的相似性越高,它们在树形图中的分支越接近。

(6)选择最终的簇数量。

通过观察树形图,找到一个合理的切割点,以决定最终的簇数量。

适合层次聚类分析的数据集有以下几类。

(1)小规模数据集:由于计算复杂度较高,层次聚类更适合数据点数量较少的场景。

（2）需要分析数据的层次结构：如果数据具有层次分组特征（如家谱、生态系统分类等），层次聚类能够很好地揭示数据点之间的关系。

（3）无须事先确定簇的数量：对于无法提前确定簇数量的场景，层次聚类提供了灵活性和直观性。

5.5.4　层次聚类算法实现

大模型的优势在于其能够自动化处理数据分析的多个步骤，从而提高工作效率。通过与大模型的交互，用户可以对数据集实施层次聚类分析，而不必深入掌握烦琐的算法细节。

大模型不仅能在数据预处理、簇合并或分裂、距离度量选择等方面提供建议，还能够帮助用户调整分析中的关键参数，从而优化聚类效果。此外，大模型还具备自动化解读和可视化层次聚类结果的功能，用户能够清晰地理解不同层次的聚类结构及其内在规律。

通过大模型的帮助，层次聚类分析将变得更加高效和直观，用户可以专注于数据的深层次洞察，而无须过多关注底层算法的实现细节。

【例题 5-15】　使用大模型进行层次聚类分析。

问题描述：假设有以下客户数据集，它包含客户的年龄、月收入、消费频率和信用评分。需要使用层次聚类算法对这些客户进行分析，找出不同客户群体的特征。通过大模型的帮助，可以生成代码和可视化结果。以下是数据集的一部分：

客户 ID	年龄（岁）	月收入（元）	消费频率（次/月）	信用评分（0~100）
1	25	5000	10	75
2	30	7000	15	80
3	45	10000	5	90
4	50	12000	8	85
5	22	4000	12	70
6	35	8000	20	88
7	40	15000	4	92
8	55	20000	2	95
9	28	6000	14	78
10	32	7500	18	82

【解】　提示词：

有一个客户数据集，包含客户的年龄、月收入、消费频率和信用评分。请使用层次聚类算法对这些数据进行分析，生成相应的 Python 代码和树形图。

数据集如下：

客户 ID	年龄（岁）	月收入（元）	消费频率（次/月）	信用评分（0~100）
1	25	5000	10	75
2	30	7000	15	80
3	45	10000	5	90
4	50	12000	8	85

5	22	4000	12	70
6	35	8000	20	88
7	40	15000	4	92
8	55	20000	2	95
9	28	6000	14	78
10	32	7500	18	82

大模型生成的层次聚类算法程序代码及其解释如下：

```
import numpy as np
import pandas as pd
import matplotlib
matplotlib.use('Agg')                                    #使用非交互式后端
import matplotlib.pyplot as plt
from scipy.cluster.hierarchy import dendrogram, linkage
from sklearn.preprocessing import StandardScaler

#客户数据集
data = {
    '客户ID': [1, 2, 3, 4, 5, 6, 7, 8, 9, 10],
    '年龄(岁)': [25, 30, 45, 50, 22, 35, 40, 55, 28, 32],
    '月收入(元)': [5000, 7000, 10000, 12000, 4000, 8000, 15000, 20000, 6000, 7500],
    '消费频率(次/月)': [10, 15, 5, 8, 12, 20, 4, 2, 14, 18],
    '信用评分(0-100)': [75, 80, 90, 85, 70, 88, 92, 95, 78, 82]
}

#将数据转换为DataFrame
df = pd.DataFrame(data)

#提取数值特征(不包括客户ID)
features = df[['年龄(岁)', '月收入(元)', '消费频率(次/月)', '信用评分(0-100)']]

#标准化数据
scaler = StandardScaler()
features_scaled = scaler.fit_transform(features)

#使用层次聚类算法(自底向上)
linked = linkage(features_scaled, method='ward')

#创建并保存树形图
plt.figure(figsize=(10, 7))
dendrogram(linked, labels=df['客户ID'].values, orientation='top')
plt.title("Hierarchical Clustering Dendrogram")          #标题
plt.xlabel("Customer ID")                                #x轴标签
plt.ylabel("Distance")                                   #y轴标签

#将树形图输出为PDF文件
plt.savefig("hierarchical_clustering_dendrogram.pdf")
```

代码解释：这段代码实现了对一个客户数据集的层次聚类分析，并生成了聚类结果的树形图。代码中的层次聚类过程是自底向上的合并方法，这意味着从每个客户（单独的簇）开始，然后逐步将相似的客户簇合并，直到所有客户都被合并成一个大簇。具体步骤如下。

（1）将客户数据转换为表格。

代码定义了一个字典，包含了 10 个客户的基本信息，如客户 ID、年龄、月收入、消费频率和信用评分等。这些数据被转换为表格格式（DataFrame），方便后续操作。

（2）数据转换。

将字典转换为一个 DataFrame，这是 pandas 中的一个数据结构，方便处理和分析。

（3）选择数值特征。

从 DataFrame 中提取了 4 个与聚类相关的数值特征：年龄、月收入、消费频率和信用评分。这些特征决定了客户之间的相似性。

（4）数据标准化。

由于不同的特征（如年龄、月收入）的数值范围差异很大（如月收入的范围可能是几千到几万元，而年龄的范围只有几十），这些特征需要被标准化。标准化的目的是将所有特征的数值转化为均值为 0，标准差为 1 的形式。这样可以避免某一特征（如月收入）对聚类过程的影响过大。

（5）层次聚类（自底向上合并过程）。

初始时，每个客户（数据点）被视为一个独立的簇。然后，计算每对簇之间的距离。这里的距离并不是简单的欧氏距离，而是基于每对簇内部方差的合并。在每一步，选择距离最近的两个簇（即方差最小的簇对）合并成一个新的簇。聚合的过程持续进行，直到所有数据点都合并为一个簇，形成一个树形图。

通过 ward 方法，算法计算出在每个合并步骤中簇之间的距离，这些距离反映了簇合并的"成本"。在树形图中，这些合并的步骤会表现为不同的"分支"高度。高度越大，表示这两个簇的合并需要的距离越大。

（6）树形图绘制。

根据聚类结果，使用 dendrogram 函数绘制树形图。树形图显示了不同客户之间的相似度，并帮助用户理解如何根据客户的特征进行聚类。

运行这段代码后，生成的树形图是层次聚类的可视化结果，显示了每个客户之间的相似性以及聚类过程中的合并步骤，如图 5-27 所示。

层次聚类树形图（Hierarchical Clustering Dendrogram）中的横纵轴解析如下。

（1）Customer ID：客户 ID 横轴标记了每个客户的 ID（1～10）。每个客户在树形图中的位置代表它在聚类中的原始位置。

（2）Distance：距离纵轴代表了不同簇之间的距离或相似度。距离越小，意味着两个簇越相似，合并的代价越小；距离越大，则代表两个簇差异较大，合并所需的代价较高。树形图的高度越高，表示这两个簇的合并"代价"越大，通常意味着它们的相似度较低。

起初每个客户是一个独立的簇（在树形图的底部）。随着聚类的进行，这些簇会根据相似度逐渐合并，形成更大的簇（在树形图的上部）。聚类过程中，会出现"分支"的现象，分支的长度反映了两个簇之间的差异。短分支代表合并的客户簇比较相似，长分支则表示这些簇之间的差异较大。

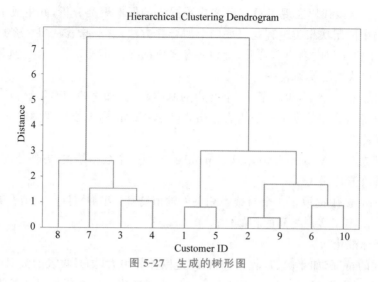

图 5-27　生成的树形图

通过树形图,用户可以直观地看到哪些客户属于相似的群体(即被合并的簇),以及这些群体之间的差异有多大。从图 5-27 可见,客户 ID 1 和客户 ID 5 的分支位置靠近底部,说明这两个客户在特征(如年龄、月收入等)上非常相似,属于同一小群体。客户 ID 1 和客户 ID 10 的分支位置稍微高一些,但仍在一个较低的层次,说明它们之间存在一定的相似性,可能在关键特征上接近,但不如客户 ID 1 和客户 ID 5 那样紧密。客户 ID 8 和客户 ID 10 的分支属于树形图的两侧,并且相连的层次较高,说明这两个客户属于完全不同的群体,它们之间的差异较大。

层次聚类分析可以帮助企业通过分析客户的相似性,识别出不同的客户群体,从而为制定个性化的营销策略、优化产品设计以及提高客户服务质量提供数据支持。在例题 5-15 中,客户数据包括年龄、月收入、消费频率和信用评分等多个维度,通过层次聚类算法,可以将具有相似特征的客户分为一组,帮助用户理解不同客户群体的特点和需求。通过生成的树形图,用户能够直观地看到客户之间的相似性和差异。例如,某些客户可能在月收入和信用评分上非常相似,因此可以归为同一簇,这对制定定向营销或客户细分至关重要。通过层次聚类,企业能够更好地理解客户的行为模式,从而在营销活动中实现精准投放,提高客户满意度和忠诚度。因此,层次聚类不仅在数据分析中具有重要价值,也为实际业务决策提供了强有力的支持。

阅读材料：数据分析师

数据分析师(Data Analyst)(如图 5-28 所示)是专门负责数据收集、处理与分析的专业人士。他们运用统计学、数学及计算机技术,从海量数据中挖掘有价值的信息和洞见。通过清洗和整理数据,他们可以确保数据质量;运用各种分析工具和方法,他们可以深入探索数据背后的规律和趋势。数据分析师的工作成果通常以报告或可视化图表的形式呈现,帮助企业和决策者更好地理解业务状况,优化运营策略,做出数据驱动的决策。

图 5-28 数据分析师

本章小结

　　数据分析是对数据进行系统收集、清洗、分析、解释和展示的过程,旨在从数据中发现有用的信息和知识。大模型在数据分析中展现出巨大的应用潜力,不仅降低了数据分析和人工智能的入门门槛,还通过其强大的生成能力,为决策提供了深入洞察和有力支持。数据分析具有数据规模庞大、数据类型多样、数据质量要求高、分析技术复杂以及分析结果具有预测性等特点。数据分析流程通常包括数据收集、数据清洗、数据分析、数据解释和数据展示五个阶段,每个阶段都有其特定的任务和要求,确保了数据分析的准确性和有效性。

　　数据处理是数据分析流程中的核心环节,涉及数据预处理、数据选择、数值操作、数值运算、数据分组和时间序列分析等方法。数据预处理是数据分析前的必要准备,包括缺失值填充、重复值删除和异常值处理等。数据选择则是根据实际需求和分析目标,从数据集中选取特定的记录行或列。数值操作、数值运算和数据分组则是对数据进行进一步的处理和分析,以提取有价值的信息。时间序列分析则专注于处理与时间相关的数据,揭示数据随时间的变化规律。

　　数据可视化是将复杂的数据通过图形、图表等形式直观地展示出来,以便人们更好地理解和分析数据。本章介绍了柱形图、折线图和饼图等常见图表类型及其应用场景。柱形图适合用于比较不同类别的数据,折线图则更擅长展示数据的变化趋势,而饼图则用于展示各部分在总体中所占的比例。通过数据可视化,可以简化数据分析过程,提高分析效率,并促进跨领域的交流与合作。

　　回归分析是一种广泛应用于数据科学和统计学中的技术,旨在研究变量之间的关系,并预测目标变量的值。本章重点介绍了线性回归和多项式回归两种常见方法。线性回归用于自变量和因变量之间的线性关系,而多项式回归则通过引入自变量的高次幂来捕捉复杂的非线性关系。通过大模型,用户可以轻松地实现线性回归和多项式回归的建模与分析,从而揭示变量之间的内在联系和规律。

　　传统的回归分析通常需要通过编程进行模型构建、训练和评估。然而,随着 AI 技术的不断进步,大模型提供了一个高效且直观的方式,帮助用户无须深入编程知识便能进行回归分析。通过简单的对话,用户可以让大模型自动生成回归分析所需的代码,并提供详细的解释和步骤指导,使得回归分析过程变得易于理解和执行。

　　聚类分析是将数据集中的对象划分为若干簇或组的过程,使得同一簇内的对象相似度较高,不同簇之间的对象相似度较低。本章介绍了 K-Means 聚类分析和层次聚类分析两种方法。K-Means 聚类算法简单高效,适用于大规模数据集;而层次聚类算法则通过计算样本之间的相似性,形成树形的聚类结构,更适合小规模数据集和需要分析数据层次结构的场景。通过聚类分析,可以发现数据中的潜在模式和关联,为决策提供有力支持。

　　总之,本章通过详细阐述数据分析的核心概念、方法及应用,展示了数据分析在推动现代企业和行业发展中的重要作用。通过实例演示和图表展示,帮助读者掌握相关技能,理解数据分析的魅力和价值。

习题五

1. 数据分析的主要目的是什么?(　　　)

　　A. 收集数据　　　　　　　　　　　　　B. 从数据中发现有用的信息和知识

　　C. 清洗数据　　　　　　　　　　　　　D. 存储数据

2. 在数据分析流程中,哪个环节是对原始数据进行清洗和整理?(　　　)

　　A. 数据收集　　　　B. 数据清洗　　　　C. 数据分析　　　　D. 数据展示

3. 哪个步骤在数据处理中用于处理缺失值?(　　　)

　　A. 数据选择　　　　　　　　　　　　　B. 数值操作

　　C. 数据预处理　　　　　　　　　　　　D. 时间序列分析

4. 下列哪种图表类型最适合用于展示不同类别在总体中所占的比例?(　　　)

　　A. 柱形图　　　　　B. 折线图　　　　　C. 饼图　　　　　D. 散点图

5. 在线性回归模型中,R^2 值代表什么?(　　　)

　　A. 均方误差

　　B. 决定系数,表示模型对数据变化的解释能力

　　C. 残差平方和

　　D. 回归系数

6. 多项式回归与线性回归的主要区别是什么?(　　　)

　　A. 多项式回归可以捕捉非线性关系　　　B. 多项式回归只能用于二维数据

　　C. 多项式回归的计算复杂度更低　　　　D. 多项式回归无法用于预测

7. K-Means 聚类算法中的 K 代表什么?(　　　)

　　A. 簇的数量　　　　　　　　　　　　　B. 数据点的数量

　　C. 初始中心点的数量　　　　　　　　　D. 迭代次数

8. 在 K-Means 聚类分析中,簇中心是如何更新的?(　　　)

　　A. 随机选择　　　　　　　　　　　　　B. 根据当前簇中所有数据点的均值

    C. 根据用户输入　　　　　　　　D. 根据数据点的中位数

9. 层次聚类分析中的自底向上方法是什么？（　　　）

    A. 从每个数据点作为单独的簇开始，逐步合并

    B. 从所有数据点作为一个整体簇开始，逐步分裂

    C. 随机选择簇进行合并或分裂

    D. 根据数据点的密度进行聚类

10. 数据分析师的主要职责是什么？（　　　）

    A. 收集数据　　　　　　　　　　B. 从数据中挖掘有价值的信息和洞见

    C. 存储数据　　　　　　　　　　D. 维护数据库

11. 简述数据分析的定义及其在大模型技术中的重要性。

12. 数据分析主要包括哪些阶段？每个阶段的主要任务是什么？

13. 数据预处理通常包括哪些操作？为什么这些操作在数据分析中至关重要？

14. 在数据处理中，缺失值处理的方法有哪些？

15. 分析数据分组在时间序列分析中的重要性，并说明其常见应用。

16. 设计一个时间序列分析流程，用于预测某地区未来一年的降雨量。

17. 柱形图、折线图和饼图分别适用于展示什么类型的数据？请各举一个应用场景。

18. 探讨数据可视化在提升决策效率方面的作用，并结合具体案例进行分析。

19. 设计一个数据可视化方案，用于展示某公司不同产品线的销售额占比情况。

20. 多项式回归与线性回归相比有哪些优势？

21. 设计一个多项式回归模型，用于分析股票价格与交易量之间的关系。

22. 分析线性回归和多项式回归在实际应用中的适用场景和优缺点。

23. 层次聚类分析与 K-Means 聚类分析的主要区别是什么？

24. 设计一个层次聚类分析流程，用于对市场中的竞争对手进行聚类分析。

25. 论述 K-Means 聚类算法在客户细分中的应用，并举例说明。

26. 论述层次聚类分析在市场细分中的应用，并分析其优势。

27. 设计一种基于深度学习的非线性回归模型，用于解决传统线性回归无法处理的问题。

28. 提出一种基于时间序列分析和机器学习相结合的方法，用于预测股票价格趋势。

29. 设计一种基于图论的数据分析方法，用于揭示复杂网络中的隐藏模式和关联。

30. 提出一种利用大模型进行自动化数据解释的方法，以降低非专业人士理解数据分析结果的门槛。

第6章 大模型行业应用

随着人工智能技术的飞速发展,大模型技术已成为推动各行各业变革的重要力量。本章将探讨大模型在多个行业中的应用前景与实战案例,具体涉及工业、金融、医疗、教育和文化等行业。通过系统阐述大模型在各行业的解决方案,并结合实际案例,帮助读者掌握大模型的应用之道。

6.1 行业大模型

在人工智能领域,行业大模型是一个重要且快速发展的概念。这类模型以通用大模型为基础,结合特定行业的专业知识、专家经验和生产数据,经过专项训练而成。相较于通用大模型,行业大模型能够更精准、更高效地为特定行业提供专业解决方案。

6.1.1 行业大模型的概念

行业大模型是指利用大模型技术,针对特定行业和领域的数据与任务进行训练或优化,形成具备专业知识与能力的大型人工智能模型。这些模型不仅规模庞大,还蕴含着丰富的行业专用知识与能力,能够处理和理解海量的行业特定数据,为各行业提供了高阶的预测分析、决策辅助以及自动服务,提升了行业的智能化水平。

从本质上看,行业大模型是在通用大模型的基础上,紧密结合行业自身的特殊知识和实际需求,经过精心设计与定制,打造出的智能解决方案。这种定制化的智能模型更加贴近行业的实际应用场景,能够更准确地满足行业的特定需求。

随着人工智能技术的持续进步,行业大模型在企业数字化转型和生产力提升的过程中扮演着越来越重要的角色,将成为企业智能化升级的核心驱动力,助力企业在激烈的市场竞争中脱颖而出,实现高效、智能的运营与发展。

构建行业大模型的主要步骤如下。

1. 理解行业需求与语料筹备

在构建行业大模型之初,首要任务是深入剖析特定行业的需求与特性,这涵盖行业的语言使用习惯、知识体系结构、数据类型多样性以及针对特定问题的常规解决方案。然后,需要广泛收集高质量、行业专属的语料资源,着手进行语料治理工作,如数据清洗、格式转换和数据标签化等。

2. 模型微调

基于通用大模型或开源大模型,根据行业的具体需求进行深度定制与优化,这涉及调整模型结构以适应行业特色,优化模型参数以提升性能,以及融入行业特定的数据集进行微调训练,使模型贴近行业实际。目前,行业大模型微调中常采用的算法包括有监督微调算法和参数高效微调算法等。此外,行业机构还可以利用私有语料进行模型微调,或外挂私有数据库以丰富模型的知识库。

3. 模型评测与优化

对微调后的模型进行评估,以验证其是否满足行业场景的应用需求,确保模型的准确性和可靠性。根据评测结果,对模型进行迭代优化,这一般包括调整模型参数、尝试不同的训练策略或引入提示词工程等手段,以不断提升模型的性能和适应性。

6.1.2　行业大模型的特点

行业大模型一般具有以下特点。

1. 专业性

行业大模型是专为特定行业或领域深度定制和优化的,不仅继承了通用大模型的基础能力,还融入了行业独有的知识和经验。这些模型能够精准理解并处理行业内的专业术语、规范及流程,从而能够有效地解决行业特定的问题和任务。

2. 可扩展性

行业大模型具备良好的可扩展性,能够根据需求快速迭代和升级,以适应不断变化的市场环境和业务需求。这种可扩展性使得行业大模型能够应对各种复杂场景和挑战,为行业的数字化转型和智能化升级提供有力支撑。

3. 数据安全与隐私保护

在处理行业数据时,行业大模型高度重视数据的安全性和隐私保护。它们采用了一系列的数据安全措施,如数据加密、访问控制及数据脱敏等,以确保客户数据的安全。同时,行业大模型的应用也严格遵守相关法律法规和行业规范,以确保数据的合规性使用。

6.1.3　行业大模型的应用

行业大模型的应用场景非常广泛,涵盖许多领域,如图 6-1 所示。
以下是一些具体的应用领域和场景。

1. 工业大模型

工业大模型用于创新产品设计、优化生产流程和质量控制、预测性维护等,还可以分析

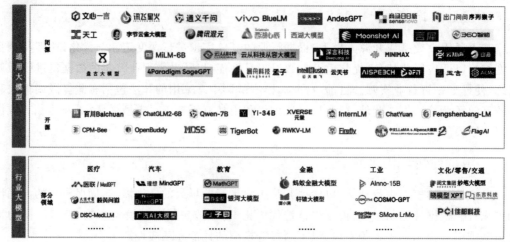

图 6-1　行业大模型的应用领域

市场需求和供应链数据,优化供应链流程,降低物流成本和库存成本。例如,在汽车制造领域,某汽车制造商利用大模型对产品设计、优化和装配进行精确的分析和模拟,从而提高了产品的质量和性能。

2. 金融大模型

金融大模型用于风险评估、欺诈检测、市场分析和预测等,还可以理解客户的问题,自动回答常见问题,提供账户查询、交易办理等服务,从而提升客户的满意度和忠诚度。例如,某券商龙头以"智能投顾助手"为切入点,构建证券领域大模型,精准理解并响应客户的需求,匹配合适的投资组合或基金产品。

3. 医疗大模型

医疗大模型用于药物研发、辅助诊断和患者数据分析等。利用大模型筛选潜在的药物分子,加速药物研发进程。根据患者的个人信息、病历数据以及基因数据等,大模型可以为患者制定个性化的医疗方案。例如,根据患者的基因信息预测其对某些药物的反应,从而选择最合适的治疗药物和剂量。

4. 教育大模型

教育大模型提供个性化学习,辅助教学内容的生成和学习路径的定制等。大模型可以对大量的教育资源进行管理和分类,根据学生的学习需求和兴趣爱好,为学生推荐合适的教育资源,例如课程、教材和学习资料等。

5. 媒体与娱乐大模型

媒体与娱乐大模型用于内容生成、推荐系统和音视频制作等,可以提高媒体内容的生产效率和质量。可以使用大模型生成新闻报道、文章、诗歌和音乐等创意内容。例如,在新闻写作方面,大模型可以根据新闻事件和背景资料自动生成新闻稿件;在电影制作方面,大模型可以预测电影的票房,还能分析观众的喜好,给导演提供创作思路。

综上所述,行业大模型的应用广泛,涵盖工业、金融、医疗、教育、媒体与娱乐等许多领域。随着人工智能技术的不断进步和应用拓展,行业大模型将为各行各业带来更多的创新和变革。

6.2　工业大模型

工业大模型是企业数字化转型和智能化升级的重要引擎,它是大模型技术为赋能工业应用所产生的产业新形态,旨在通过深度学习等技术,对海量工业数据和专业知识进行训练和优化,从而实现对工业生产、运维和管理等各环节的深度理解和精准预测。

6.2.1　工业大模型的概念

工业大模型是专为满足工业领域复杂需求而设计的人工智能模型,其核心目标在于预测并优化工业系统的运行效能。它基于通用大模型的基础,通过针对工业知识的深度训练与微调,同时结合专业小模型在数据、算力、参数等方面的优化升级,最终形成了涵盖通用工业大模型、特定行业大模型以及针对特定场景大模型三大类别。

工业大模型的特征如下。

1. 多维度建模能力

工业大模型能够全面处理工业生产过程中产生的多维度数据,既包括传统的结构化数据,如生产报表、设备参数等,也涵盖非结构化数据,如生产现场的视频、音频记录,以及运维人员的经验描述等。通过这种全方位的数据整合与分析,工业大模型能够准确地捕捉工业系统的运行状态,为后续的决策支持提供坚实的数据基础。

2. 高度集成性

工业大模型将先进的人工智能技术与工业系统紧密融合,实现了从数据采集、处理、分析到决策制定的全流程一体化。这种高度集成不仅提升了工业系统的智能化水平,还提高了数据处理的效率和准确性,使得工业系统能够灵活地应对各种复杂变化。

3. 智能优化

工业大模型具备根据工业系统的实时运行状态和需求,自动调整参数和策略的能力。通过持续的学习和优化,工业大模型能够不断寻找并实现系统的最优运行状态,从而提高生产效率,降低能耗和故障率,为工业企业带来显著的社会效益和经济效益。

6.2.2　工业大模型的技术流程

1. 数据融合与训练

工业大模型首先收集工业领域的大量数据,包括设备运行数据、工艺流程数据和产品质量数据等。然后,通过数据预处理和特征工程,将原始数据转换为模型可以处理的形式。利用深度学习算法对模型进行训练,使其能够自动提取数据中的特征并进行分类、回归等操作。在训练过程中,通过不断调整模型的参数和结构,使模型能够准确地预测工业系统的运行状态和性能。

2. 专家经验融合

工业大模型不仅依赖于数据驱动的训练,还融合了工业领域的专家经验。通过将专家经验转换为规则或知识图谱并嵌入模型,使模型能够准确地理解和预测工业系统的行为。

3. 模型优化与部署

经过训练和优化后的工业大模型,可以在实际工业场景中进行部署和应用。在部署过程中,需要根据具体场景和需求,对模型进行微调和优化,以提高模型的适应性和准确性。通过持续监控和评估模型的表现,可以及时发现并解决问题,确保模型的稳定性和可靠性。

总之,工业大模型主要基于深度学习和大模型技术,通过融合工业细分行业的数据和专家经验,构建垂直化、场景化和专业化的应用模型。这些模型具有高效性、准确性和可扩展性等特点,能够在工业领域发挥重要作用。

6.2.3　工业大模型的应用场景

工业大模型的应用场景广泛,贯穿工业企业全生命周期,包括研发设计、生产制造、经营管理和安全管理等多个环节。

1. 研发设计

工业大模型能够自动生成文本、图纸和结构图,显著提高设计效率。能够对大量数据进行深度分析,大模型能够挖掘潜在的设计规律和趋势,为设计师提供新的设计思路和创新点。例如,在产品外观设计方面,大模型凭借其强大的文本生成和图像生成能力,使设计师仅需提供简短的描述,就能生成多种风格和形式的设计图样。通过与大模型进行多轮交互,设计效果得以显著提升。

2. 生产制造

工业大模型可以学习和理解生产流程,并自动控制生产设备,实现自动化生产。大模型还可以根据生产计划自动调配生产资源,控制设备运行状态,并进行质量检测,确保产品质量符合标准。

工业大模型可以分析设备运行数据,预测设备故障,提前进行维护,降低设备故障率,减少停机时间。例如,通过分析传感器数据、运行日志等信息,工业大模型可以预测设备的剩余寿命,并提醒相关人员进行维护。

3. 经营管理

通过结合管理软件,工业大模型可以提高企业的工作效率,以问答交互为主要形式提高企业知识管理水平。例如,通过构建企业知识库,大模型可以快速回答员工在工作中遇到的问题,并针对专业领域开展针对性的培训,提升员工的工作效率和实际操作能力。

工业大模型还可以分析历史销售数据、季节性波动和市场趋势等,预测未来的产品需求,帮助企业优化库存水平,减少过剩和缺货问题。通过大数据分析方法,大模型可以实现供应商风险的实时监控和评价,为企业提供科学的供应商选择依据。

4. 安全管理

工业大模型能够分析生产过程中的大量数据,及时发现和预测安全风险,帮助企业采取相应的措施加强安全管理。例如,通过分析生产现场的视频数据和传感器数据,大模型可以实时监测生产过程中的安全隐患,并及时预警和处理,保障工业系统的安全运行。

【例题 6-1】　在生产制造领域中,请列出 2～3 个工业大模型的实际应用案例。

【解】　(1) 吉利汽车:自动驾驶数据生成与优化。

案例背景:吉利汽车在自动驾驶技术的研发过程中,面临着数据生成与标注成本高、效率低的问题。传统的数据预标注模型精度不足,需要大量的人工修正。

应用方式:吉利汽车利用大模型技术,通过监督与非监督方式训练自动化标注大模型。该模型能够高效、高精度地完成数据标注工作,降低了自动驾驶技术的研发成本和时间成本。

具体成效:

① 利用大模型快速生成大量感知级仿真数据,提升了自动驾驶系统的训练效率。

② 减少了人工标注的工作量,降低了研发成本。

(2) 美的集团:家电智能制造与质量检测。

案例背景:美的集团作为家电制造商,面临着家电制造过程中质量检测效率低、成本高以及生产流程需要优化等挑战。

应用方式:

① 家电智能制造:利用工业大模型技术构建了家电智能制造系统。该系统通过工业大模型对生产数据的深度分析,实现了生产过程的智能化控制、设备预测性维护以及生产流程的优化。

② 质量检测:通过工业大模型对家电产品图像数据的深度分析,实现了对家电产品外观瑕疵的快速、准确检测,提高了产品质量。

具体成效:

① 提高了生产效率,降低了生产成本。

② 提升了产品质量,增强了市场竞争力。

(3) Alnno-15B 工业大模型:制造业智能化转型与质量提升。

案例背景:创新奇智(AInnovation)公司推出了具有行业化、多模态的 Alnno-15B 工业大模型(如图 6-2 所示),助力制造业企业实现智能化转型和质量提升。

应用方式:

① 智能制造系统构建:通过对生产数据的深度分析,Alnno-15B 工业大模型能够实现生产过程的智能化控制,自动调整生产参数,优化生产流程,提高生产效率。Alnno-15B 还具备设备预测性维护能力,可以通过对设备运行数据的实时监测和分析,预测设备的故障趋

图 6-2　Alnno-15B 工业大模型

势,提前进行维护,减少设备停机时间。

② 质量检测与优化:通过对产品图像、声音等多模态数据的分析,Alnno-15B 工业大模型能够对产品外观瑕疵、功能异常等缺陷进行快速而准确的检测,提高了产品质量。

具体成效:

① 显著提升了生产效率和产品质量。

② 增强了市场竞争力。

【例题 6-2】　如何研发计算机行业大模型。

【解】　研发计算机行业大模型是一个复杂而系统的过程,涉及多个关键步骤和专业技术。以下是详细的研发流程。

(1) 需求采集与分析。

① 明确目标:需要明确研发大模型的目标和应用场景,例如,是用于自然语言处理、计算机视觉、推荐系统还是其他特定领域。

② 需求采集:与目标用户、利益相关者进行深入沟通,了解他们的具体需求、期望的功能以及应用场景。基于采集的需求制定详细的需求文档,明确模型的功能、性能指标等。

(2) 模型设计与实现。

① 选择架构:结合项目目标、数据特性以及算法理论,选择或设计一款适合的模型架构。常用的大模型架构包括卷积神经网络、循环神经网络和 Transformer 架构等。

② 算法选择:根据任务需求选择合适的算法,如自然语言处理的分词算法、图像处理的卷积算法等。

③ 正则化与优化策略:为了防止过拟合或欠拟合,并提升模型的泛化能力,需要采用正则化、集成学习等优化策略。

④ 设置评估指标:设计一套科学的评估指标,用于评估模型的性能。常见的评估指标包括准确率、精确率、召回率、F1 分数等。

(3) 数据准备。

① 数据采集:根据模型训练的需求收集大量的数据。这些数据可以来自公开数据集、企业内部数据、网络爬虫获取的数据等。

② 数据清洗:原始数据往往存在缺失值、重复数据和异常值等,需要通过数据清洗来确保数据的质量。

③ 数据预处理：将清洗后的数据转换为适合模型输入的格式。常见的预处理步骤包括数据的标准化、归一化和特征工程等。

④ 数据标注：对于有监督学习任务，需要为每个数据样本添加正确的标签。标注质量会直接影响模型的性能。

（4）模型训练。

① 模型初始化：在训练之前，需要对模型的参数进行初始化。常见的初始化方法包括随机初始化、Xavier 初始化和 He 初始化等。

② 训练策略：选择合适的训练策略，包括批量大小、学习率、优化器的选择等。常用的训练算法包括随机梯度下降、Adam 和 RMSprop 等。

③ 训练过程：通过输入数据和标签逐步调整模型的参数，使其能够最小化损失函数。在训练过程中，需要持续监控模型的性能，并根据评估指标调整参数以优化模型。

（5）模型验证与测试。

① 模型验证：使用验证集对模型进行验证，评估模型在未见过的数据上的表现。通过验证集，可以检测模型的过拟合情况，并对模型进行调优。

② 模型测试：使用测试集对模型进行测试，评估模型在实际应用中的表现。测试集通常是模型训练过程中从未见过的数据，因此模型在测试集上的表现能够反映其在实际场景中的表现。

③ 结果分析：对测试结果进行分析，确定模型的优势和劣势。通过对错误样本的分析，可以发现模型的盲点，并为后续的模型改进提供方向。

（6）模型部署与维护。

① 模型部署：将训练好的模型部署到实际的应用环境中，这涉及模型的持久化存储、模型的加载与运行、接口封装等。

② 性能监控：对部署后的模型进行性能监控，确保其在实际应用中的稳定性和性能。

③ 持续改进：根据用户反馈和实际应用效果，对模型进行持续改进和优化，包括调整模型架构、优化算法和提升数据质量等。

（7）安全与隐私保护。

① 数据安全：确保数据在收集、存储、处理和使用过程中的安全性。遵守相关法律法规和隐私政策，保护用户隐私。

② 模型安全：对模型进行安全防护，防止恶意攻击和操纵。定期对模型进行安全检查和评估，及时发现并修复漏洞。

总之，研发计算机行业大模型，需要研发团队具备扎实的专业知识、丰富的经验和强大的技术实力。此外，根据一些公开的信息，可以大致了解研发大模型所需资金的数量级。例如，一些大语言模型的训练成本可能高达数千万元甚至更高。考虑计算资源、人力成本和数据成本等因素，研发一个大模型所需的资金可能达到数亿元甚至更高。

从时间上来说，研发一个大模型可能需要数月到数年的时间。有行业专家指出，研发 AI 大模型需要很长的周期，一个具体的大模型从发布到成熟可能会经历 4 年多的时间，这反映了研发大模型所需的大量工作和时间投入。

6.3　金融大模型

随着大模型技术的不断发展和优化,其在金融行业的应用场景将越来越丰富。从智能投资、智能营销到智能客服、风险管控等领域,大模型将赋予金融行业新的生命力,推动金融行业的数字化、智能化发展。

6.3.1　金融大模型的概念

金融大模型是人工智能技术在金融领域应用的研究成果之一,正在引发金融科技的发展范式创新、行业运行方式变革和服务生态体系重塑,成为推动金融科技创新和发展的重要动力。金融大模型是生成式大模型在金融领域的垂直化研究与应用,它利用深度神经网络构建而成,具备强大的数据处理和学习能力。

金融大模型是指应用于金融领域的大语言模型,它拥有大量参数和复杂结构,通常基于机器学习和人工智能技术构建。这些模型通过预训练和微调两个阶段形成:首先,在大规模、多领域的数据集上进行预训练,使模型具备广泛的语言理解和生成能力;然后,利用金融领域的数据集对预训练模型进行微调,使其能够更加精准地处理和分析与金融相关的数据和任务。金融大模型专门用于金融领域,包括银行、保险、证券和信托等子行业,能够处理复杂的金融数据,并提供智能化的决策支持与服务。

金融大模型的主要特征如下。

1. 庞大的规模

金融大模型包含数十亿个参数,模型大小可以达到数百 GB 甚至更大,这使得模型具有强大的表达能力和学习能力。

2. 涌现能力

当模型的训练数据突破一定规模时,金融大模型可能会涌现之前小模型所没有的、意料之外的复杂能力和特性,展现出类似人类的思维和智能。

3. 多任务学习

金融大模型可以同时学习多种不同的任务,如市场趋势预测、风险评估和投资策略制定等,这使得模型具有广泛的语言理解能力和强大的泛化能力,能够适应不同金融场景的需求。

6.3.2　金融大模型的技术路径

在金融领域,大模型的应用正逐渐成为提升业务效率、优化客户体验的关键手段。金融大模型的技术路径包括大规模数据集构建、模型预训练、微调以及安全模块等。

1. 大规模数据集构建

大规模数据集是金融大模型的数据基础，主要包括数据预处理和数据自动标注。

数据预处理阶段需要面对金融文本数据的海量性、高知识密度和高敏感性。为了有效处理这些数据，可以结合通用大模型进行筛选，去除冗余和噪声信息，同时确保数据的脱敏处理，以保护客户隐私。

数据自动标注则是提高数据集应用效率的关键。需要制定明确的标注标准、规范和策略，以确保标注的一致性和准确性。同时，设计高效的自动化标注算法，如基于规则、机器学习或深度学习的标注方法，可以大幅提高标注效率。最后，对标注结果进行评估和校验，确保标注质量的可靠性。

2. 模型预训练

金融大模型通常基于 Transformer 架构，如 BERT、GPT 等。这些模型通过自注意力机制捕捉数据中的长距离依赖关系，提高模型的表达能力和泛化能力。采用无监督或自监督的学习方式，通过掩码语言模型、因果语言模型等任务对模型进行预训练。这些任务使模型能够学习词汇之间的语义关系，提高模型的语义理解能力。

为了提高预训练的稳定性，可以采用归一化技术，如层归一化或批归一化，以减轻模型训练过程中的梯度消失或爆炸问题。同时，位置编码的引入可以让模型更好地理解文本中的顺序信息。在超参数设置方面，需要根据金融领域的特点和任务需求，合理调整学习率、批大小、训练轮数等超参数，以获得最佳的预训练效果。

3. 模型微调

将预训练好的大语言模型在金融领域的数据集上进行微调。通过调整模型的参数，使其能够精准地分析和处理与金融相关的数据和任务。

根据场景的不同，可以采用多种微调方法。全量微调是一种直接在整个数据集上进行微调的方法，它可以充分利用所有数据的信息，但计算成本较高。Adapter-Tuning 则通过在模型中添加适配器层来进行微调，这种方法可以在保持模型大部分结构不变的情况下，针对特定任务进行优化。

4. 安全模块集成

金融大模型的前置处理器主要负责对模型输入的内容进行参数校验，以及对上下文进行初始化和对客户信息进行缓存处理。前置处理器会执行敏感词拦截、特殊意图拦截、判断客户是否希望结束沟通等功能。

金融大模型的后置处理器则负责对会话完成情况进行判断和处理，对截断的会话进行判定和处理，以及对会话输出的结尾词进行处理。后置处理器会进行敏感词拦截、幻觉监测和脱敏处理等操作。

6.3.3 金融大模型的应用领域

1. 投资研究

投资研究领域被广泛视为金融大模型最有望率先实现广泛应用的领域。当前,该领域的工作依赖行业分析师和客户经理的专业知识与经验。而金融大模型的引入能够深度挖掘并整合海量的专业知识、投资标的信息以及丰富的投资研究数据,提升了工作效率和分析的准确性。

具体而言,大模型能够助力金融机构对庞杂的数据进行分析,通过先进的算法和强大的计算能力,揭示其中潜藏的规律和趋势。这不仅能够帮助投资人员精准地把握和分析市场数据,如价格波动、交易量变化等,还能助力他们敏锐地识别潜在的投资机遇,无论是价值投资还是成长投资,大模型都能提供有力的数据支持。同时,大模型还能根据历史数据和市场动态提供具有前瞻性的投资建议,为投资决策提供科学依据。

在投资研究中,经常需要阅读和分析大量的研究报告、新闻资讯和企业公告等文本信息,而大模型能够快速准确地提取其中的关键要点和有效信息,帮助投资顾问和分析师完成信息筛选和整合工作。这种能力使得大模型成为专业投资顾问的得力助手,提升了投资研究的效率和质量。

2. 智能营销

当前普遍应用的智能营销管理系统,主要聚焦于对现有产品的营销数据进行分析,并提供各种分析结果。然而,这些系统通常缺乏对分析结果的判断与改进建议。而大模型的生成和创新能力可以帮助金融机构提升精准获客及个性化营销服务的能力。

相较于传统的用户分类及标签标注方式,大模型能够助力金融机构在更短的时间内对庞大的客户数据样本进行分析。这一优势使得金融机构能够以更高的精准度锁定目标客群,并挖掘那些对新产品潜在兴趣浓厚的消费者。

依靠人工撰写文案来实现"千人千面"的精准营销几乎是一项不可能完成的任务。但随着大模型的引入,通过大量营销数据的预训练,大模型能够为每位用户设计专属内容,从而让个性化营销得以实现。

3. 智能客服

依托先进的自然语言处理技术,金融大模型可以理解客户的需求和问题,并给出相应的回答和建议。这一智能客服系统的引入,不仅提升了客户满意度,还使得客服响应更加迅速,服务更加高效。

大模型在客服系统中的应用为企业带来了前所未有的机遇,特别是在客户服务对话中的应用效果更为显著。大模型不仅提升了客服对话的效率和质量,还提供了个性化服务,优化了客户体验,为企业带来了显著的成本节约。

大模型的应用让客服机器人在响应速度、服务精准度以及交互体验上都得到了提升。无论是处理日常咨询、解答疑难问题,还是提供个性化建议,智能客服都能够游刃有余地完成,其价值也得到了凸显。

4. 风险管理

风险管理是多维度、多层次的体系,涵盖金融机构面临的多重风险。金融大模型可以深度分析市场数据,精准预测市场波动,提供及时风险预警和应对策略。同时,大模型可以评估信用状况以支持信贷决策,识别操作风险并提出防范措施,还能评估流动性状况以确保资金需求满足。这些功能共同构建了全面的风险管理策略,保障了金融机构的稳健发展。

例如,信用风险评估利用大数据和机器学习,深度分析个人或企业的信用状况,评估违约风险,为信贷决策提供依据。欺诈行为识别则实时监测交易数据,识别异常模式,以防范欺诈。风险预警与监控实时监测多种风险,提供预警信号,制定应对策略,持续监控风险事件,以确保风险得到有效控制,并构建全面智能的风险防控体系。

【例题 6-3】　列举几个轩辕大模型在风控场景中的应用案例。

【解】　度小满的轩辕大模型在风控场景中的应用为金融行业带来了智能化发展机遇。凭借其卓越的理解、记忆、生成、知识和逻辑能力,轩辕大模型将成为金融行业风控领域的重要工具。

轩辕大模型在风控场景中具体应用案例如下。

(1)信用风险评估。

轩辕大模型可以根据用户的个人信息、交易记录、信用历史等多维度数据,构建全面的用户信用画像。通过对这些数据的分析,模型能够准确地评估用户的信用风险,为金融机构的信贷决策提供有力支持。

例如,有一位名为"张伟"的借款人向度小满申请贷款。大模型首先收集张伟的个人基本信息,如年龄、性别、职业、收入等。然后,模型整合张伟在度小满平台上的历史交易记录、还款情况、信用评分等数据。此外,模型不仅考虑了张伟的历史还款记录,还分析了他的消费行为、社交关系、网络行为等多个维度,以获取更全面的信用画像。通过综合分析,轩辕大模型准确识别张伟存在的信用风险。最后,风控团队可能决定调整张伟的贷款额度、利率或担保措施,以降低潜在风险。

(2)欺诈行为识别。

轩辕大模型能够学习并识别各种欺诈行为模式,如虚假交易、恶意套现等。通过对交易数据的实时监测和分析,模型能够及时发现潜在的欺诈行为,并发出预警信号,帮助金融机构防范欺诈行为。

例如,有一位名为"王芳"的用户试图通过度小满平台实施欺诈行为。她准备了虚假的身份信息、工作证明和收入证明,提交了大额贷款申请。度小满的风控系统立即启动审核,其中,大模型开始全面分析王芳的申请数据。通过对比王芳提交的信息与度小满的大数据资源,发现多处疑点。模型深入分析了王芳的行为模式、交易记录,发现其与已知的欺诈行为模式高度相似,交易记录存在异常。基于这些分析,轩辕大模型判断王芳的贷款申请存在欺诈风险,立即向风控团队发出预警。

(3)风险预警与监控。

轩辕大模型能够建立风险预警机制,对金融机构的业务运营进行实时监控。一旦检测到异常数据或潜在风险,模型能够立即发出预警信号,帮助金融机构及时采取措施,降低风险损失。

【例题 6-4】 在风险管理方面,蚂蚁金融大模型采取了哪些主要措施?

【解】 蚂蚁金融大模型以蚂蚁集团自研的基础大模型为基石,通过海量数据和强大算力,学习人类的语言和知识,形成了对复杂问题的理解、推理和生成能力。针对金融行业的特殊性和专业性,蚂蚁金融大模型进行了深度定制,确保其在金融领域的专业性和准确性。

蚂蚁金融大模型在风险管理方面采取的措施如下。

(1) 提升风险识别与预测能力。

蚂蚁金融大模型通过深度学习和自然语言处理技术,能够处理和分析海量的金融数据和市场信息,这使得它能够更准确地识别潜在的信用风险、市场风险和操作风险等。例如,模型可以分析客户的交易行为、信用记录、财务状况等多维度数据,从而更全面地评估客户的信用风险。同时,模型还能根据市场动态和历史数据预测未来可能出现的风险事件,为金融机构提供及时的风险预警。

(2) 优化风险评估模型。

传统的风险评估模型往往基于有限的数据维度和假设条件,难以全面反映客户的风险状况。而蚂蚁金融大模型能够整合多维度的数据资源,包括社交行为数据、消费行为数据等,构建更加准确、全面的风险评估模型。这有助于提高风险评估的准确性和效率,为金融机构提供可靠的决策支持。

(3) 实现智能风控决策。

蚂蚁金融大模型具备强大的计算能力和智能决策能力,它能够根据风险评估结果自动调整风控策略,实现智能风控决策。例如,在信贷业务中,模型可以根据客户的信用评分和还款能力自动决定是否批准贷款、贷款额度以及贷款利率等。这有助于提高风控决策的效率和准确性,降低人为干预的风险。

(4) 升级金融机构数智化。

蚂蚁金融大模型的应用有助于推动金融机构的数字化、智能化升级。通过集成大模型技术,金融机构可以构建智能、高效的风险管理体系。例如,智能风控系统可以实时监测客户的交易行为和市场动态,及时发现并处理潜在的风险事件。同时,模型还可以为金融机构提供个性化的风险管理方案,以满足不同客户的差异化需求。

蚂蚁金融大模型的具体应用场景如下。

(1) 新市民金融服务。

蚂蚁消金基于丰富的用户和交易信息构建了"时序＋空间"的立体化风险网络模型,并利用大模型技术整合、理解多维多模态碎片化信息,补充完善了新市民群体的风险决策依据,提升了花呗服务在新市民群体中的覆盖率。

(2) 保险理赔场景。

蚂蚁金融大模型在保险理赔场景中的应用显著提高了对复杂、非标医疗凭证提取的精度。通过多模态大模型的推理学习,理赔助手能够准确地识别和处理理赔申请,提高理赔效率和客户满意度。

6.4　医疗大模型

在数智化时代背景下,人工智能技术正以前所未有的速度渗透到各行各业,其中,医疗健康领域成为其重要的应用场景。医疗大模型作为人工智能技术的前沿代表,正逐渐改变着医疗行业的面貌。本节将从医疗大模型的概念、常见模型和应用场景等多个维度,对其进行详细的解析。

6.4.1　医疗大模型的概念

医疗大模型通常是指专门针对医疗健康领域的大规模预训练模型。这类模型通过分析和学习大量的医疗数据,如医疗科研文献、电子病历和医学图像等,具备了处理多模态医疗信息,包括语言信息、视觉信息、语音信息和跨模态信息等的能力。医疗大模型的参数量通常在百万级到亿级,因此能够获取更强的特征提取和学习能力,为医疗行业提供准确、个性化的服务。

医疗大模型的特点如下。

1. 大规模预训练

医疗大模型基于海量的医疗数据进行预训练,这些数据涵盖医学文献、电子病历和医学图像等。通过预训练,医疗大模型能够学习医疗领域的知识和规律。

2. 多模态处理能力

医疗大模型不仅能够处理文本信息,还能够处理图像和语音等信息。这种多模态处理能力使得模型能够在医疗实践中应对复杂和多样的医疗场景。

3. 强大的泛化能力

医疗大模型具有强大的泛化能力,可以应用于医疗领域的众多任务,如疾病预测、辅助诊断、个性化治疗和药物研发等。这种泛化能力使得模型能够在不同的医疗场景中发挥作用,提高医疗服务的质量和效率。

4. 持续学习与更新

随着医疗领域的知识和技术不断更新,医疗大模型具备持续学习和更新的能力。通过不断引入新的医疗数据和知识,模型能够不断提升自身的性能和准确性。

6.4.2　常见的医疗大模型

1. 谷歌 Med-PaLM

谷歌发布的 Med-PaLM 是全球首个全科医疗大模型,它能够理解临床语言、影像、图片以及基因组学等多元信息。

特点：既能够处理多模态的数据，如文本、图像和基因组学数据，又可以展现良好的跨领域迁移学习能力，有助于不同医疗场景下的应用。

应用：用于辅助医生做出更准确的诊断，提高医疗质量和效率；支持医疗教育和科研工作，帮助提升医疗人员的专业能力。

2. 医联 MedGPT

MedGPT 由医联（我国领先的互联网医院）发布，是国内首款大模型驱动的 AI 医生。

特点：具备强大的自然语言处理能力和深度学习技术，能够整合多种医学检验检测模态能力，实现线上问诊到医学检查的无缝衔接。

应用：问诊环节结束后，能给患者开具必要的医学检查项目以进一步明确病情；基于有效问诊以及医学检查数据，可以进行更准确的疾病诊断，并为患者设计疾病治疗方案。

3. 百度文心生物计算大模型

文心生物计算大模型由百度发布，将生物领域研究对象的特性融入模型，构建面向化合物分子、蛋白分子和基因组学信息的生物计算领域预训练大模型。

组成：包括化合物通用表征模型 helixgem 和 helixgem-2、蛋白结构分析模型 helixfold，以及单序列蛋白表征模型 helixfold-single。

应用：支持生物计算领域的研究和应用，助力药物研发和精准医疗。

4. 阿里通义千问

通义千问是阿里云发布的大语言模型工具，具备广泛的应用场景。

特点：能够理解和生成自然语言文本，支持医疗领域的知识问答和文本生成。

应用：具备医疗问答、医疗知识图谱和医疗报告生成等功能，提供专业的医疗咨询和辅助诊断。

5. 华为云盘古药物分子大模型

盘古药物分子大模型由华为云联合中国科学院上海药物研究所共同训练而成，专注于药物研发领域。

特点：实现针对小分子药物全流程的人工智能辅助药物设计，成药性预测准确率比传统方式高 20%，提升了研发效率。

应用：缩短先导药的研发周期，降低研发成本，加速新药的上市进程。

6. 讯飞星火医疗大模型

星火医疗大模型由科大讯飞发布，是国内首个通过信通院和国家卫健委规范测评的医疗健康大模型。

特点：具备强大的自然语言处理能力，可以理解和分析患者的症状描述、病史记录等信息，为医生提供全面、精准的病情分析；基于星火认知大模型，全面升级医疗诊后康复管理平台，延伸院外专业的诊后管理和康复指导。

应用：全面升级医疗诊后康复管理平台,延伸专业的诊后管理和康复指导到院外;推出"讯飞晓医"App,集成症状自查、报告解读、药物查询、医疗信息快速查询和健康档案管理等功能。

7. Sunsimiao-7B 中文医疗大模型

Sunsimiao-7B 中文医疗大模型以唐代著名医药学家孙思邈命名的中文医疗大模型,旨在为用户提供安全、可靠、普惠的医疗服务。

特点：训练大量高质量的中文医疗数据,确保提供的信息准确可靠;能够实时更新医疗知识库,应对不断变化的医疗环境和需求。

应用：既可以提供饮食、运动和生活习惯等方面的建议,又可以提供常见疾病的预防措施和早期症状识别;为医生提供基于最新医疗研究的建议,辅助诊断和治疗。

此外,还有大经数智中医的岐黄问道大模型、腾讯的医疗大模型、商汤科技的"大医"、清华智能产业研究院的 BioMedGPT 系列等,这些模型也在医疗健康领域发挥了重要作用。

6.4.3　医疗大模型的应用

医疗大模型在医疗领域的应用场景广泛,涵盖疾病预测、辅助诊断、个性化治疗和药物研发等诸多方面。

1. 疾病预测

通过分析患者的病史、基因数据和生活习惯等,医疗大模型可以预测疾病发生的概率,实现早期的干预。例如,模型可以预测患者患糖尿病、高血压等慢性疾病的风险,从而提前采取预防措施。

2. 辅助诊断

医疗大模型可以协助医生进行疾病诊断。例如,模型可以分析患者的电子病历和医学图像数据,提供初步的诊断建议;医生可以根据模型的建议,结合自身的经验和专业知识,做出最终的诊断决策。

3. 个性化治疗

通过分析患者的基因组、病史和生活习惯等信息,医疗大模型可以为患者推荐个性化的治疗方案。例如,模型可以根据患者的基因数据,为其推荐最适合的药物和剂量,以提高治疗效果。

4. 药物研发

在药物研发过程中,医疗大模型发挥着重要作用。模型可以分析大量的生物医学文献和数据,加速新药靶点的发现和药物分子的设计。此外,模型还可以预测药物的不良反应和毒性等信息,为药物的研发和临床试验提供有力支持。

5. 医学影像分析

医疗大模型可以辅助医生分析医学影像(如 X 光、CT 和 MRI 等),以提高诊断准确率。例如,模型可以自动检测影像中的异常区域,为医生提供初步的诊断建议。

6. 智能问诊与咨询

医疗大模型可以模拟医生与患者的对话,通过自然语言交互收集患者的症状、病史等信息,提供初步的诊断建议和治疗方案。这种智能问诊与咨询方式可以提高医疗服务的效率和质量,方便患者获取医疗服务。

【例题 6-5】　MedGPT 医疗大模型支持哪些病种问诊?

【解】　MedGPT 作为一款基于 Transformer 架构的医疗大模型,具备广泛的疾病问诊能力。根据公开发布的信息,MedGPT 已经能够覆盖多种疾病病种,具体包括但不限于以下病种。

(1) 成年人疾病。

MedGPT 能够覆盖 80% 以上的成年人疾病。这意味着,无论是常见的内科、外科、妇科、眼科和耳鼻喉科等疾病,还是复杂的慢性疾病、罕见病等,MedGPT 都能提供初步的问诊和辅助诊断服务。

(2) 儿科疾病。

MedGPT 特别擅长儿科疾病的问诊,它覆盖了 90% 以上的 0~12 岁儿科疾病,包括儿童常见的呼吸道感染、消化系统疾病和皮肤问题等。对于家长而言,MedGPT 提供了一个便捷、快速的儿科问诊渠道。

(3) 多病种覆盖。

MedGPT 已经具备近 3000 种疾病的首诊能力,这些疾病涵盖国际疾病分类中的多个章节,包括传染病、肿瘤、内分泌疾病、神经系统疾病和循环系统疾病等。这使得 MedGPT 能够应对许多疾病场景,提供初步的问诊和诊断建议。

(4) 持续优化与扩展。

MedGPT 的开发团队正在持续优化和扩展其病种覆盖范围,他们计划将研发重心放在多发疾病上,以提升数字医院的普惠率。

MedGPT 的具体案例如下。

(1) 过敏性鼻炎:针对 8 岁男性患儿经常流鼻血的情况,MedGPT 给出了对症治疗的方案。

(2) 口腔 X 线片解读:为 7 岁女孩的口腔 X 线片提供了详细的治疗方案,包括骨性分析、牙性分析和软组织分析等。

(3) 手抖症状分析:对于从心理科出院的 14 岁女性患者的手抖症状,MedGPT 分析了药物影响,并从多个角度给出了建议。

总之,MedGPT 支持广泛的疾病问诊能力,从成年人疾病到儿科疾病,从常见疾病到复杂疾病,都能提供初步的问诊和辅助诊断服务。随着大模型技术的不断进步和应用拓展,MedGPT 的病种覆盖范围还将持续优化和扩展。

6.5　教育大模型

在教育数字化转型和人工智能通识教育浪潮的推动下,教育大模型将对教育教学实践产生深远影响。教育大模型利用海量的教育数据,通过深度学习算法训练而成,能够覆盖教育教学的多个环节,为个性化学习、智能辅导和教学管理等提供大力支持。

6.5.1　教育大模型的概念

教育大模型是利用海量教育数据训练得到的,服务于各种教育任务的大型人工智能模型。它不仅能够理解、生成和应用教育内容,还能够根据学生的学习行为、学习成果等信息进行自动分析,提供个性化的学习建议和教学方案。教育大模型作为适用于教育场景、具有超大规模参数、融合通用知识和教育专业知识训练形成的工具,是大模型技术、知识库技术及各类智能教育技术的集成,能够推动人类学习和机器学习的双向建构与人机共融。

教育大模型将成为推动智慧教育发展的重要力量,这主要体现在其强大的数据处理与智能化服务能力上。教育大模型通过深度学习和大数据分析技术,能够精准把握学生的个体差异,提供个性化学习路径和智能辅导;它不仅能覆盖广泛的知识领域,还能根据学生的学习进度和反馈动态调整教学内容和难度,实现因材施教。

作为智慧教育的基础设施,教育大模型将促进教育资源的优化配置和高效利用,打破时空限制,让更多的学生享受到优质教育资源。同时,它还能减轻教师的工作负担,提高教学效率,使教师能够更专注于学生的个性化成长。

教育大模型的主要特点如下。

1. 智能化

教育大模型能够根据学生的学习行为、学习成果等信息进行自动分析,提供个性化的学习建议和教学方案。例如,它能够智能分析学生的错题,找出知识漏洞,并提供针对性的讲解和练习。

2. 全面性

教育大模型不仅涵盖知识的传授,还包括情感交流、习惯培养等多方面。通过自然语言处理等技术,它可以与学生进行互动对话,解答疑问,提供学习建议,甚至进行情感交流,帮助学生养成积极的学习态度和良好习惯。

3. 高效性

教育大模型通过算法优化,能够迅速响应学生的需求,显著提高教学效率。它不仅可以自动批改作业和试卷,减轻教师的工作负担,还可以为教师提供精准的教学建议,帮助他们制订教学计划和教学策略,从而提升整体教学效果。

6.5.2　教育大模型的技术架构

教育大模型以通用大模型为基础,通过连接各类教育数字化应用,持续训练教育场景下的模型能力。其技术架构可分为三层,分别是基础能力层、专业能力层和应用服务层,如图 6-3 所示。

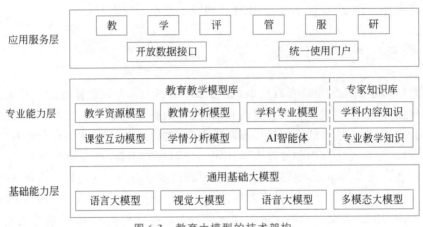

图 6-3　教育大模型的技术架构

1. 基础能力层

通用大模型的基础能力为教育大模型注入了强大的计算能力和泛化能力。通用大模型经过海量数据的训练,具备处理复杂的语言结构和模式的能力,为教育场景的应用打下坚实基础。针对多元的教育数据类型和多元的任务需求,调用不同类型的基础大模型。例如,对于文本、图像或声音等数据类型,各有擅长处理的大模型与之对应,以满足教育场景的多元化需求。

基础能力层包括语言大模型、视觉大模型、语音大模型和多模态大模型等。语言大模型精准预测词语序列的概率;视觉大模型则专注于处理视频数据如课堂实录等;语音大模型则负责语音识别、语音到文本的翻译以及语种检测等任务;而多模态大模型负责将不同的数据模态融合在一起,这种融合模拟了人类的自然智能等任务。在任务完成的过程中,多个大模型协同工作、互相支持,任务中心则对各模型的输出结果进行整合与处理。

2. 专业能力层

专业能力层紧密围绕教育领域的特定需求而设计,核心是由教育教学模型库和专家知识库两大部分构成。

教育教学模型库是一个汇聚了多种针对特定教育场景训练的专业模型库,这些模型涵盖教学资源模型、课堂互动模型、教情分析模型、学情分析模型、学科专业模型以及 AI 智能体等教育教学的各环节。模型库在初始阶段就预先配置了一部分常用模型,并在实际应用中不断进行优化和扩展,确保模型能够融合通用知识与专业知识,能够应对教育领域的复杂任务。

专家知识库则是一个集成了丰富学科知识和专业教学规则的权威知识库,它作为教育大模型的重要补充,将学科知识和专业教学经验融入大模型,从而提升大模型在教育教学过程中的准确性和可靠性。

3. 应用服务层

应用驱动是教育大模型核心的创新理念。应用服务层将各类教育数字化应用接入大模型,在大模型为应用赋能的同时,也源源不断地接收应用传入的数据,持续提升其教育专业能力。这些应用涵盖教、学、评、管、服、研等教育场景,通过开放数据接口形成了统一标准的高质量训练数据集。同时,师生用户可通过统一使用门户发出任务指令,大模型则根据任务类别自动调用相应的功能模块,形成了一种以学习者为中心的应用模式。

6.5.3　教育大模型的应用场景

1. 个性化学习

教育大模型可以根据学生的学习习惯、能力水平以及兴趣爱好,为其推荐合适的学习资源和路径。例如,它可以根据学生的阅读习惯和兴趣,为其推荐相关的书籍和文章;还可以根据学生的学习进度和成绩,为其推荐合适的练习题和辅导课程。

教育大模型还能够实时监测学生的学习进度和效果,及时调整教学策略。例如,它可以通过分析学生的学习数据,发现学生在某个知识点上的掌握情况不佳,从而及时调整教学策略,提供更加精准和个性化的教学服务。

2. 智能辅导

教育大模型可以作为智能教师、助教等角色,为学生提供个性化的辅导服务。它可以解答学生的疑问,提供学习建议,还可以根据学生的需求提供定制化的辅导课程。

教育大模型还可以支持多轮对话,更深入地理解学生的问题,并提供准确的答案。例如,当学生遇到难题时,教育大模型可以通过多轮对话,引导学生逐步理解问题的本质和解决方法。

3. 教学管理

教育大模型能够协助教师进行课程规划、作业批改以及学生评价等工作。它可以自动批改作业和考试,减轻教师的工作负担;还可以为教师提供精准的教学建议,帮助他们更好地制定教学计划和教学策略。

教育大模型还可以帮助学校和教育机构进行教学效果评估和策略调整。通过分析学生的学习数据,教育大模型可以评估教学效果,发现教学过程中的问题和不足,为学校和教育机构提供改进和优化建议。

4. 资源推荐

基于学生的学习行为和内容偏好,教育大模型可以推荐相关的学习资源,如课程、教材、课件、案例和论文等。

【例题 6-6】 银河大模型具有哪些功能？

【解】 银河大模型是一款专为教育领域量身打造的教育大模型，它能够执行以下多项功能。

（1）智能解题。

银河大模型具备 AI 解题能力，可以解答多学科、多场景的问题，帮助学生解决学习中的难题。

（2）知识问答。

银河大模型支持多语言 AI 问答，能够回答学生提出的各种问题，提供准确的知识信息。

（3）中英文写作辅助。

银河大模型支持 AI 写作功能，可以帮助学生提高写作技巧，优化写作结构，并提供文章润色、语法纠错和创意启发等功能。

（4）AI 伴学。

银河大模型能够实现自主提问、陪伴式辅导等功能，助力学生的个性化学习与成长。它可以像一位智能导师一样陪伴学生学习，提供个性化的学习指导。

（5）多学科知识解答。

银河大模型精通诗词字句和课文常识，能够解答多学科、多场景的问题，为学生提供全面的知识支持。

银河大模型作为作业帮平台自主研发的大语言模型，已经融合多年的 AI 算法沉淀和教育数据积累，旨在为学生提供智能的学习体验。未来，作业帮还将持续优化银河大模型的性能与多模态能力，推进其在更多教育场景的落地实践。

【例题 6-7】 教育大模型的基本要求有哪些？

【解】 教育大模型作为适用于教育场景、具有超大规模参数、融合通用知识和专业知识训练形成的人工智能模型，其基本要求涵盖内容安全可控、模型能思会算以及场景全链贯通等诸多方面。

（1）内容安全可控。

建立并维护一个安全、可靠、可控的数据集是教育大模型发展的基础。这要求数据集来源明确、内容健康、版权清晰，且能够持续更新以适应教育发展的需求。

（2）模型能思会算。

教育大模型应能够处理复杂的教育问题，进行逻辑推理、归纳总结、类比推理等高阶思维活动，以辅助教师和学生进行深度学习和思考。模型的决策和输出结果应具有可追溯性，即能够清晰地解释为何得出某个结论或建议，以增强模型的可信度和可接受性。

（3）场景全链贯通。

基于教育大模型的技术特性，应积极探索和开发新的应用场景，例如个性化学习路径规划、智能辅助教学、教育数据分析与决策支持等，以充分发挥模型在教育领域的潜力。教育大模型需要在助教、助学、助评、助管、助服和助研等诸多方面实现场景全链贯通，以支持教育教学的全过程。

① 助教。助教指的是教育大模型作为教师的助手，协助教师完成备课、授课、答疑和批

改作业等教学任务。其实现方式是教案生成、课件生成和作业批改等。

② 助学。助学指的是教育大模型作为学生的学习伙伴,帮助学生解决学习难题、提高学习效率。其实现方式是个性化学习、智能辅导和错题分析等。

③ 助评。助评指的是教育大模型作为评估工具,帮助教师对学生的学习成果进行评价和反馈。其实现方式是作业评估、考试分析和学习路径规划等。

④ 助管。助管指的是教育大模型作为管理工具,帮助学校和教育机构进行教学管理和资源配置。其实现方式是课程安排、学生信息管理和教学质量监控等。

⑤ 助服。助服指的是教育大模型作为服务工具,为教育机构、教师和学生提供全方位的支持和服务。其实现方式在线咨询、资源推荐和家校沟通等。

⑥ 助研。助研指的是教育大模型作为研究助手,协助教师和学生进行教育科研活动。其实现方式是资料搜集、数据分析和论文撰写等。

6.6 文化大模型

文化这一承载着人类智慧与情感的重要领域,也不例外地受到了大模型技术的深刻影响。文化大模型作为人工智能技术在文化领域的应用,正逐渐成为推动文化产业创新、传承与发展的核心力量。本节将从文化大模型的概念、关键技术及其应用等方面展开探讨。

6.6.1 文化大模型的概念

文化大模型是指利用人工智能技术构建的大规模、高性能的文化数据处理与分析模型。它不仅能够理解和处理海量的文化数据,包括文本、图像、音频和视频等多种形式,还能够深入挖掘文化数据背后的文化内涵、情感价值和社会意义。文化大模型的核心目标是通过智能化的手段实现文化内容的智能生成、智能分析、智能传播和智能管理,从而推动文化产业的创新发展。

文化大模型的内涵丰富多样,它不仅涵盖传统文化领域的各方面,如文学、艺术、历史和民俗等,还涉及现代文化产业的多个领域,如影视制作、音乐创作、游戏开发和数字文化等。文化大模型通过整合不同领域的数据和知识,形成了跨领域的文化智能体系,为文化产业的创新与发展提供了强大的技术支撑。

文化大模型的特点如下。

(1) 大规模性与复杂性。

文化大模型通常具有数十亿甚至更多的参数,模型规模庞大,能够处理和分析海量的文化数据。同时,文化数据的复杂性和多样性也对文化大模型提出了更高的要求。文化大模型需要具备强大的学习能力和泛化能力,以应对不同文化领域和场景的挑战。

(2) 深度学习与智能推理。

文化大模型采用深度学习技术,通过多层神经网络的学习和优化,能够自动提取文化数据中的特征和信息。同时,文化大模型还具备智能推理能力,能够根据输入的文化数据,生成符合语境和逻辑的输出结果。这种深度学习与智能推理的能力,使得文化大模型在文化内容的智能生成和分析方面表现出色。

（3）跨领域融合与创新。

文化大模型不仅能够处理单一领域的文化数据，还能够实现跨领域的融合与创新。例如，将文学、艺术和历史等领域的数据进行融合，可以生成具有创新性和独特性的文化内容。这种跨领域的融合与创新能力，为文化产业的创新与发展提供了新的方向。

（4）个性化与定制化。

文化大模型可以根据不同用户的需求和偏好，提供个性化和定制化的文化服务。例如，根据用户的阅读习惯和兴趣偏好，推荐符合其口味的文学作品或艺术作品；根据用户的需求和反馈，定制化地生成符合其要求的文化内容。这种个性化和定制化的服务能力，使得文化大模型在文化产业的应用中更加贴近用户的实际需求。

6.6.2　文化大模型的关键技术

1. 自然语言处理技术

自然语言处理（Natural Language Processing，NLP）是文化大模型的关键技术之一，它使得文化大模型能够理解和处理人类语言，包括文本、语音等多种形式。通过 NLP 技术，文化大模型可以实现文化内容的智能生成、智能分析、智能翻译和智能对话等功能。例如，利用 NLP 技术，文化大模型可以自动分析文学作品的主题、情感和价值观念，为文化研究者提供有价值的参考信息。

2. 图像识别与生成技术

图像识别与生成技术也是文化大模型的关键技术之一。通过图像识别技术，文化大模型可以自动分析艺术作品中的图像特征、风格和艺术表现手法等；通过图像生成技术，文化大模型可以自动生成符合特定风格和要求的艺术作品。这种图像识别与生成技术为艺术作品的创作、分析和传播提供了新的思路。

3. 音频处理与合成技术

音频处理与合成技术在文化大模型中也扮演着重要角色。通过音频处理技术，文化大模型可以自动分析音乐作品的旋律、节奏、和声等特征；通过音频合成技术，文化大模型可以自动生成符合特定风格和要求的音乐作品。这种音频处理与合成技术为音乐作品的创作、分析和传播提供了新的可能性。

4. 知识图谱与语义分析技术

知识图谱与语义分析技术也是文化大模型的关键技术之一。通过知识图谱技术，文化大模型可以构建文化领域的知识体系，将不同领域的知识进行关联和整合；通过语义分析技术，文化大模型可以深入理解文化数据中的语义信息和情感价值。这种知识图谱与语义分析技术为文化内容的智能分析和传播提供了新的方法和工具。

6.6.3　文化大模型的应用场景

1. 文化内容的智能生成

文化大模型可以根据用户的需求和偏好,自动生成符合特定风格和要求的文化内容。例如,文化大模型可以自动生成符合特定主题和情感的文学作品、艺术作品或音乐作品等。这种智能生成能力不仅可以提高文化内容的创作效率和质量,还可以为文化产业的创新与发展提供新的思路。

2. 文化内容的智能分析

文化大模型可以对海量的文化数据进行分析和挖掘,提取其中的有用信息和规律。例如,文化大模型可以分析文学作品的主题、情感和价值观念,还可以分析艺术作品的风格、表现手法和艺术价值等。这种智能分析能力不仅可以为文化研究者提供有价值的参考信息,还可以为文化产业的创新与发展提供新的方向。

3. 文化内容的智能传播

文化大模型可以根据用户的需求和偏好,智能推荐符合其口味的文化内容。例如,文化大模型可以根据用户的阅读习惯和兴趣偏好,推荐符合其口味的文学作品或艺术作品;可以根据用户的需求和反馈,定制化地生成符合其要求的文化内容。这种智能传播能力不仅可以提高文化内容的传播效率和覆盖面,还可以为文化产业的发展提供新的商业模式和盈利点。

4. 文化遗产的数字化保护

文化大模型可以对文化遗产进行数字化保护和传承。例如,文化大模型可以对文物、古籍等文化遗产进行数字化扫描和识别,可以对文化遗产中的文字、图像和音频等信息进行提取和整理,可以对文化遗产进行虚拟复原和展示等。这种数字化保护能力不仅可以有效地保护和传承文化遗产,还可以为文化遗产的研究和展示提供新的方法和工具。

5. 文化产业的智能管理

文化大模型可以对文化产业进行智能管理。例如,文化大模型可以对文化产品的生产、销售和推广等环节进行智能化监控和管理,可以对文化产业的市场趋势和用户需求进行智能分析和预测,可以对文化产业的风险进行智能评估和控制等。这种智能管理能力不仅可以提高文化产业的运营效率和管理水平,还可以为文化产业的发展提供新的决策支持和保障。

【例题 6-8】　妙笔大模型有几款产品？它们支持多少种写作场景？

【解】　妙笔大模型是一个专门用于辅助内容创作的智能工具,它结合了自然语言处理、大数据分析和深度学习等先进技术,为创作者提供智能化的写作支持。妙笔大模型主要有两款代表性的产品,即阅文妙笔大模型和新华妙笔大模型。

　　阅文妙笔大模型是阅文集团发布的国内网络文学行业的首个大模型,旨在辅助网文作家进行内容创作。该模型可以深入理解网文的内容逻辑和语言风格,熟悉各种网文作品的故事、角色和世界观设定。

　　新华妙笔大模型是由新华通讯社与博特智能公司联合研发的一款 AI 写作工具,旨在激发"爱写作"意识,提升"会写作"本领,打造"能写作"队伍。

　　妙笔大模型支持多种写作场景,包括但不限于以下几种。

　　(1) 传媒写作场景。

　　妙笔大模型可以为新闻机构、媒体公司和广告代理商等机构提供高质量的新闻稿件等内容。它能够自动生成具有深度的文章、新闻和广告等文本内容,提高写作效率和质量。同时,妙笔大模型支持多模态的内容创作,包括文字、图片和视频等多种形式,为传媒行业的内容创作提供了全方位的支持。

　　(2) 公文写作场景。

　　妙笔大模型可以帮助各级政务机关的公务员撰写常见公文,如工作报告、复函和通知公告等。它支持文章大纲构建、内容生成、表达优化、文档理解和处理、范文参考、素材查找、权威资料学习等功能。此外,妙笔大模型还具备 AI 校对文稿功能,可以自动检测语法、拼写和格式错误,并提供相应的修正建议,确保文稿专业规范。

　　(3) 办公写作场景。

　　妙笔大模型可以使多个团队和组织的工作流程顺畅、信息传递有效及团队成员之间协作顺利。它提供了学习心得、周报等办公写作支持,可以帮助团队和组织更好地进行内部沟通和协作。

　　(4) 网文写作场景。

　　妙笔大模型能够为作家提供丰富的灵感来源和创作辅助,无论是构建宏大的世界观、塑造鲜明的角色形象,还是描绘细腻的情景画面、创作精彩的打斗场面,妙笔大模型都能凭借其强大的语言生成能力和对网文内容的深刻理解,为作家提供有力的支持。这极大地提升了作家的创作效率和作品质量,让网络文学创作更加便捷、高效且充满无限可能。

　　总之,妙笔大模型支持多种写作场景,涵盖传媒、政务、营销、办公和网络文学等众多领域。它能够自动生成高质量的文本内容,提高写作效率和质量,为用户带来更加便捷、高效的创作体验。

本章小结

　　大模型技术作为人工智能领域的重要发展成果,正推动着各行各业的深刻变革。本章探讨了大模型在工业、金融、医疗、教育和文化等行业的应用前景与实战案例。

　　在工业领域,通过融合工业数据与专家经验,构建了面向行业的工业大模型。这些大模型广泛应用于研发设计、生产制造、经营管理和安全管理等各环节,凭借其多维度建模、高度集成和智能优化等核心优势,助力工业企业实现生产效率的提升和成本的降低。在实际案例中,通过应用工业大模型,工业企业在自动驾驶数据生成、家电智能制造与质量检测等方面取得了显著成果。

金融大模型作为金融科技与人工智能深度融合的产物,正逐步成为金融行业数字化转型和智能化升级的核心驱动力。这类大模型基于海量的金融数据训练而成,拥有强大的数据处理能力和预测分析能力。它们不仅能够快速准确地处理复杂的金融交易数据,还能深入挖掘数据背后的市场规律和风险特征,为金融机构提供全面、精准的决策支持。

金融大模型的应用范围广泛,涵盖金融投资、智能营销、智能客服和风险管理等领域。在金融投资方面,大模型能够通过对历史数据的深度学习预测市场走势,为投资者提供投资策略建议。在智能营销方面,大模型能够分析客户行为数据,精准画像,为金融机构提供个性化的营销方案。在智能客服方面,大模型能够理解客户问题,提供即时、准确的解答,提升客户服务体验。在风险管理方面,大模型能够实时监测市场动态,识别潜在风险,帮助金融机构有效防范和控制风险。

医疗大模型作为医疗健康领域的人工智能前沿代表,通过深度学习和分析海量医疗数据,为疾病预测、辅助诊断、个性化治疗和药物研发等提供了坚实支撑。谷歌的 Med-PaLM、医联的 MedGPT 和百度的文心生物计算等医疗大模型,凭借出色的多模态处理能力和泛化能力,正逐步重塑医疗健康行业的面貌。

教育大模型则依托海量教育数据训练而成,为个性化学习、智能辅导和教学管理等提供了全面支持。其技术架构层次分明,包括基础能力层、专业能力层和应用服务层,共同构建了推动智慧教育发展的强大引擎。通过教学资源、课堂互动、教情分析、学情分析、学科专业和 AI 智能体等专业功能,教育大模型给学生带来了更加便捷、高效的学习体验。

在文化领域,文化大模型正以其独特的魅力和价值崭露头角。通过整合文化领域的多元数据和知识,文化大模型实现了文化内容的智能生成、深入分析和广泛传播。它不仅能够深入挖掘和呈现文化的深层内涵,还能根据用户需求进行个性化创作,满足多元化的文化消费需求。文化大模型的出现,极大地提高了文化内容的生产效率和传播效率,使文化产业能够更加快速地应对市场需求,实现可持续发展。

习题六

1. 工业大模型在研发设计环节可以做什么?(　　)
   A. 预测股票走势　　　　　　　　　B. 自动控制生产设备
   C. 提供个性化医疗方案　　　　　　D. 生成产品设计图纸
2. 金融大模型主要用于处理哪类数据?(　　)
   A. 工业制造数据　　　　　　　　　B. 医疗健康数据
   C. 金融交易数据　　　　　　　　　D. 教育资源数据
3. 哪种算法常用于金融大模型的微调?(　　)
   A. 监督微调算法　　　　　　　　　B. 无监督学习算法
   C. 传统机器学习算法　　　　　　　D. 启发式算法
4. 金融大模型在风险管理中主要用于什么?(　　)
   A. 提升生产效率　　　　　　　　　B. 辅助疾病诊断
   C. 识别潜在风险　　　　　　　　　D. 教育资源推荐

5. 哪个医疗大模型由阿里云发布？（　　　）

    A. MedGPT　　　　　　　　　　　　B. 文心生物计算大模型

    C. 通义千问　　　　　　　　　　　　D. 盘古药物分子大模型

6. 教育大模型的基础能力层不包括哪种大模型？（　　　）

    A. 语言大模型　　　　　　　　　　　B. 视觉大模型

    C. 物流大模型　　　　　　　　　　　D. 语音大模型

7. 教育大模型在教学管理中可以协助教师完成哪些工作？（　　　）

    A. 自动控制生产设备　　　　　　　　B. 个性化医疗方案制定

    C. 课程规划与作业批改　　　　　　　D. 股票投资分析

8. 文化大模型的核心目标是什么？（　　　）

    A. 提高生产效率

    B. 优化金融决策

    C. 实现文化内容的智能生成与传播

    D. 提升医疗诊断准确率

9. 文化大模型处理的数据类型不包括什么？（　　　）

    A. 文本　　　　　　B. 图像　　　　　　C. 音频　　　　　　D. 生物数据

10. 文化大模型在文化遗产保护中的作用是什么？（　　　）

    A. 自动化生产　　B. 个性化营销　　C. 数字化保护　　D. 智能投顾

11. 简述行业大模型的概念及其主要特点。

12. 工业大模型在研发设计环节有哪些具体应用？

13. 请列举一个工业大模型在生产制造中的实际应用案例。

14. 金融大模型在智能客服中有哪些优势？

15. 分析金融大模型在智能营销中的应用及其对金融行业的影响。

16. 分析金融大模型在风险管理中的优势与局限性。

17. 医疗大模型在疾病预测中有何作用？

18. 论述医疗大模型在辅助诊断中的应用及其对患者和医生的影响。

19. 探讨医疗大模型在药物研发中的应用前景及其潜在风险。

20. 教育大模型如何实现个性化学习？

21. 教育大模型在教学管理中有哪些应用场景？

22. 论述教育大模型在智慧教育中的作用及其实现路径。

23. 分析文化大模型在文化产业创新中的作用及其发展趋势。

24. 探讨文化大模型在文化遗产保护中的技术路径及其面临的挑战。

25. 设计一款针对制造业的工业大模型，描述其主要功能和技术特点。

26. 设计一款面向金融投资领域的金融大模型，描述其在投资策略制定中的应用。

27. 设计一款针对医疗健康领域的医疗大模型，描述其在疾病预测中的应用流程。

28. 设计一款教育大模型，描述其在智能辅导中的创新功能和实现方式。

29. 创新一款教育大模型，描述其在个性化学习路径规划中的创新方法。

30. 创新一款文化大模型，描述其在文化遗产数字化保护中的技术路径和创新应用。

第 7 章　大模型未来趋势

展望未来,大模型技术将呈现多元化的发展趋势。多模态大模型将成为主流,通过深度融合文本、图像、音频和视频等多模态数据,实现全面、精准的信息理解与表达。同时,AI智能体将逐渐兴起,它们具备自主性、适应性和交互能力,能够感知环境并采取行动以实现特定目标。此外,具身智能将迎来快速发展,通过软硬件的协同迭代,具身智能将在垂直场景中逐渐完善并实现泛化,为机器人、自动驾驶等领域带来革命性的突破。

7.1　多模态大模型

随着人工智能技术的飞速发展,单一模态的模型在处理复杂任务时显得力不从心。为了应对这一挑战,多模态大模型(multimodal large model)应运而生。多模态大模型是一种能够同时处理和分析来自不同模态数据的深度学习模型,它将文本、图像、音频和视频等多模态信息联合起来进行训练,旨在通过AI技术提升个人创造力和生产力。

多模态大模型的核心思想是将不同媒体数据融合,通过学习不同模态之间的关联,实现智能化的信息处理。这种模型不仅能够理解文本、图像、音频和视频等单一模态的信息,而且能够跨模态地理解它们之间的关系,从而实现全面和准确的信息处理。

多模态大模型的技术原理主要基于深度学习。通过构建复杂的神经网络结构,模型能够学习并理解不同模态信息之间的关联和规律。例如,在图像识别任务中,模型可以学习图像中的纹理、形状和颜色等特征;在语音识别任务中,模型可以学习声音的频率、音调和节奏等特征。当模型能够同时处理多种模态信息时,它就能够实现全面的理解和智能的交互。

多模态大模型凭借其强大的信息处理能力和广泛的应用前景,已经在很多领域取得了显著成果。

1. 自然语言处理

机器翻译:结合图像信息辅助理解文本语境,提高翻译的准确性。例如,在翻译旅游指南时,可以根据图片中的景点信息来调整翻译策略。

情感分析:通过分析文本、图像、音频和视频等多模态信息,能够准确判断用户的情感倾向,在社交媒体监测、市场调研等领域具有重要的应用价值。

问答系统:利用多模态人工智能技术回答用户的问题。用户要求模型综合理解相关的图像、视频和文本等内容,模型根据综合信息进行逻辑推理,给出符合用户要求的回答。

2. 图像识别

人脸识别：通过学习图像中的面部特征，并结合其他模态的信息（如文本描述、语音指令等），提高人脸识别的准确率，在安防监控、金融支付等领域具有重要应用。

物体检测：在自动驾驶、机器人等领域，多模态大模型可以识别图像中的物体，并结合其他传感器数据（如雷达、激光雷达等）进行精确定位和导航。

场景识别：通过分析图像中的背景、物体布局等信息，识别出不同的场景类型，在虚拟现实、增强现实等领域具有重要应用。

3. 语音识别

智能家居：使用语音识别技术，通过语音指令控制家居设备，实现便捷的生活体验。多模态大模型还可以结合图像信息（如手势、表情等）来提高语音识别的准确率。

语音助手：在智能手机、智能汽车等设备上，语音助手已经成为用户与设备交互的重要方式。多模态大模型可以使语音助手更加智能，能够准确地理解用户的意图和需求。

客服机器人：在电商、金融等领域，客服机器人已经逐渐取代人工客服成为主要的客户服务方式。多模态大模型可以使客服机器人更加智能，能够处理更复杂的问题。

4. 跨模态生成与推荐

文图生成：根据文字描述生成相应的图片或视频，在广告设计、游戏开发等领域具有重要应用。

语音合成：根据文字描述生成相应的语音，在有声读物、智能客服等领域具有重要应用。

跨模态推荐：根据用户的历史喜好信息（如观看过的电影、浏览过的商品等）为用户推荐相关的内容，例如，根据用户看过的电影推荐相关的商品、图书和旅游目的地。

5. 智能驾驶

行为理解和预测：分析司机意图，对车辆周围的人和物的行为进行理解和预测，为自动驾驶决策提供丰富的依据。

场景理解和语义分割：对图像和视频等数据进行深度学习，实现场景理解和语义分割，从而为自动驾驶车辆提供准确的环境信息。

决策和规划：基于多模态信息，结合大语言模型、强化学习等技术，实现准确、安全的决策和规划。

多模态大模型已成为人工智能研究的焦点，未来的研究将深度探索世界模型、情感计算和类脑智能等领域，共同推动通用人工智能的最终实现。这些领域的深入研究将为人工智能的发展提供强大的动力，推动其向更高的目标迈进。

【例题 7-1】 列举 2～3 个多模态大模型的典型案例。

【解】 多模态大模型作为人工智能领域的前沿技术，正逐渐受到广泛关注。这类模型能够处理和理解多种类型的数据，如文本、图像、音频和视频等，从而实现全面而深入的信息交互与理解。以下是当前多模态大模型的典型代表。

（1）OpenAI GPT-4o。

GPT-4o 是 OpenAI 的多模态大模型，能够实时处理和生成文本、音频、图像和视频。它将文本、视觉和音频的能力整合到一个模型中，提高了处理速度和效率。GPT-4o 对音频的反应速度几乎可以说是瞬间的，并且支持多种语言，能在对话中无缝切换。

（2）Google Gemini。

Gemini 是 Google 的多模态 AI 模型，能够整合包括文本、图像、音频和视频在内的多种模态。它从一开始就被设计为本地多模态，可以在不同类型的数据上进行预训练，具备创造性和表现能力，如艺术和音乐生成、多模态叙事和语言翻译。

（3）Meta ImageBind。

ImageBind 是 Meta 公司的多模态模型，具有两个创新点。首先，它用一个统一的嵌入空间来解释图像里的感官数据，能够全面理解输入的信息；其次，ImageBind 支持 6 种不同的模态，即文本、音频、图像（视觉）、运动、热图（温度）和深度数据，在处理复杂的多模态任务时表现出色。

这些多模态大模型各自具有独特的特点和优势，在不同的应用场景中发挥着重要作用。未来还将涌现出更多的多模态大模型，推动人工智能技术的发展和应用。

7.2　AI 智能体

随着 AI 智能体的不断发展，社会正逐渐向开发具有更高自主性的创新系统迈进，这些系统能够在最少的人类参与或指导下完成任务。这预示着一个由人工智能驱动的创新时代的到来，其有可能影响全球经济的各领域。鉴于这一深远前景，考虑安全和治理措施以指导先进 AI 智能体的负责任开发和实施至关重要。

7.2.1　AI 智能体的定义

AI 智能体是一种能够感知环境、做出决策并采取行动的计算机程序。智能体通常具有自主性，可以在没有人为干预的情况下执行任务。AI 智能体是人工智能领域的一个重要分支，它结合了感知、决策和执行能力，旨在模拟人类的智能行为，并在特定任务中展现出高度自主性。

1. AI 智能体的功能

从功能上看，AI 智能体具备以下关键能力。

（1）感知能力：AI 智能体能够通过传感器或其他数据源接收其环境的数据输入，这些数据输入可能包括文本、图像、声音和压力等。例如，在自动驾驶汽车中，AI 智能体能够通过摄像头、雷达等传感器感知周围环境，如车辆、行人和交通标志等。

（2）决策能力：AI 智能体能够根据感知的环境信息，运用内置的算法和模型进行分析和推理，从而做出合理的决策。例如，在编程领域，AI 智能体可以根据代码的结构和上下文，自动调用代码生成工具辅助开发者编写代码。

（3）执行能力：AI智能体能够通过效应器对环境采取行动。在物理环境中,效应器可能包括机械臂、轮子等;在数字环境中,效应器可能是发送给其他软件系统的命令,如生成数据可视化或执行工作流。

2. AI智能体的特性

AI智能体具有以下特性。

（1）自主性：AI智能体能够在没有明确指令的情况下,根据预设的目标和规则自主行动。这种自主性使得AI智能体能够灵活应对复杂多变的环境。

（2）适应性：AI智能体能够通过学习和适应不断优化自己的行为,以便更好地完成任务。例如,在智能家居领域,AI智能体可以根据用户的生活习惯和喜好自动调整家居环境,提高生活品质。

（3）互动性：AI智能体通常具备与人类或其他系统进行有效沟通和协作的能力。例如,在智能客服领域,AI智能体可以为用户提供实时解答和反馈。

从广义上讲,AI智能体可以是任何能够自主感知、决策和执行的智能系统,无论是硬件装置还是软件系统。例如,自动驾驶智能体可以集成图像识别大模型用于环境感知,同时利用决策算法规划路径和控制车辆;服务机器人智能体则可以通过大模型进行语言理解,与用户交流,并使用其他算法控制机械运动。

7.2.2　AI智能体的演进

AI智能体的概念并非一蹴而就,而是经历了漫长而曲折的演进过程。这一过程可以大致分为以下几个阶段。

1. 早期基于规则的系统

时间背景：20世纪50年代至70年代。

特点：这一时期的AI智能体主要是基于规则的系统。这些系统通过预设的规则和逻辑进行决策和行动,缺乏灵活性和适应性。例如,早期的专家系统就是基于规则的系统,它们通过专家提供的规则进行推理和决策。

局限性：由于基于规则的系统依赖于固定的规则和逻辑,这使得这些系统可预测,但无法从新经验中学习或适应。

2. 机器学习时代的智能体

时间背景：20世纪90年代至今。

特点：随着机器学习技术的兴起,AI智能体开始具备从数据中学习和适应的能力。这一时期的AI智能体能够通过与环境的交互不断改进自己的性能,从而更好地完成任务。例如,强化学习智能体可以结合大模型提供的语言理解和生成能力,在复杂的环境中学习如何执行任务。

技术进步：这一阶段,一系列技术通过提高效率和增强专业性极大地改进了人工智能模型。监督学习有助于从标记数据集中进行学习,使模型能够准确预测新的、以前未见过的数据或对此进行分类;强化学习使智能体能够通过在动态环境中试错以学习最优行为;基于人类反馈的强化学习使智能体能够通过人类反馈进行适应和改进,特别关注使人工智能行为与人类价值观和偏好保持一致;迁移学习涉及采用预先训练的模型,并将其适应于相关的新问题;微调涉及采用预先训练的模型,并在较小的、特定任务的数据集上进一步训练。

3. 大模型时代的智能体

时间背景:2017 年至今,特别是大语言模型的兴起。

特点:随着大语言模型和多模态大模型的快速发展,AI 智能体开始具备强大的感知、决策和执行能力。这些模型使用大量数据生成类似人类语言的文本,并参与基于语言的复杂任务,从而提高了 AI 智能体的智能化水平。例如,OpenAI 的 GPT 系列模型、谷歌的BERT 模型等都是典型的大语言模型,它们为 AI 智能体提供了强大的语言理解和生成能力。

智能体的发展:这一阶段,AI 智能体开始从简单的任务驱动向复杂的自主决策和执行转变。它们能够处理复杂的任务和环境,并在没有人为干预的情况下完成任务。如今的 AI 智能体使用各种学习技术,包括强化学习或迁移学习,使其能够不断提升能力、适应新环境并做出更明智的决策。例如,Auto-GPT 等智能体能够自主规划并逐步完成复杂任务,其实现方式是巧妙运用大语言模型进行各种结果的生成,并充分整合网络搜索引擎和代码脚本等工具来达成目标。

7.2.3　AI 智能体的未来

随着技术的不断进步和应用场景的拓展,AI 智能体将在未来发挥更加重要的作用。以下是对 AI 智能体未来发展的详细展望。

1. 技术发展趋势

(1) 更强的学习能力:AI 智能体将具备更强的学习能力,能够更快、更有效地掌握新的知识和技能。通过机器学习、深度学习等先进算法,AI 智能体可以不断地从数据中学习并优化自己的行为,以适应复杂多变的环境和任务。例如,在自动驾驶领域,AI 智能体可以通过不断学习道路状况、交通规则等信息,提高自己的驾驶技能和安全性。

(2) 更强的自主决策能力:AI 智能体将具备更强的自主决策能力,能够在没有人为干预的情况下做出合理的决策。通过强化学习等技术,AI 智能体可以学会在复杂环境中做出最优决策,以实现特定目标。例如,在智能制造领域,AI 智能体可以根据生产线的实时状况自动调整生产参数,优化生产流程,提高生产效率。

(3) 更高效的交互能力:未来的 AI 智能体将具备更高效的交互能力,能够与人类或其他智能体进行自然、流畅的沟通。通过自然语言处理、计算机视觉等技术,AI 智能体可以理解人类的语言、表情和动作等信息,并以直观、易于理解的方式回应人类的需求和指令。

(4) 多模态融合:未来的 AI 智能体将实现多模态信息的融合处理。这意味着它们可以同时处理文本、图像、声音和视频等多种信息,从而全面地感知和理解环境。例如,在家庭场景中,AI 智能体可以通过摄像头识别家庭成员的面部表情和手势,通过麦克风捕捉家庭成员的语音指令,从而更准确地理解家庭成员的需求和意图。

2. 应用场景拓展

(1) 智能家居:未来的 AI 智能体将成为智能家居的核心控制系统。它们能够根据用户的生活习惯和喜好自动调整家居环境,提高生活品质。例如,智能音箱、智能摄像头等设备可以通过语音识别和图像处理技术实现家居自动化管理。

(2) 智能制造:在智能制造领域,AI 智能体将实现生产流程的自动化和智能化。它们可以实时监测生产线的运行状况、设备状态等信息,并根据实时数据进行生产计划的调整和优化。例如,通过预测性维护技术,AI 智能体可以提前发现设备故障并进行维修,避免生产中断和损失。

(3) 自动驾驶:在自动驾驶领域,AI 智能体将发挥更加重要的作用。它们可以实时监测道路状况、交通信号、行人和其他车辆等信息,并做出合理的驾驶决策,确保行驶的安全和顺畅。随着技术的不断进步和成本的降低,自动驾驶汽车将成为未来出行的主要方式之一。

(4) 医疗健康:在医疗健康领域,AI 智能体将协助医生进行诊断、治疗和健康管理。它们能够分析患者的病历和症状信息,提供精准的诊断建议和治疗方案。此外,AI 智能体还可以用于药物研发和疾病预测等方面。

(5) 教育辅导:在教育领域,AI 智能体将为学生提供个性化的学习辅导和教学资源。通过分析学生的学习进度、兴趣偏好等信息,AI 智能体可以为每个学生制定定制化的学习计划,并提供相应的学习资源和练习题目。例如,在线教育平台已经利用 AI 智能体为学生提供智能辅导服务,帮助学生提高学习效率和成绩。

(6) 金融服务:在金融服务领域,AI 智能体将提供个性化的投资建议和风险管理方案。它们能够分析用户的财务状况和风险偏好信息,提供符合用户需求的投资建议。此外,AI 智能体还可以用于欺诈检测和反洗钱等方面。

(7) 娱乐互动:AI 智能体还可以在娱乐互动领域发挥重要作用。它们可以陪伴用户进行游戏、聊天和观影等娱乐活动,提供个性化的娱乐体验。例如,智能音箱和智能电视已经具备了 AI 智能体的功能,可以根据用户的喜好推荐音乐、电影等,并与用户进行互动。

3. 未来展望

(1) 多智能体系统:未来的 AI 智能体将不再局限于单个智能体的应用,而是向多智能体协同系统发展。这些智能体之间可以通过网络进行通信和协作,共同完成任务。例如,在智能制造领域,多个智能体可以协同工作,实现生产流程的自动化和智能化;在智慧城市领域,多个智能体可以协同工作,实现城市管理的智能化和高效化。

(2) 人机共生社会:随着 AI 智能体在各个领域的广泛应用,未来社会将逐渐向人机共生社会转变。人类和 AI 智能体将共同完成任务并相互促进发展。例如,在医疗领域,医生可以利用 AI 智能体进行辅助诊断和治疗;在教育领域,教师可以利用 AI 智能体为学生提供个性化的学习辅导和资源推荐。

(3) 智能化生活的全面实现:未来的 AI 智能体将渗透到人类生活的各方面,实现智能化生活的全面实现。例如,在智能家居领域,AI 智能体可以根据用户的习惯和需求自动调节家居环境;在交通领域,AI 智能体将实现自动驾驶和智能交通管理;在医疗健康领域,AI

智能体将为人们提供准确、个性化的医疗服务。

【例题 7-2】 列举两个 AI 智能体的实际案例。

【解】 (1) Khanmigo：教育领域的 AI 智能助手

① 案例背景。

Khanmigo 是由可汗学院(Khan Academy)开发的一款基于 GPT-4 的 AI 智能体，旨在为学生和教师提供帮助。

② 功能与应用

学生辅导：Khanmigo 可以作为学生的虚拟导师，提供个性化的指导、支持和参与，满足不同年龄和水平学生的需求。例如，在解决数学问题时，Khanmigo 能够引导学生思考，指出错误，并让学生解释解题思路。

课程规划：对于教师而言，Khanmigo 是一个得力的助手，它可以帮助教师进行课程规划与备课，节省时间。

写作教练：Khanmigo 还能模仿写作教练，在写作、辩论和协作过程中为学生提供提示和建议。

(2) 斯坦福小镇项目：虚拟世界中的 AI 智能体

① 案例背景。

斯坦福小镇项目是一个由斯坦福大学研究人员开发的虚拟小镇项目，该项目通过构建一个虚拟环境，模拟了 25 个 AI 智能体的日常生活和社会互动。

斯坦福小镇项目利用 GPT 和其他自定义代码实现了智能体的决策和行为。智能体能够记住自己的经历，进行反思和计划，甚至展现出类似人类的情感和社会结构。

② 功能与应用。

自主生活与互动：斯坦福小镇项目中的 25 个 AI 智能体拥有自己的个性和背景故事，能够在虚拟小镇中自由活动、交流互动。这些智能体可以像人类一样生活、工作和社交。例如，早上醒来后会去做早餐，艺术家会去室外写生，作家则会在室内安静的地方写作。

模拟真实社会互动：斯坦福小镇项目通过模拟真实的社会互动，为研究和开发能够在虚拟世界中自主生活和互动的 AI 智能体提供了平台。这种模拟不仅有助于理解人类智能和构建人工生命，还能推动人工智能在游戏、虚拟现实等领域的应用。

开源与定制化：斯坦福小镇项目已经开源，用户可以根据自己的设想定制故事的开头，然后用上帝视角观察这些智能体在小镇中的后续发展。这种定制化功能使得更多的人可以探索和利用这种技术，特别是在创造自然、智能的虚拟现实应用和游戏方面。

教育与科研：斯坦福小镇项目不仅是一个研究平台，也是一个学习的机会。对于对 AI 领域感兴趣的人来说，通过参与斯坦福小镇项目，可以深入学习 AI 的基本理论与实践，涵盖机器学习、深度学习及自然语言处理等领域。同时，该项目也为研究人员提供了测试和验证新算法的平台。

情人节派对：在斯坦福小镇项目的一个模拟场景中，智能体自发地组织了一场情人节派对。这一情景不仅展示了智能体的社会交往能力，也体现了它们在虚拟世界中的自主性和创造性。

斯坦福小镇项目展示了利用大语言模型创建的智能体在模拟真实社会互动方面的潜力。通过进一步优化这些智能体的性能，未来可能开发出更加自然、智能且令人兴奋的虚拟现实应用和游戏。此外,该项目还可以应用于教育、社交和医疗等领域,为人类社会带来更加便捷和高效的服务。

7.3　具身智能

具身智能是指智能体通过机体与其所在环境进行交互,从而实现认知、学习和适应的能力。具身智能强调机体、环境与认知过程的紧密联系,认为智能不仅仅是大脑或计算系统的功能,而是通过机体在物理环境中的感知和行动实现的。这一概念在机器人学、认知科学和人工智能领域具有重要意义。

7.3.1　具身智能的概念

具身智能(embodied intelligence)又称为具象智能(embodied AI),是人工智能领域的一个重要分支。它强调智能体(如机器人)与其物理形态和所处环境的密切联系,认为智能行为是通过身体与环境的交互而产生的。这种智能形式不仅是在虚拟世界中处理数据,而是要能够直接影响和改变物理世界。具身智能的核心在于,智能体通过物理身体与环境的交互实现感知、理解、决策和行动,其智能行为不仅依赖信息处理能力,还依赖智能体的感知和行动能力。

具身智能可以从以下多个维度进行解析。

1. 身体与环境的互动

具身智能强调智能体必须拥有一个物理身体,这个身体能够感知周围环境,如视觉、听觉和触觉等的变化,并能够通过运动模块(如机器人手臂、移动设备)对环境做出反应。这种身体与环境的互动是具身智能实现智能行为的基础。例如,在机器人领域,机器人通过其传感器(如摄像头、激光雷达等)感知周围环境,然后通过其机械臂、轮子等执行机构与环境进行交互,完成各种任务。

2. 感知—行动回路

具身智能系统通常集成了感知模块和运动模块,形成感知—行动回路。在这个回路中,智能体通过感知模块获取环境信息,然后经过智能处理(如决策算法)生成行动指令,最后通过运动模块执行行动。这个回路是闭环的,智能体可以根据行动结果反馈来调整后续的感知和行动。例如,在自动驾驶领域中,汽车通过摄像头、雷达等传感器感知周围环境,然后通过车载计算机进行决策,最后通过控制系统控制车辆的行驶。

3. 主动式感知和执行

具身智能系统能够进行主动式感知和执行物理任务。与传统的被动式感知(如摄像头监控)不同,具身智能系统能够主动探索环境,寻找目标并执行任务。例如,在搜救场景中,搜救机器人可以主动探索废墟,寻找被困人员,执行救援任务。

具身智能的概念最早出现于图灵在 1950 年发表的论文《计算机器与智能》中。虽然当时这个概念并未得到广泛关注和深入研究,但随着人工智能技术的不断发展,具身智能逐渐成为一个重要的研究方向。

7.3.2 具身智能的发展历程

具身智能的发展历程可分为以下几个阶段。

1. 早期萌芽阶段(1950—1990)

在人工智能早期萌芽阶段,人工智能领域的研究者对智能的本质进行了激烈的争论,并形成了符号主义、连接主义和行为主义三大学派。符号主义强调智能可以通过符号和规则来表示和推理,连接主义则关注神经网络和神经元之间的连接关系,而行为主义则认为智能可以通过与环境的交互来学习。虽然这些学派的研究方法和观点各不相同,但它们都为后来的具身智能研究奠定了基础。

2. 技术积累阶段(1990—2022)

随着研究的深入和技术的进步,三大学派开始相互借鉴和融合,共同推动智能理论的发展。在人工智能技术积累阶段,机器人技术、传感器技术、计算机视觉和自然语言处理等相关技术得到了快速发展,为具身智能的实现提供了技术支撑。例如,机器人技术使得机器人具备了执行复杂任务的能力,传感器技术使得机器人能够感知周围环境的变化,计算机视觉技术使得机器人能够识别和理解环境中的物体,自然语言处理技术使得机器人能够与人类进行语言交互。

研究者开始探讨智能体如何通过身体与环境的交互来实现智能行为,并提出了感知—行动回路等核心概念。同时,一些初步的具身智能系统也开始出现,如基于行为的机器人控制系统等。

3. 技术突破阶段(2022 年至今)

近年来,以大模型技术为代表的生成式 AI 语言大模型取得了重大突破,为具身智能的发展注入了新的活力。这些大模型不仅提供了强大的知识库和推理能力,还为机器人实现智能感知、自主决策乃至拟人化交互方面带来了巨大潜力。例如,ChatGPT 等生成式 AI 语言大模型可以通过自然语言与人类进行交互,为具身智能系统提供了自然和便捷的交互方式。

随着大模型技术的不断发展,具身智能系统能够处理复杂和多变的环境信息,实现自然和灵活的智能行为。例如,一些具身智能机器人已经能够在复杂的环境中自主导航、避障、执行任务等。同时,软硬协同技术、环境感知技术、自主决策技术等关键技术的不断突破也为具身智能的发展提供了有力支持。例如,软硬协同技术使得机器人能够具备灵活和高效的执行机构,环境感知技术使得机器人能够准确地感知周围环境的变化,自主决策技术使得机器人能够智能地制定和执行任务。

7.3.3 具身智能的应用领域

具身智能已经在多个领域展现出广泛的应用潜力,成为推动各行各业智能化升级的重要力量。以下是一些具身智能的主要应用领域。

1. 机器人技术

具身智能在机器人领域得到了广泛应用。机器人可以通过感知和运动与环境进行互动,实现自主导航、物体识别和任务执行等功能。例如,工业机器人可以通过感知模块获取生产线上物体的位置、形状等信息,然后通过运动模块进行精确的抓取、搬运等操作。服务机器人则可以通过感知模块获取用户的指令和需求,然后通过运动模块进行导航、对话等操作。

2. 自动驾驶

自动驾驶是具身智能的一个重要应用领域。自动驾驶汽车通过感知模块获取周围环境的信息,如道路状况、车辆位置和行人动态等,然后通过决策模块制定行驶策略,最后通过执行模块控制车辆行驶。例如,特斯拉的自动辅助驾驶系统 Autopilot 就是一种典型的具身智能应用。它能够实时感知周围环境的变化,自主做出驾驶决策并执行相应的动作。

3. 人机交互

在虚拟现实和增强现实中,具身智能可以提升用户的沉浸感和交互体验。通过感知用户的动作和意图,系统可以实时调整虚拟环境的内容和呈现方式。例如,一些虚拟现实游戏通过感知用户的头部和手部动作,可以实现沉浸式的游戏体验。

4. 认知科学

具身智能在认知科学领域也有重要应用。通过研究智能体如何通过身体与环境的交互来实现智能行为,可以深入了解人类和动物的认知过程。例如,一些研究通过模拟人类的感知和运动能力来探索人类的思维和学习机制。

5. 医疗康养

在医疗康养领域,具身智能正逐渐成为应对老龄化挑战和提供高质量医疗服务的关键技术。例如,自动化手术机器人能够执行精确的切割和缝合操作,极大地提高了手术的安全性和效率。此外,具身智能还可以用于康复训练和老年护理等领域,为人们的健康保驾护航。

6. 工业制造

在工业制造领域,具身智能有望成为新型工业化的关键核心。通过提升机器人的智能化水平,实现从简单的机械动作到复杂的生产流程的自主控制,从而提高生产效率和质量。

7. 物流运输

在物流运输领域,具身智能有望降低流通成本并提高效率。通过智能调度和优化配送路线,具身智能能够实现高效、快捷和智能化的物流体系。

8. 家庭服务

在家庭服务领域,具身智能通过高级的认知和行动能力可以实现真正意义上的定制化服务。例如,家庭服务机器人已经从基础的扫地机器人演变到现在可以进行地面清洁、物品搬运和基本家务的多功能机器人。这些机器人能够自主感知家庭环境的需求,并采取相应的行动,为人们的生活带来很大的便利。

【例题 7-3】 场景描述:在一家现代化的汽车制造工厂中,生产线上的工作繁重且复杂。为了提高生产效率和产品质量,工厂引入了一款具备具身智能的工业机器人"智多星"。智多星不仅拥有强大的感知和决策能力,还能像熟练工人一样进行精准的操作,为汽车制造过程带来了革命性的变化。

试问:在这一场景下,具身智能工业机器人"智多星"能做什么工作?

【解】 ① 精准感知与定位:智多星通过内置的激光雷达、视觉传感器等高精度设备,能够实时感知生产线上的工件位置、姿态和形状等信息。基于这些感知信息,智多星能够精准地定位工件,为后续的操作提供准确的坐标和姿态信息。

② 智能决策与规划:智多星内置的大模型能够根据生产任务和工件信息,智能地规划操作路径和动作序列。在执行过程中,智多星能够根据实时感知到的环境变化和工件状态动态调整操作策略,确保操作的准确性。

③ 精细操作与协作:智多星拥有灵活的机械臂和手部结构,能够进行精细的操作,如焊接、装配和喷涂等。在生产过程中,智多星能够与其他机器人或人类工人进行协同工作,共同完成复杂的生产任务。例如,在车身焊接过程中,智多星能够与其他机器人配合,实现多工位、多工种的并行作业,大幅提高生产效率。

④ 自主学习与优化:智多星具备自主学习能力,能够通过对历史操作数据的分析和学习,不断优化操作策略和动作序列。随着生产经验的积累,智多星能够逐渐提高操作效率和产品质量,降低生产成本。

阅读材料:未来科学家

未来科学家(Future Scientists)是探索未知世界的先锋,他们怀揣着对科学无尽的热爱与好奇,勇攀科技高峰。他们具备扎实的学科基础与前瞻的跨学科视野,能够熟练运用先进技术和工具,解开自然界的奥秘。未来科学家注重实验验证与数据分析,以严谨的态度追求真理。他们心怀社会,坚守伦理,确保科研成果惠及人类。未来科学家是创新的源泉,是时代的智者,引领人类走向更加美好的未来,如图 7-1 所示。

图 7-1　未来科学家

本章小结

　　本章介绍了大模型技术的未来趋势,包括多模态大模型、AI 智能体和具身智能的发展与应用。多模态大模型将成为未来大模型技术的主流,AI 智能体能够感知环境并采取自主行动,具身智能则强调通过机体与环境交互实现智能行为。

　　多模态大模型能够同时处理文本、图像、音频和视频等多种类型的数据。它通过联合训练学习不同模态之间的关联,实现跨模态的信息融合与理解,提升模型的性能和泛化能力。多模态大模型能够处理复杂和多样化的任务,广泛应用于自然语言处理、图像识别、语音识别、跨模态生成与推荐以及智能驾驶等领域。

　　AI 智能体是一种能够感知环境、做出决策并采取行动的计算机程序,它具备自主性、适应性和交互性,能够在没有明确指令的情况下,根据预设的目标和规则自主行动;它们通过传感器或其他数据源接收环境数据,运用内置算法和模型进行分析推理,从而做出决策,并通过效应器对环境采取行动。AI 智能体将在智能家居、智能制造、自动驾驶、医疗健康、教育辅导和金融服务等领域发挥重要作用。

　　具身智能强调智能体通过机体与其所在环境进行交互,从而实现认知、学习和适应的能力。具身智能系统通常集成了感知模块和运动模块,形成感知—行动回路,能够根据环境信息做出决策并执行,使得智能体能够主动探索环境、执行任务,并在复杂多变的环境中灵活应对。具身智能在机器人技术、自动驾驶、人机交互、认知科学、医疗康养和工业制造等领域展现出了广泛的应用潜力。

习题七

　　1. 多模态大模型的核心思想是什么?(　　　)

A. 仅处理文本数据　　　　　　　　B. 仅处理图像数据

C. 融合不同模态的数据进行联合训练　D. 仅处理音频和视频数据

2. GPT-4o 是哪个公司的多模态大模型？（　　　）

A. Google　　　　B. Meta　　　　C. OpenAI　　　　D. IBM

3. AI 智能体不具备以下哪种特性？（　　　）

A. 自主性　　　　B. 适应性　　　　C. 被动性　　　　D. 互动性

4. 以下哪项技术不是 AI 智能体演进过程中的重要进步？（　　　）

A. 监督学习　　　　B. 强化学习　　　　C. 传统编程　　　　D. 迁移学习

5. AI 智能体在智能家居中的主要作用是什么？（　　　）

A. 提供娱乐内容　　　　　　　　　B. 自动调整家居环境

C. 仅作为监控设备　　　　　　　　D. 仅作为网络连接设备

6. AI 智能体在智能制造中的主要作用是什么？（　　　）

A. 提供娱乐内容　　　　　　　　　B. 实时监测生产线并优化生产流程

C. 仅作为监控设备　　　　　　　　D. 仅作为网络连接设备

7. 斯坦福小镇项目主要展示了什么？（　　　）

A. 单个 AI 智能体的决策能力

B. 多个 AI 智能体在虚拟世界中的自主生活和互动

C. AI 智能体在真实世界中的应用

D. AI 智能体的学习能力

8. 具身智能强调的是什么？（　　　）

A. 智能体仅依赖大脑功能

B. 智能体通过身体与环境的交互实现智能

C. 智能体仅依赖计算能力

D. 智能体仅依赖传感器数据

9. 具身智能系统通常集成了什么模块？（　　　）

A. 仅感知模块　　　　　　　　　　B. 仅运动模块

C. 感知模块和运动模块　　　　　　D. 决策模块和执行模块

10. 具身智能在自动驾驶中的应用主要体现在哪里？（　　　）

A. 仅处理图像数据　　　　　　　　B. 感知周围环境并做出驾驶决策

C. 仅处理语音指令　　　　　　　　D. 仅依赖 GPS 导航

11. 什么是多模态大模型？简要说明其技术原理。

12. 简述多模态大模型在跨模态生成与推荐中的应用。

13. 论述多模态大模型相比单一模态模型的优势，并举例说明。

14. 设想一个基于多模态大模型的智能家居系统，描述其如何实现跨模态的信息交互与理解。

15. 设想一个基于多模态大模型和 AI 智能体的自动驾驶系统，描述其如何实现安全、高效的自动驾驶。

16. AI 智能体具备哪些关键能力？

17. 论述 AI 智能体在智能制造中的应用及其对社会经济的影响。

18. 分析 AI 智能体在自动驾驶领域的发展现状及未来趋势。

19. 具身智能强调的是什么? 简述其在机器人技术中的应用。

20. 探讨具身智能在医疗康养领域的潜在应用及面临的挑战。

21. 结合具身智能和多模态大模型的优势,提出一种创新的在线教育辅导方案。

22. 论述多模态大模型、AI 智能体和具身智能之间的关系及其共同推动人工智能发展的作用。

附录 A 实验指导

为了加深学生对课程内容的理解，巩固所学知识，并切实提升学生的动手实践能力、问题分析能力和问题解决能力，我们精心设计了一系列与课程内容紧密相关的实验项目。以下是对这些实验项目的详细指导，供教师和学生根据教学实际需求进行选择和参考。

在实验过程中，应鼓励学生积极探索、勇于创新。每个实验项目都明确列出了实验目的、实验内容和实验要求，旨在为学生提供清晰的实验方向和操作步骤，以帮助他们顺利完成实验任务。实验思考题则是鼓励学生根据自己的兴趣和实际情况，对实验内容进行适当的拓展与创新，从而培养他们的独立思考能力和创新意识。

实验 1 文本生成

一、实验目的

(1) 掌握利用大模型进行文本生成的基本方法。

(2) 掌握文本生成技术的多样性，提升对文本内容的理解和处理能力。

(3) 了解大模型辅助创作质量和效率，培养学生的创造力和表达能力。

二、实验内容

1. 生成演讲稿

有些学校会定期举办内部的演讲比赛，有时学生需要作为学校或班级的代表，在公众场合进行演讲宣传。这时，一份精心准备的演讲稿就显得尤为重要。一份优秀的演讲稿能够深深打动听众，给他们留下难以磨灭的印象。然而，对于缺乏演讲经验的学生来说，撰写一份出色的演讲稿并非易事。不过，现在可以借助大模型的强大功能来辅助创作。

例如，在大模型工具的输入框中输入提示词："我要参加学校举办的演讲比赛，需要一份以'我的大学'为主题的演讲稿。请结合我的学习、生活和情感体验，讲述我的大学故事、感悟和成长经历，字数控制在 600 字以内。"

随后，大模型工具便能生成一份符合用户要求的演讲稿，当然，若能加入用户的个人经历就更好。

2. 生成学习总结

总结一学期或某一阶段的学习成果,反思学习过程,提炼学习经验和教训,为未来的学习提供指导。学习总结一般包含引言、学习内容回顾、学习心得与感悟、存在的问题与改进建议、未来规划等部分。

例如,生成学习总结的指导步骤。

(1)引言:简要阐述总结的目的和背景,明确为何要进行此次学习总结,以及总结所涵盖的时间段(如一学期或某一特定学习阶段)。

(2)学习内容回顾:详细回顾所需总结的课程或项目的学习内容,包括PPT课件、学习笔记、作业、考试卷以及任何相关的学习资料。一般大模型支持上传文件,包括 Word、Excel、PPT、PDF、TXT、URL以及常用的图片格式。

(3)学习心得与感悟:分享在学习过程中的收获和感悟,反思学习方法和策略的有效性。探讨哪些方法促进了知识的吸收和应用,哪些策略需要调整以优化学习效果。

(4)存在的问题与改进建议:指出在学习过程中遇到的问题和挑战,提出改进建议和未来努力的方向。

(5)未来规划:展望未来的学习目标和发展方向,制定具体的学习计划和行动方案。

通过遵循以上步骤,利用大模型工具可以生成一份既全面又个性化的学习总结。同时,结合个人理解和感受对生成内容进行进一步的编辑和完善,确保其准确性和连贯性。添加个人见解和感受,使总结更具个性化和深度,从而更好地指导未来的学习之路。

3. 生成旅游计划

从古至今,旅游都是一种很好的帮助人修身养性、建立自我意识的方式。在旅游出发之前,对旅游计划进行周密的规划至关重要,包括遴选旅行线路、确定交通工具、甄选打卡景点等。对这些信息进行有效的梳理与掌握,能够让用户不虚此行。在大模型的帮助下,用户能够很快地制订旅游计划。

例如,在大模型工具的输入框中输入提示词:"我计划下周去深圳游玩一天,游览一些标志性建筑,请结合不同景点的特色打卡点,帮我安排一下行程。"

随后,大模型工具便能迅速生成一份详尽的旅游计划。

4. 游戏策划与代码设计

一款游戏的诞生,首先始于策划人员的创意构思。他们精心策划出游戏的整体设定,这涵盖了游戏的世界观构建、核心玩法设计、角色设定以及引人入胜的剧情故事。这些设定如同游戏的基石,为后续的开发工作指明了方向,奠定了坚实的基础。

想象一下,当你希望大模型化身为游戏的主策划师时,只需在大模型工具的输入框中输入提示词:"请你扮演一名游戏主策划师,设计一款竞技类游戏,包括游戏的世界观、玩法、角色设定和剧情等。"

随后,大模型工具便会生成一份详尽的游戏策划方案。为了让这份游戏策划方案跃然屏上,成为一款真正的可运行的游戏系统,你可以继续向大模型提出要求。在大模型工具的输入框中输入提示词:"请你化身为一名游戏开发师,根据以下游戏策划方案生成游戏系统的整个代码。"

大模型便会凭借其强大的能力,为用户呈现出游戏系统的代码框架,让创意与技术完美融合。

5. 创作科技散文

科技散文是一种将科学知识、技术原理与文学表达相结合的文体,它既具有科学的严谨性,又蕴含文学的美感。科技散文通过生动的语言和清晰的逻辑,将科学知识传递给读者,同时引发读者的思考和情感共鸣。优秀的科技散文能够跨越科学与文学的界限,成为连接知识与心灵的桥梁。

例如,根据你的需求和偏好,选择一个适合撰写科技散文的大模型工具。在大模型工具的输入框中输入提示词:

请根据以下大纲和资料,撰写一篇关于"探索智能的奥秘:杰弗里·辛顿与深度学习的传奇故事"的科技散文。

大纲和资料:

(1) 杰弗里·辛顿的生平与成就;

(2) 深度学习的起源与发展;

(3) 杰弗里·辛顿与深度学习的关系;

(4) 杰弗里·辛顿对智能科技的贡献;

(5) 智能科技的未来发展趋势。

要求:

(1) 散文应围绕杰弗里·辛顿与深度学习的传奇故事展开,展现其智慧与勇气。

(2) 深入挖掘深度学习领域的经典案例,展现其在实际应用中的价值。

(3) 强调智能科技对社会、经济和文化等方面的影响,展望未来的发展趋势。

(4) 散文注重语言的修辞、节奏和韵律,运用比喻、拟人等手法,使科学内容更具感染力。

大模型工具的输出结果是:

探索智能的奥秘:杰弗里·辛顿与深度学习的传奇故事

在科技史的浩瀚星空中,有这样一颗璀璨的星星,他以智慧为笔,以勇气为墨,书写着人工智能领域最绚烂的篇章。他,就是杰弗里·辛顿,被誉为'深度学习之父',更是2024年诺贝尔物理学奖的荣耀得主,智能科技浪潮中的领航者。

(1) 杰弗里·辛顿的生平与成就。

杰弗里·辛顿,这位出生于英国的计算机科学巨匠,自幼便对大脑的工作机制充满了无限好奇。他的学术生涯,如同一场跨越时空的探索之旅,从心理学的深邃海域,到计算机科学的广袤天地,他始终追寻着智能的奥秘。辛顿的成就,不仅是那一串串耀眼的学术头衔,更是他那不懈探索、勇于挑战的精神,以及'深度学习之父'的崇高荣誉,如同灯塔一般,照亮了深度学习前行的道路。

（2）深度学习的起源与发展。

深度学习，这一如今炙手可热的技术名词，其起源却可追溯至几十年前的人工智能初探。那时，科学家试图模仿人脑的工作方式，让机器学会思考。然而，受限于当时的计算能力和算法水平，这一梦想似乎遥不可及。直到神经网络理论的提出，为深度学习埋下了希望的种子。随着时间的推移，这颗种子在数据的滋养下，逐渐生根发芽，最终绽放出绚烂的花朵。

（3）杰弗里·辛顿与深度学习的关系。

在这场深度学习的革命中，杰弗里·辛顿无疑是那位最杰出的园丁，更是名副其实的"深度学习之父"。他不仅是神经网络理论的奠基人之一，更是深度学习浪潮的推动者。辛顿提出的反向传播算法，如同一把钥匙，打开了深度学习的大门，让机器能够像人一样，从海量数据中学习、推理、决策。他的工作，不仅让深度学习从理论走向实践，更让这一技术成为了人工智能领域的核心驱动力。

（4）杰弗里·辛顿对智能科技的贡献。

辛顿的贡献，不仅仅体现在学术上的突破，更在于他将深度学习的力量带入了现实生活。从语音识别到图像识别，从自然语言处理到智能推荐，深度学习的身影无处不在。以AlphaGo战胜人类围棋高手为例，这一壮举背后，正是深度学习在棋局中的千锤百炼。它学会了人类的策略，更超越了人类的极限，展现了智能科技的无限可能。辛顿的智慧与勇气，让机器不再只是冰冷的工具，而是成为了能够理解、学习、创造的伙伴。他的成就，不仅为智能科技的发展奠定了坚实的基础，更为人类社会的进步开辟了新的道路。

（5）智能科技的未来发展趋势。

展望未来，智能科技的脚步将不会停歇。随着算力的不断提升和数据的日益丰富，深度学习将更加深入地融入我们的生活。在医疗领域，它将助力医生更准确地诊断疾病；在教育领域，它将为每个学生量身定制学习计划；在城市管理中，它将让城市更加智慧、高效。而这一切的繁荣与发展，都离不开杰弗里·辛顿的卓越贡献。

辛顿，这位2024年诺贝尔物理学奖的得主，用他的智慧和勇气，书写了一段关于探索、挑战、超越的传奇故事。深度学习，这一他曾经播种、浇灌的梦想之花，如今已绽放出最耀眼的光芒，照亮着人类走向智能未来的道路。让我们带着对辛顿的敬仰，对深度学习的敬畏，继续探索智能的奥秘，共同迎接那个充满无限可能的未来。

读者可以在大模型工具中重新生成一次，或许会得到一篇截然不同、充满新意的科技散文。同时，也可以尝试不同的科技主题，例如智能手机如何改变世界，人工智能的未来展望，量子计算的神秘探索，或是数字化生活带来的便捷与变革。让你的创意飞扬，生成一篇既富有科技感又蕴含文学美的散文佳作。

三、实验要求

了解文本生成在学校学习、生活和娱乐等多个场景的应用价值。观察并记录模型生成的文本内容，注意其连贯性、逻辑性和创意性。

（1）演讲稿撰写：利用大模型生成一篇关于特定主题的演讲稿，要求逻辑清晰、语言生动并具有感染力。

（2）学习总结：基于给定的 PPT 课件或学习材料，使用大模型生成详细的学习总结，涵盖关键点、难点及个人感悟。

（3）旅游计划：根据目的地信息和个人偏好，生成一份详细的旅游计划，包括行程安排、景点介绍和预算规划等。

（4）游戏策划与代码设计：尝试使用大模型辅助游戏策划，生成游戏背景故事、角色设定等，并探索生成简单的游戏代码框架。

（5）创作科技散文：结合某一科技主题，利用大模型创作一篇科技散文，探讨科技发展对人类生活的影响或未来展望。

四、实验思考题

（1）探索如何结合不同领域的知识体系，实现跨领域学习总结的自动生成。

要求：结合人工智能和人文历史领域的知识，生成具有跨学科视角的学习总结。这需要对不同领域的知识进行有效的整合和融合。

（2）探讨如何基于用户反馈的旅游计划迭代优化。

要求：在旅游计划生成的基础上，引入用户反馈机制，对生成的旅游计划进行迭代优化。通过收集用户对旅游计划的意见和建议，对旅游计划的行程安排、景点选择等方面进行调整和改进，以提升用户的旅游体验。

（3）探索如何实现 AI 在游戏策划与代码生成方面的协作。

要求：设计一种 AI 协作框架，让 AI 能够共同参与游戏策划和代码生成的过程，通过相互协作和补充，提高游戏开发的效率和质量。

（4）探索如何将科技散文与虚拟现实相结合，创作具有沉浸感的科技散文作品。

要求：通过虚拟现实技术重现科技散文中描述的场景和实验过程，让读者能够身临其境地感受科技的魅力和奥秘。这需要对科技散文的创作手法和虚拟现实技术的应用进行深入的研究和创新。

（5）如何设计一个科技散文创作辅助系统？

要求：设计一个科技散文创作辅助系统，用户输入科技主题和大纲后，系统能够自动生成具有文学美感和科学严谨性的科技散文。系统需要能结合用户的写作风格和偏好，提供个性化的创作建议，同时确保生成的散文内容准确、连贯、有深度。

实验 2　绘画创作

一、实验目的

（1）掌握利用大模型进行绘画创作的基本方法。

（2）了解绘画创作的多样性及其在应用场景中的价值。

（3）理解并提升创意表达，培养学生的审美能力和创新思维。

二、实验内容

1. 基础绘画创作

大模型能够根据用户输入的文本描述，自动生成与之对应的图像。用户只需描述画面内容、风格或情感，模型就能迅速生成符合要求的图像。

例如文案配图。在大模型工具的输入框中输入提示词："画一幅画，画中有花鸟、山水和人，笔墨雄浑滋润，色彩浓艳明快，造型简练生动，意境淳厚朴实。"

随后，大模型工具生成的图像如图 A-1 所示。

彩图

图 A-1　智能配图

又如 Logo 设计。在大模型工具的输入框中输入提示词：

> 请为万国科技公司设计一个 Logo。要求：
> （1）体现万国科技公司的核心价值和特点。
> （2）设计风格简洁、大气，易于识别和记忆。
> （3）考虑使用公司的名称、缩写或相关元素进行设计。
> （4）提供多种设计方案供选择，并说明每个方案的设计理念和特点。

随后，大模型工具便会生成一组公司 Logo，供用户选择。读者亦可以亲自尝试一下。另外，用户可以根据个人或团队需求，利用合适的提示词设计班级 Logo、学院 Logo 等，打造专属的视觉标识。

再如海报设计。海报的种类有很多，按照应用领域可分为：

- 商业海报：用于宣传商品或商业服务，增强品牌辨识度，促进消费者购买，例如产品促销海报、品牌活动海报等。
- 文化海报：用于宣传各种社会文娱活动及各类展览，例如音乐会海报、画展海报、电影节海报等。

- 公益海报：用于宣传社会公益、道德观念或政治思想，弘扬爱心奉献、共同进步的精神，例如环保海报、公益募捐海报等。
- 政治海报：用于政治宣传，如选举、集会等活动。这类海报主题明确，传达给观众的信息尽可能明了。

在大模型工具的输入框中输入提示词：

请设计一张用于宣传的环保海报。

海报主题：环保。

海报内容：展示环保理念，倡导环保行为，呼吁人们关注环保问题等。

要求：

（1）色彩搭配要和谐，符合环保主题。

（2）图形设计要简洁明了，易于理解。

（3）文字要简洁有力，能够引起人们的共鸣。

（4）图片要清晰美观，能够吸引人们的注意力。

（5）字体要清晰易读，符合海报的整体风格。

随后，大模型工具便会生成几张环保海报，供用户选择。

2. 高级绘画功能

大模型支持生成多比例图片，用户可以在输入文本描述时指定所需的图片比例，如"3∶4""4∶3""16∶9""21∶9"等，模型便能自动生成符合该比例的图片，极大地简化了新媒体配图的流程。

除了根据文本描述生成图像外，大模型还支持根据参考图生成图像。用户可以上传一张图片作为参考，模型会根据这张图片的风格、色彩和构图等元素，生成与之相似或具有某种关联性的新图像。

例如人物生成。在大模型工具的输入框中输入提示词："根据上传参考图设计一张微笑表情的摄影风格的图像，画面比例是 3∶4。"

大模型工具依据参考图生成图像，如图 A-2 所示。

彩图

原图　　　　　　　　摄影风格

图 A-2　人物生成

又如壁纸生成。在大模型工具的输入框中输入提示词："请根据上传参考图设计一张16∶9 比例的壁纸。"

此时,大模型工具依据参考图生成壁纸,如图 A-3 所示。

原图　　　　　　　　　　　　　　　　　壁纸

图 A-3　壁纸生成

用户可以选择自己喜爱的图片,尝试进行"图生图"的创作体验。

3. 图片重绘功能

图片重绘功能是一项灵活的图像处理工具。它不仅能够满足用户对于图片的风格、细节和背景等方面的个性化需求,还能够激发用户的创造力,帮助他们制作出更加独特和吸引人的图像作品,从而创造出全新的视觉效果。

例如风格变换。用户可以选择将图片转换成不同的艺术风格,如油画、水彩、素描和卡通等。通过调整风格参数,用户可以定制出独特的艺术效果,使图片更加符合个人的需求。在大模型工具的输入框中输入提示词:"请把上传原图转换为素描风格,保留原图主体元素,不能失去原图特点。"

大模型工具依据参考图生成具有素描风格的图像,如图 A-4 所示。

原图　　　　　　　　　素描风格

图 A-4　风格变换

又如背景替换。用户可以替换图片中的背景,选择更加适合或美观的背景图像。同时,还可以对背景进行微调,如调整亮度、对比度和饱和度等,以达到与前景的完美融合。在大模型工具的输入框中输入提示词:"请将上传参考原图的背景换成桂林山水,且不要猫,保持主体不变。"

大模型工具依据原图生成替换背景的图像,如图 A-5 所示。

原图　　　　　　　　　　桂林山水背景
图 A-5　背景替换

用户可以选择合适的图片,尝试进行风格变换、背景替换等功能的创作体验。

4. 局部编辑功能

局部编辑功能为用户提供了对图片进行精细调整和优化的能力,它包括局部重绘、一键消除等功能。

局部重绘允许用户对图片的特定区域进行重新绘制或修改,而不必对整个图片进行重绘。这一功能在需要对图片的局部细节进行调整时非常有用,例如改变某个对象或物体的颜色、形状、纹理,或者修复图片中的瑕疵等。用户可以尝试更改图 A-5 中女人上衣的颜色。

一键消除允许用户通过简单的操作去除图片中的不必要元素,例如路人、杂物或背景中的瑕疵等。这一功能在需要对图片进行快速清理和整理时非常有用,例如去除照片中的物体、修复老照片的污渍或划痕、优化产品设计图等。它可以帮助用户清理和整理图片中的不必要元素,提升图片的质量和美观度。用户可以尝试一下消除图 A-5 原图中的小猫。

5. 艺术画作功能

艺术画作功能是一个极具创意和实用性的应用领域,它允许用户或开发者通过算法生成具有特定艺术风格的图像或画作。用户将要表达的内容、喜欢的风格、期望的形式等关键词一起输入大模型工具,它就能为用户生成出令人惊艳的艺术画作。

艺术画作的常见种类有以下 4 种。

(1) 壁画风格。

壁画风格的艺术画作通常具有鲜明的色彩、简洁的线条和强烈的装饰性。通过模拟古代壁画或现代壁画的绘画技法,大模型可以生成具有历史感或民族特色的图像。这种风格适用于创作具有地域文化特色的艺术作品,或用于装饰和美化公共空间。

(2) 油画风格。

油画风格的艺术画作以其丰富的色彩层次、细腻的笔触和立体的质感而著称。大模型可以模拟油画的绘画过程,包括颜料的混合、笔触的运用和光影的处理,从而生成具有油画质感的图像。这种风格适用于创作具有写实或浪漫风格的艺术作品,或用于数字绘画和插画领域。

（3）水彩风格。

水彩风格的艺术画作以其轻盈、透明和流畅的特质而受人喜爱。大模型可以模拟水彩画的绘画技法，如水分的控制、颜色的混合和笔触的轻盈感，从而生成具有水彩画特色的图像。这种风格适用于创作具有清新、自然或梦幻风格的艺术作品，或用于插画、动画和游戏设计等领域。

（4）抽象派风格。

抽象派风格的艺术画作强调形式、色彩和线条的自由组合，打破传统绘画的写实束缚。大模型可以通过算法生成具有随机性、几何形状或流线型的图案，运用强烈的色彩对比来创作抽象派风格的图像。这种风格适用于探索艺术的新领域，或用于现代装饰、广告设计和时尚界等领域。

例如，在大模型工具的输入框中输入提示词："请帮我绘制一幅艺术画作，抽象派风格，画面内有天空、大海，以及梦幻般的流线型构图和流动的色彩漩涡。"

随后，大模型工具生成抽象派风格的艺术画作，如图 A-6 所示。

彩图

图 A-6　抽象派风格画作

又如，在大模型工具的输入框中输入提示词："请帮我绘制一幅艺术画作，抽象派风格，画面采用不对称构图，左侧的色彩块与右侧的线条形成鲜明对比。"

再如，在大模型工具的输入框中输入提示词："请帮我绘制一幅艺术画作，抽象派风格，画面内是一张奇怪的桌子，一台怪异的电脑和一扇异形的门。"

用户可以选择上述提示词，尝试进行抽象派风格艺术画作的创作体验。

这里需进一步讨论抽象派风格艺术画的提示词选择问题。抽象派风格的艺术画是一种通过非具象的形式来表达情感、观念或内在精神的艺术风格。描述抽象派风格艺术画时，可以使用以下语言或词汇来构建提示词。

（1）形式与构图。

- 几何形状：许多抽象画会运用几何元素，如圆形、方形和三角形等。例如，"画面由多个大小不一的圆形构成，它们相互交错，形成一种动态的平衡。"
- 线条与笔触：线条可以是流畅的、断断续续的，或者具有强烈的动感。笔触可以是厚重的、轻薄的、粗糙的或细腻的。例如,"画家用厚重的笔触勾勒出一种强烈的视觉冲击力。"

- 构图:抽象画的构图可以是平衡的、不对称的,或者充满张力的。例如,"画面采用不对称构图,左侧的色彩块与右侧的线条形成鲜明对比。"

（2）色彩。

- 色彩的运用:抽象画常常通过色彩来传达情感。可以使用"鲜艳的""柔和的""对比强烈的""和谐的"等词汇。例如,"画面以鲜艳的红色和蓝色为主,形成强烈的视觉对比。"
- 色彩的象征意义:某些色彩可能具有象征意义,例如红色可能象征热情或危险,蓝色可能象征宁静或忧郁。例如,"画家用蓝色来表达一种宁静而深沉的情感。"
- 色彩的层次感:色彩可以是单一的,也可以是多层次的。例如,"画面中的色彩层次丰富,从深蓝到浅蓝,形成一种渐变的效果。"

（3）情感与主题。

- 情感表达:抽象画往往通过形式和色彩来传达情感,可以用"激昂的""宁静的""忧郁的""欢快的"等词汇。例如,"这幅画通过鲜艳的色彩和流畅的线条传达出一种欢快的情绪。"
- 主题暗示:虽然抽象画没有具体的形象,但有时会暗示某种主题或概念。例如,"这幅画可能在探讨时间与空间的关系,通过色彩和形状的组合来表达。"

（4）动态与节奏。

- 动态感:抽象画可以通过线条、形状和色彩的排列来创造出一种动态感。例如,"画面中的线条仿佛在舞动,给人一种强烈的动态感。"
- 节奏:色彩和形状的重复可以形成一种节奏。例如,"画面中重复的圆形和蓝色调形成了一种舒缓的节奏。"

通过这些描述语言,可以更好地传达抽象派风格艺术画的美感与内涵。还有"几何图形的梦幻交织""流动的色彩漩涡""迷幻的光影交错""无序中的有序之美""情感的色彩爆发""超越现实的抽象景观"等,这些词汇涵盖了抽象派风格的多个方面。用户可以根据自己的喜好和创作理念,选择合适的词汇作为提示词进行创作。希望通过这些提示词能够激发灵感,让用户创作出独具特色的抽象派风格艺术画作。

三、实验要求

（1）基础绘画创作:根据给定的文本描述,利用大模型生成符合要求的图像。要求生成的图像内容准确、风格鲜明、色彩搭配和谐。

（2）高级绘画功能:学会指定图片比例生成图像,满足不同新媒体平台的配图需求。掌握参考图生成图像的方法,能够基于已有图像生成相似或关联性的新图像。

（3）图片重绘功能:尝试将图片转换成不同的艺术风格,如油画、水彩、素描和卡通等,体验风格变换的乐趣。学会替换图片背景,调整背景细节,使图像更加美观和符合需求。

（4）局部编辑功能:熟练掌握局部重绘功能,对图片的特定区域进行精细调整和优化。学会使用一键消除功能,去除图片中的不必要元素,提升图片质量。

（5）艺术画作功能：尝试生成不同风格的艺术画作，如壁画风格、油画风格、水彩风格和抽象派风格等。结合个人情感和观点，创作具有独特艺术魅力的画作。

（6）实验记录与反思：学生须详细记录实验过程，包括使用的提示词、生成的图像、遇到的问题及解决方法等，并进行反思，总结实验过程中的收获与不足。

四、实验思考题

（1）探索不同绘画风格在特定应用场景下的适用性。

要求：分析并比较不同绘画风格（如油画、水彩、素描、抽象派等）在特定应用场景（如商业海报、文化海报、环保海报等）下的适用性，提出优化建议。

（2）研究如何利用大模型进行绘画风格的迁移与创新。

要求：研究如何利用大模型将一种绘画风格迁移到另一种图像上，并在此基础上进行创新。探讨不同绘画风格之间的内在联系和差异，以及如何通过算法实现风格的迁移和创新。

（3）探讨如何结合用户反馈进行图像生成的迭代优化。

要求：在图像生成的基础上，引入用户反馈机制，对生成的图像进行迭代优化。思考如何收集和分析用户反馈，以及如何根据反馈调整提示词或模型参数，以提升图像生成的质量和满足度。

（4）探讨如何实现个性化图像生成的策略与方法。

要求：探讨如何实现个性化图像生成，包括如何结合用户喜好、情感表达等因素生成符合用户需求的图像。思考如何设计有效的提示词策略，以及如何利用大模型的生成能力进行个性化创作。

（5）在绘画创作过程中，如何平衡创意性与实用性？

要求：讨论在绘画创作过程中，如何既保持创意性，又满足实际应用的需求。分析创意性与实用性之间的关系，探讨如何在二者之间找到平衡点。

实验 3　提示词设计

一、实验目的

（1）掌握提示词设计的基本方法与技巧。

（2）理解提示词在复杂推理和多步问题求解中的应用。

（3）掌握提示词优化技术，提升问题解决能力和创新思维。

二、实验内容

提示词工程是一种通过精心设计和优化提示内容来增强模型性能的技术。其中，零样本提示和少样本提示作为无训练提示中的两种关键技术,使得模型即使在没有示例或仅有少量示例的情况下,也能准确理解和执行任务。此外,大量提示工程的研究工作聚焦于利用大模型将复杂问题分解为一系列简单的子问题进行推理求解,这对于人类和生成式人工智能都是一种有效的解决策略。针对算术、常识和符号等多步推理任务,思维链提示和思维树提示是当前主流的逐步思考与推理提示技术。

1. 零样本提示

零样本提示是指在不向模型提供任何示例或先前上下文的情况下,通过提示词直接向模型提出任务,模型利用自身的预训练知识和泛化能力生成答案。这种提示方式不依赖具体的示例来引导模型的输出,而是直接测试模型对任务的理解能力和推理能力。

例如简单的翻译任务。

在大模型工具的输入框中输入提示词:"请把这句话'今天天气很好,我想去公园散步'翻译成英语。"

模型回复:The weather is very good today, I want to go for a walk in the park.

在这个例子中,模型没有接收到任何翻译任务的示例,而是直接根据提示词中的指令,利用自身的预训练知识和泛化能力完成了翻译任务。

又如定义解释任务。

在大模型工具的输入框中输入提示词:"请解释零样本提示。"

模型回复:

> 零样本提示是一种自然语言处理技术,指在不向模型提供任何示例或先前上下文的情况下,通过提示词直接向模型提出任务,模型利用自身的预训练知识和泛化能力来生成答案。

模型根据提示词中的指令,对"零样本提示"这一概念进行了清晰的解释,展示了其在理解和解释任务方面的能力。

再如复杂推理任务。

在大模型工具的输入框中输入提示词:"假设你是一名公司的人力资源经理,现在需要招聘一名数据分析师。请告诉我,在招聘过程中,你会考虑哪些职位、技能、以往职称等因素,并将这些因素映射到公司内部的职级序列和职称中。"

模型回复:

> 在招聘数据分析师时,我会考虑以下因素:
> 职位:数据分析师。
> 技能:数据分析、数据挖掘、数据可视化、SQL 查询、Python 编程等。
> 以往职称:数据分析实习生、数据科学家助理、商业分析师等。
> 职级序列和职称:根据公司内部的职级序列,可能会将数据分析师映射到中级或高级职位,职称可能为数据分析师、高级数据分析师或数据科学家等。

虽然这个例子相对复杂,但模型仍然能够根据提示词中的指令,结合自身的预训练知识和泛化能力,给出一个合理的回答。这显示了零样本提示在处理复杂推理任务方面的潜力。

总之,零样本提示是一种简单而有效的提示方式,它适用于快速回答基本问题或一般主题。通过不断优化提示词的设计和模型的能力,可以进一步提高零样本提示的应用范围。用户可以尝试在学习、工作和生活中提出几个感兴趣的问题,并观察模型的回答。同时,建议将精彩的问答案例纳入实验报告之中。

2. 少样本提示

少样本提示是一种在与模型交互时使用的技术,是指在提示词中提供少量示例,以帮助模型更好地理解任务的上下文和期望的输出格式。这种方法通常用于需要模型生成特定类型响应的场景,尤其是在模型的训练数据中可能没有覆盖到的地方。

例如,假设想要使用大模型生成某一特定主题的文本描述,如介绍一种新发现的植物。用户可以使用少样本提示引导模型生成符合要求的文本。

在大模型工具的输入框中输入提示词:

> 请介绍一种新发现的植物。下面是 2 个示例,供你参考。
>
> 示例 1:这种新发现的植物生长在热带雨林,它的花朵呈鲜艳的紫色,具有独特的香味,能够吸引多种昆虫进行授粉。
>
> 示例 2:科学家在沙漠中发现了一种罕见的植物,它的根系非常发达,能够在极端干旱的环境中生存,并且具有药用价值。
>
> 现在,请介绍一种你新发现的植物。

用户可以尝试一下这个例子,或参照该例子编写一个少样本提示案例。多次生成并比较不同的答案。建议将好的问答案例纳入实验报告之中。

3. 思维链提示

思维链提示旨在通过引导模型逐步推理,以一系列连贯的步骤展示推理的思路和逻辑关系,从而提高模型在复杂推理任务上的性能。这种提示方法模仿了人类的思维过程,要求模型在给出最终答案之前,详细解释每一步的推理依据。

例如数学应用题。

问题描述:小米需要 4 分钟爬到滑梯顶部,然后滑下来需要 1 分钟。如果水滑梯将在 15 分钟后关闭,请问在关闭之前她能滑多少次?

提示词:"请用思维链提示方法解题。"

模型回复如下。

> (1) 计算每次完整循环所需时间:
>
> 爬上去需要 4 分钟。
>
> 滑下来需要 1 分钟。
>
> 每次完整循环(爬上去再滑下来)需要 4 分钟＋1 分钟＝5 分钟。
>
> (2) 计算在 15 分钟内可以进行多少次完整循环:
>
> 15 分钟÷5 分钟/次＝3 次。

（3）计算小米在 15 分钟内能滑下来的次数：

在 15 分钟内她能滑下来的次数就是完整循环的次数，即 3 次。

小米在滑梯关闭之前能滑 3 次。

又如文本生成任务。

问题：请撰写一篇关于人工智能在医疗领域应用的文章。

思维链提示：

（1）引言部分。

简要介绍人工智能技术的发展背景及其在各个领域的应用趋势，引出人工智能在医疗领域的应用作为本文的主题。

（2）主体部分。

概述当前人工智能在医疗领域的应用现状，如辅助诊断、个性化治疗、药物研发等方面。选取 1～2 个典型的人工智能在医疗领域应用的案例进行深入分析，说明其工作原理、应用效果等。分析人工智能在医疗领域应用的优势，如提高效率、降低成本和提升诊断准确性等。

（3）结论部分。

总结人工智能在医疗领域应用的重要性和前景，提出对未来发展的展望和建议。

此处不直接给出完整文章，而是提供一个文章框架作为答案。在实际应用中，可以根据文章框架进一步展开撰写。用户可以尝试一下这个例子，或参照该例子编写一个思维链提示案例。建议将用户修改补充并把精雕细琢的文章纳入实验报告之中。

通过以上两个例子，可以看出思维链提示的核心思想是将复杂问题分解为一系列简单的步骤，引导模型逐步推理，从而得出最终答案或完成特定任务。这种方法不仅有助于模型更好地理解问题，还能提高生成结果的质量和准确性。

4. 思维树提示

思维树提示通过将复杂的问题分解成一系列小问题，以树形结构的形式逐步引导模型进行推理和思考，从而帮助模型更好地理解和解决问题。这种提示方式模拟了人类大脑的思考模式，通过逐步分解问题，使模型能够清晰地理解和探索一个主题。

例如职业规划问题。

问题描述：一位 31 岁的男程序员，在 IT 行业工作了 8 年，目前感到生活压力大，工作上与年轻人相比存在新技术学习、加班压力和身体等方面的问题，性格比较内向，现在找不到自己的职业规划。

思维树提示构建：

（1）根节点：帮助用户解决职业规划问题。

（2）第一层分支。

子问题 1：分析用户的背景信息（年龄、工作经验、行业状况等）。

子问题 2：识别用户面临的职业挑战（新技术学习、加班压力、身体问题等）。

子问题 3：提出可能的职业规划方案。

（3）第二层分支（以子问题 3 为例）。

方案 1：继续深化现有技术领域，成为专家。

方案 2：转型到其他技术领域或行业。

方案 3：考虑非技术职业道路，如管理、咨询等。

(4) 第三层分支(以方案 1 为例)。

步骤 1：识别当前技术领域的热门方向和未来趋势。

步骤 2：制订学习计划，提升相关技能。

步骤 3：寻找相关项目和机会，积累经验。

通过思维树提示，模型能够逐步分析用户的背景信息、面临的职业挑战，并提出多种可能的职业规划方案。用户可以根据自身情况选择合适的方案，并在模型的引导下制订具体的行动计划。这种提示方式有助于模型提供个性化的、有针对性的职业规划建议。

又如医疗诊断问题。

问题描述：一位患者表现出特定的症状(如发热、咳嗽、胸痛等)，需要模型进行初步诊断。

思维树提示构建：

(1) 根节点：对患者进行初步诊断。

(2) 第一层分支。

子问题 1：收集患者的症状信息。

子问题 2：分析可能的病因。

子问题 3：提出可能的诊断结论。

(3) 第二层分支(以子问题 2 为例)。

病因 1：呼吸道感染(如感冒、流感等)。

病因 2：心血管疾病(如心绞痛、心肌梗死等)。

病因 3：其他可能的原因(如过敏、药物反应等)。

(4) 第三层分支(以病因 1 为例)。

步骤 1：识别与呼吸道感染相关的症状(如发热、咳嗽、喉咙痛等)。

步骤 2：分析患者是否有呼吸道感染的高风险因素(如季节变化、接触传染源等)。

步骤 3：结合其他症状和高风险因素，评估呼吸道感染的可能性。

通过思维树提示，模型能够逐步分析患者的症状信息，提出可能的病因和诊断结论。这种提示方式有助于模型提供准确、全面的医疗诊断建议，为患者的后续治疗提供参考。该例子的树形结构如图 A-7 所示。

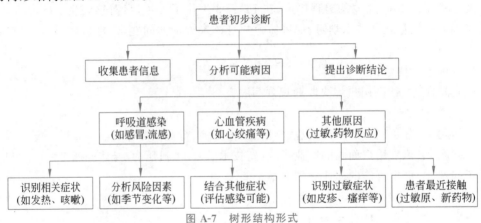

图 A-7　树形结构形式

这些例子展示了思维树提示在大模型技术中的实际应用。通过逐步分解复杂问题,以树形结构的形式引导模型进行推理和思考,思维树提示能够帮助模型更好地理解和解决问题,提高模型的准确性。用户可以尝试一下这些例子,或参照例子编写一个思维树提示案例。建议将优良的问答案例纳入实验报告之中。

三、实验要求

(1)提示词设计方法:充分理解并掌握零样本提示、少样本提示、思维链提示和思维树提示的基本原理和应用方法。

(2)提示词优化技术:通过实际操作,设计并优化提示词,以提升大模型在机器翻译、复杂推理和多步问题求解等任务上的表现。

(3)分析提示词效果:观察并记录不同提示词对模型生成结果的影响,分析提示词优化前后的差异,并总结优化策略。

(4)设计创新性提示词:根据用户的兴趣和实际情况,设计具有创新性的提示词方案,并尝试解决实际应用中的问题。

(5)实验报告撰写:用户需详细记录实验过程,包括使用的提示词、生成的文档、遇到的问题及解决方法等,并撰写实验报告,总结实验收获与不足。

四、实验思考题

(1)如何设计有效的零样本提示词?

要求:分析零样本提示词的设计原则,探讨如何根据任务需求设计简洁明了、具有引导性的提示词。

(2)少样本提示中示例的选择策略是什么?

要求:研究少样本提示中示例的选择对模型输出质量的影响,探讨如何选择具有代表性的示例来引导模型。

(3)思维链提示和思维树提示的异同点是什么?

要求:分析思维链提示和思维树提示在复杂推理任务上的表现,比较它们的不同点和相同点,并探讨如何根据任务特点选择合适的提示方法。

(4)探索不同提示词优化技术在不同任务中的适用性。

要求:分析并比较零样本提示、少样本提示、思维链提示和思维树提示在不同任务(如文本生成、绘画创作和逻辑推理等)中的适用性和效果,提出优化建议。

(5)探讨如何结合领域知识设计提示词。

要求:结合特定领域的知识(如文学、艺术、科学等),设计具有领域特色的提示词,以提升模型在该领域任务中的性能和效果。

实验 4   论文助手

一、实验目的

(1) 掌握运用大模型作为论文辅助工具的基本方法与应用技巧。

(2) 理解大模型在论文撰写、文献综述及数据分析等方面的辅助作用。

(3) 理解大模型在论文写作中的应用潜力,有效提高写作效率与质量。

二、实验内容

1. 文献阅读

利用大模型进行文献阅读的方法如下。

(1) 选择合适的大模型。

根据文献阅读的需求,选择合适的大模型。例如,某些大模型在长文本阅读上具有一定的优势,可以同时阅读许多文献,甚至整本图书。

(2) 上传文献。

将需要阅读的文献(如 PDF、Word 等格式)上传至大模型平台。

(3) 生成阅读框架或摘要。

向大模型发出指令,要求其总结文献的主要内容、框架或核心观点。

例如,假设用户的论文研究方向是利用人工智能技术解决医疗行业中的药物重定位问题。首先,在全文数据库中查找并下载相关论文,上传至大模型平台。然后,在大模型工具的输入框中输入提示词:"请帮我总结这几篇论文的主要内容,包括研究背景、方法、结果和结论。"

用户亦可以尝试根据自己的研究方向,提出感兴趣的论文选题。

模型回复:

基于多源异构网络的药物重定位技术研究

1. 研究背景

- 药物研发成本高、周期长、风险大:新药研发平均需要 10~15 年,成本高达 8 亿美金,且成功率低。
- 药物重定位的优势:利用已有药物发现新适应证,成本低、周期短、风险低,已成为新药研发的重要策略。
- 大数据与深度学习的应用:随着大数据技术和算力的增强,深度学习在药物重定位领域的应用逐渐增多。

2. 研究方法

- 提出 GraphDDF 模型:基于深度学习,结合随机游走算法和图卷积神经网络(GraphCNN),通过集体变分自编码器进行药物-疾病预测。

- 提出 GraphDT 模型：基于图神经网络，使用重启随机游走算法进行数据预处理，结合多种图神经网络模型预测药物-靶标关联。

3. 研究结果

- GraphDDF 模型在药物-疾病预测中表现优异，AUC 达到 93.48%，AUPR 达到 94.82%。
- GraphDT 模型在药物-靶标预测中同样表现出色，AUC 为 91.97%，AUPR 为 82.19%。
- 提供了前 100 的药物-疾病关联关系和前 100 的药物-靶标关联关系，这些关联关系具有潜在的应用价值。

4. 结论

- 基于多源异构网络的药物重定位技术能够显著提高预测性能，降低研发成本和时间。
- GraphDDF 和 GraphDT 模型在药物-疾病和药物-靶标预测中均表现出色，具有潜在的临床应用价值。

基于深度学习的药物重定位方法研究

1. 研究背景

- 药物研发周期长、成本高：新药研发需要长时间和高额成本，且成功率低。
- 深度学习在药物研发中的应用：深度学习在图像识别、语音识别等领域取得显著成果，逐渐被应用于药物研发领域。

2. 研究方法

- 基于深度学习的药物-靶标预测：利用深度神经网络模型预测药物与靶标之间的相互作用。
- 基于深度学习的药物-疾病预测：通过深度学习模型挖掘药物与疾病之间的潜在关联。
- 多任务学习：结合药物副作用等信息，采用多任务学习模型提高药物重定位的准确性和可靠性。

3. 研究结果

- 深度学习模型在药物-靶标和药物-疾病预测中均表现出色。
- 多任务学习模型能够综合考虑多种因素，提高药物重定位的准确性和可靠性。

4. 结论

- 深度学习在药物重定位中具有巨大的应用潜力。
- 多任务学习模型能够进一步提高药物重定位的准确性和可靠性。

基于知识图谱的药物重定位模型研究与实现

1. 研究背景

- 药物研发成本高、周期长：新药研发需要巨大的资金投入和长时间的研究周期。
- 知识图谱在药物研发中的应用：知识图谱能够系统地表示和组织医学知识，为药物重定位提供新的思路和方法。

2. 研究方法
- 构建医学知识图谱：从多个开源医学数据库中提取医学实体和关系,构建医学知识图谱。
- 特征融合多任务学习：结合知识图谱和已知药物-疾病关联信息,采用特征融合多任务学习模型进行药物重定位预测。

3. 研究结果
- 提出的 MKGDR 模型在药物重定位预测中表现出色,准确率、精确度等指标均优于对比模型。
- 通过消融实验验证了模型各组件的作用和贡献。

4. 结论
- 基于知识图谱的药物重定位模型能够提高预测准确性和可靠性。
- 特征融合多任务学习是一种有效的药物重定位方法。

（4）深入提问与探讨。

根据大模型提供的摘要,进一步提问以获取更详细的信息。例如,在大模型工具的输入框中输入提示词:"在这几篇论文中,哪些研究方法被多篇论文共同采用?"

模型回复:

在这几篇论文中,基于深度学习的方法被多篇论文共同采用。

1. 基于深度学习的药物重定位方法研究：该论文详细介绍了深度学习在药物重定位中的应用,包括基于深度学习的药物-靶标预测、药物-疾病预测以及多任务学习等方法。

2. 基于多源异构网络的药物重定位技术研究：该论文提出了基于深度学习的 GraphDDF 和 GraphDT 模型,用于药物-疾病和药物-靶标的预测。

3. 基于知识图谱的药物重定位模型研究与实现：该论文在构建特征融合多任务药物重定位模型（MKGDR）时,也采用了深度学习中的表示学习方法来提取知识图谱中的特征。

这些论文都强调了深度学习在药物重定位领域中的重要性和应用潜力。

2. 大纲生成

利用大模型生成论文大纲的方法如下。

（1）确定论文主题和关键词。

明确论文的研究方向和主题,列出 3~5 个核心关键词,例如机器学习、深度学习、知识图谱、药物重定位、药物推荐。

（2）向大模型发出指令。

输入论文的主题和关键词,要求大模型生成论文大纲。例如,在大模型工具的输入框中输入提示词:"请为我撰写一篇关于'深度学习在药物重定位中的应用'的论文大纲,包含引言、研究方法、分析讨论和结论等部分。"

模型回复如下。

"深度学习在药物重定位中的应用"论文大纲

一、引言

1. 药物重定位的背景与意义

- 阐述药物重定位的概念,即利用已有药物库中的药物来发现新的治疗用途。
- 指出新药研发周期长、成本高的问题,强调药物重定位的重要性和优势。

2. 深度学习的兴起与特点

- 介绍深度学习的基本概念、原理及其在人工智能领域的广泛应用。
- 强调深度学习在处理复杂数据和挖掘潜在模式方面的优势。

3. 深度学习在药物重定位中的应用潜力

- 阐述深度学习在药物重定位中的应用前景,包括提高预测准确性、加速药物开发进程等。

二、研究方法

1. 数据集构建

- 描述数据集的来源、规模和预处理过程。
- 介绍数据集的划分方法,包括训练集、验证集和测试集。

2. 深度学习模型选择

- 介绍常用的深度学习模型,如卷积神经网络(CNN)、循环神经网络(RNN)、自编码器(Autoencoder)等。
- 分析各种模型的优缺点,选择合适的模型进行药物重定位研究。

3. 模型训练与优化

- 描述模型的训练过程,包括参数初始化、损失函数选择、优化算法等。
- 介绍模型的优化方法,如正则化、Dropout 等,以防止过拟合和提高泛化能力。

4. 模型评估与验证

- 阐述模型评估的指标和方法,如准确率、召回率、F1 分数等。
- 介绍模型的验证过程,包括在独立测试集上的性能评估。

三、分析讨论

1. 实验结果分析

- 展示实验结果,分析深度学习模型在药物重定位中的性能。
- 比较深度学习模型与传统机器学习方法的效果差异。

2. 未来研究方向

- 展望深度学习在药物重定位中的未来研究方向,如构建更大规模的数据集、发展更加高效的深度学习模型等。

四、结论

1. 总结研究发现

- 概括本文的主要研究发现和贡献。

2. 研究局限与展望

- 指出本文研究的局限性,如数据集规模有限、模型泛化能力不足等。
- 展望深度学习在药物重定位中的未来发展前景,期待为药物研究和新药发现带来更多突破。

（3）调整和优化大纲。

根据大模型生成的大纲，结合个人思路或指导教师的意见，进行定制化的调整和优化。

3. 内容扩写

利用大模型进行论文内容扩写的方法如下。

（1）确定扩写部分和目标。

仔细审视论文原文，找出内容不够充实、论证不够深入的地方，确定需要扩写的部分和扩写目标。

（2）向大模型发出扩写指令。

根据扩写部分的特点和需求，向大模型发出具体的扩写指令。对于理论基础部分，可以要求增加更多相关理论阐述；对于研究方法部分，可以要求补充方法细节以及方法比较等。

例如，将论文大纲上传至大模型平台，在大模型工具的输入框中输入提示词："根据上传的论文大纲，请补充内容。"

模型回复：

"深度学习在药物重定位中的应用"论文

一、引言

1. 药物重定位的背景与意义

药物重定位，又称药物再利用或老药新用，是指将已上市或处于临床阶段的药物用于新的治疗适应证。相较于传统的新药研发，药物重定位具有研发周期短、成本低和风险小等优势。随着生物医学数据的快速增长，如何高效利用这些数据来发现药物的新用途成为当前研究的热点。

2. 深度学习的兴起与特点

深度学习是机器学习的一个分支，通过构建多层神经网络来模拟人脑的学习过程。其特点在于能够自动提取数据中的高层特征，对复杂数据进行有效建模。在图像识别、自然语言处理和语音识别等领域，深度学习已取得了显著成果。

3. 深度学习在药物重定位中的应用潜力

深度学习在药物重定位中的应用潜力巨大。通过训练大规模的药物-疾病、药物-靶点等数据集，深度学习模型可以挖掘出药物与疾病、靶点之间的潜在关联，为药物重定位提供有力支持。

二、研究方法

1. 数据集构建

本研究使用的数据集包括药物-疾病关联数据集、药物-靶点结合数据集以及药物的化学结构数据集等。这些数据集均来自公开数据库或文献报道，经过预处理后用于模型训练和验证。数据集的划分采用交叉验证或独立测试集的方式，以确保模型的泛化能力。

2. 深度学习模型选择

根据药物重定位的具体任务，本研究选择了卷积神经网络（CNN）、循环神经网络（RNN）以及图神经网络（GNN）等深度学习模型。CNN适用于处理具有网格结构的数据，如药物的化学结构图像；RNN适用于处理序列数据，如药物的化学指纹序列；GNN则适用于处理图结构数据,如药物-靶点相互作用网络。

3. 模型训练与优化

模型的训练过程包括参数初始化、损失函数选择、优化算法确定等步骤。为了防止过拟合和提高模型的泛化能力,本研究采用了正则化、Dropout 以及 Early Stopping 等优化方法。同时,通过调整模型的超参数(如学习率、批大小等)来优化模型的性能。

4. 模型评估与验证

模型的评估指标包括准确率、召回率、F1 分数以及 AUC 值等。这些指标能够全面反映模型的性能。为了验证模型的泛化能力,本研究在独立测试集上对模型进行了性能评估,并与传统机器学习方法进行了比较。

三、分析讨论

1. 实验结果分析

实验结果表明,深度学习模型在药物重定位中取得了较高的准确性。相较于传统机器学习方法,深度学习模型能够更好地挖掘药物与疾病、靶点之间的潜在关联。具体来说,CNN 模型在药物化学结构图像的分类任务中表现出了较高的准确性;RNN 模型在药物化学指纹序列的预测任务中取得了较好的效果;GNN 模型在药物-靶点相互作用网络的预测任务中表现出了优势。

2. 未来研究方向

未来,深度学习在药物重定位中的研究方向可以包括以下几个方面:一是构建更大规模的数据集,以提高模型的训练效果和泛化能力;二是发展更加高效的深度学习模型,以降低计算资源的消耗;三是探索深度学习与其他方法的融合,以充分发挥各自的优势;四是加强深度学习模型的可解释性研究,以提高模型的可信度和可接受性。

四、结论

1. 总结研究发现

本文通过深入研究深度学习在药物重定位中的应用,发现深度学习模型能够显著提高药物重定位的准确性。相较于传统机器学习方法,深度学习模型能够更好地挖掘药物与疾病、靶点之间的潜在关联,为药物研究提供新的思路和方法。

2. 研究局限与展望

尽管本研究取得了一些有意义的成果,但仍存在一些局限性。例如,数据集规模有限、模型泛化能力不足以及计算资源消耗大等问题都需要进一步解决。未来,我们将继续探索深度学习在药物重定位中的新方法和新技术,努力克服现有局限性,为药物研究和新药发现带来更多突破。

（3）筛选和整合扩写内容。

对大模型生成的内容进行筛选和整合,确保扩写内容与原文保持连贯性和一致性。然而,仅仅依靠大模型的初步输出是远远不够的。以论文扩写为例,尽管大模型可能提供了一些相关的补充内容,但这些内容往往缺乏深度和创新性,距离构成一篇完整、高质量的论文仍有较大差距。

因此,需要采取更为严谨和细致的方法来处理这些生成的内容。这包括逐段逐句地审视和打磨文字,以确保其表达的准确性和流畅性;同时,还要对逻辑结构进行精心的梳理,以确保论文的整体框架清晰、有条理。

更重要的是,为了提升论文的学术价值,还必须补充必要的实验数据和创新内容。这要求用户在深入研究相关领域的基础上,结合最新的科研成果和实践经验,提出独到的见解和解决方案。只有这样,才能使扩写后的论文更加完善、更具说服力。

综上所述,利用大模型进行内容生成只是论文写作的起点,而非终点。真正的挑战在于如何对这些生成的内容进行精细的筛选、整合和完善,以打造出一篇真正高质量的学术论文。

（4）循环迭代。

如果第一次扩写的效果不够理想,可以将筛选整合后的内容再次输入大模型,提出新的扩写要求,循环迭代直至满意为止。

4. 内容润色

利用大模型进行论文内容润色的方法如下。

（1）上传论文原文。

将需要润色的论文原文上传至大模型平台。

（2）向大模型发出润色指令。

输入润色要求。例如,在大模型工具的输入框中输入提示词:"请帮我润色这篇论文,确保语言流畅、逻辑清晰、符合学术规范。"

模型回复如下。

深度学习在药物重定位中的应用

一、引言

1. 药物重定位的背景与意义

药物重定位,即药物的再利用或老药新用,涉及将已上市或处于临床试验阶段的药物用于新的治疗适应证。相较于传统新药研发,药物重定位具有周期短、成本低及风险相对较低的优势。随着生物医学数据的爆炸式增长,如何高效挖掘这些数据以揭示药物的新用途,已成为当前药物研究领域的热门话题。

2. 深度学习的兴起与特点

深度学习作为机器学习的一个重要分支,通过构建多层神经网络模拟人脑的学习过程。其独特能力在于能够自动从数据中提取高层特征,对复杂数据进行有效建模。在图像识别、自然语言处理及语音识别等领域,深度学习已取得了显著成果。

3. 深度学习在药物重定位中的应用潜力

深度学习在药物重定位领域展现出巨大潜力。通过训练和分析大规模的药物-疾病、药物-靶点等数据集,深度学习模型能够揭示药物与疾病、靶点之间的潜在关系,为药物重定位提供有力支撑。

二、研究方法

1. 数据集构建

本研究采用的数据集涵盖药物-疾病关联数据集、药物-靶点结合数据集以及药物的化学结构数据集等。这些数据集均来源于公开数据库或文献,经过预处理后用于模型的训练和验证。为确保模型的泛化能力,数据集采用交叉验证或独立测试集的方式进行划分。

2. 深度学习模型选择

针对药物重定位的具体需求,本研究选择了卷积神经网络(CNN)、循环神经网络(RNN)以及图神经网络(GNN)等深度学习模型。CNN 在处理具有网格结构的数据(如药物化学结构图像)方面具有优势;RNN 适用于处理序列数据(如药物化学指纹序列);而GNN 在处理图结构数据(如药物-靶点相互作用网络)时表现出色。

3. 模型训练与优化

模型训练过程包括参数初始化、损失函数选择、优化算法确定等关键步骤。为防止过拟合并提高模型泛化能力,本研究采用了正则化、Dropout 以及 Early Stopping 等策略。同时,通过调整学习率、批大小等超参数,进一步优化了模型性能。

4. 模型评估与验证

为全面评估模型性能,本研究采用了准确率、召回率、F1 分数及 AUC 值等指标。为验证模型的泛化能力,研究在独立测试集上对模型进行了性能评估,并与传统机器学习方法进行了对比。

三、分析讨论

1. 实验结果分析

实验结果显示,深度学习模型在药物重定位中具有较高的准确性。相较于传统机器学习方法,深度学习模型能够更有效地挖掘药物与疾病、靶点之间的潜在关系。具体而言,CNN 在药物化学结构图像分类任务中表现优异;RNN 在药物化学指纹序列预测任务中取得了良好效果;GNN 在药物-靶点相互作用网络预测任务中展现出明显优势。

2. 未来研究方向

未来,深度学习在药物重定位领域的研究可朝以下几个方向发展:一是构建更大规模、更多样化的数据集,以提升模型的训练效果和泛化能力;二是开发更高效、更轻量级的深度学习模型,以降低计算资源消耗;三是探索深度学习与其他方法的融合,以充分发挥各自优势;四是加强深度学习模型的可解释性研究,提高模型的可信度和可接受性。

四、结论

1. 研究总结

本研究通过深入探索深度学习在药物重定位中的应用,发现深度学习模型能够显著提高药物重定位的准确性。相较于传统机器学习方法,深度学习模型在挖掘药物与疾病、靶点之间潜在关系方面具有明显优势,为药物研究提供了新的思路和方法。

2. 研究局限与展望

尽管本研究取得了一定成果,但仍存在一些局限性,如数据集规模有限、模型泛化能力不足等。未来,我们将继续探索深度学习在药物重定位中的新方法和新技术,努力克服现有局限性,为药物研究和新药发现带来更多突破。

(3)检查润色结果。

仔细检查大模型生成的润色结果,确保润色后的内容没有改变原文的基本意思,且符合学术写作的要求。

例如,在润色过程中,对上述论文进行了多处调整和优化,以下是一些修改的例子。

原文 1:药物重定位,又称药物再利用或老药新用,是指将已上市或处于临床阶段的药物用于新的治疗适应证。

修改后：药物重定位，即药物的再利用或老药新用，涉及将已上市或处于临床试验阶段的药物用于新的治疗适应证。

增加了"涉及"一词，使句子更加流畅自然。

原文2：深度学习是机器学习的一个分支，通过构建多层神经网络来模拟人脑的学习过程。

修改后：深度学习作为机器学习的一个重要分支，通过构建多层神经网络模拟人脑的学习过程。

增加了"重要"一词，强调了深度学习在机器学习中的地位。

原文3：这些数据集均来自公开数据库或文献报道，经过预处理后用于模型训练和验证。

修改后：这些数据集均来源于公开数据库或文献，经过预处理后用于模型的训练和验证。

将"来自"改为"来源于"，使表达更加书面化。

原文4：实验结果表明，深度学习模型在药物重定位中取得了较高的准确性。

修改后：实验结果显示，深度学习模型在药物重定位中具有较高的准确性。

将"表明"改为"显示"，使表达更加客观。

原文5：尽管本研究取得了一些有意义的成果，但仍存在一些局限性。

修改后：尽管本研究取得了一定成果，但仍存在一些局限性。

将"一些有意义的成果"简化为"一定成果"，使表达更加简洁明了。

这些修改旨在提升论文的语言流畅性、逻辑性和学术规范性，同时保持原文的核心内容和意义不变。

三、实验要求

（1）文献阅读与整理：选择至少3篇与指定研究方向相关的学术论文。利用大模型工具对上传的文献进行摘要生成，整理文献之间的逻辑关系，制作文献综述框架。

（2）论文大纲生成与优化：确定论文的主题和关键词，利用大模型工具生成初步的论文大纲。结合个人研究思路与指导教师的意见，对生成的大纲进行定制化的调整和优化，确保大纲结构合理、内容全面。

（3）论文内容扩写：针对大纲中的每个部分，利用大模型工具进行内容扩写，补充相关理论、研究方法、实验结果与分析等细节。对大模型生成的内容进行筛选、整合与完善，确保扩写后的内容与原文保持连贯性和一致性，同时增加个人的见解和创新点。

（4）论文润色与校对：利用大模型对论文进行润色，包括修正语法错误、提升句子流畅度、优化词汇选择等。仔细检查大模型生成的润色结果，确保润色后的内容没有改变原文的基本意思，并对润色后的论文进行最终的校对与修正。

（5）实验记录与反思：学生需详细记录实验过程，包括使用的提示词、生成的文档、遇到的问题及解决方法等。撰写实验报告，总结实验过程中的收获与不足，反思大模型在论文写作中的辅助作用及其局限性。

四、实验思考题

(1) 如何设计有效的论文大纲生成提示词?

要求:研究论文大纲生成提示词的设计原则,探讨如何根据论文主题和关键词设计简洁明了、具有引导性的提示词,提高大纲生成的准确性与实用性。

(2) 如何在大模型生成的内容中融入个人见解与创新点?

要求:分析大模型生成内容的特点与局限性,探讨如何在对生成内容进行筛选、整合与完善的过程中融入个人的见解与创新点,提升论文的学术价值。

(3) 如何利用大模型识别并改正论文中的逻辑错误?

要求:分析论文中常见的逻辑错误类型及其产生原因。探讨如何利用大模型的语义理解和逻辑推理能力来识别并改正这些逻辑错误。

(4) 在润色与评估过程中,如何培养自己的批判性思维能力?

要求:分析润色与评估过程对批判性思维能力的要求,探讨如何通过实验设计提升自己的批判性思维能力。提出针对批判性思维能力培养的具体措施和建议。

(5) 如何结合人工编辑与人工智能技术进行论文的润色?

要求:分析人工编辑与人工智能技术在论文润色中的各自优势和局限性。提出一套结合人工编辑与人工智能技术的综合润色方案,以充分发挥二者的优势,提高论文的润色效率和质量。

实验 5　编程助手

一、实验目的

(1) 掌握编程助手在代码问答、代码生成等方面的基本使用方法与多功能应用。

(2) 理解编程助手在软件开发中的作用,特别是其提高了开发效率和代码质量。

(3) 培养利用编程助手解决实际问题的能力,同时增强自主学习的意识和能力。

二、实验内容

1. 代码问答

代码问答功能允许用户以自然语言的形式询问关于编程的问题,编程助手能够理解问题并给出准确的答案或解决方案。这类似于拥有一个随时可用的编程专家,能够解答软件开发过程中遇到的各种疑问。

例如,用户问题是如何在 Python 中实现输入 3 个数,找到其中最大的数。

编程助手回复如下。

在 Python 中,可以通过简单的条件判断来找到 3 个数中的最大值。以下是一个示例代码,展示了如何实现这一功能。

```python
def find_maximum(a, b, c):
    #初始假设最大值是第一个数
    max_num = a
    #比较第二个数
    if b > max_num:
        max_num = b
    #比较第三个数
    if c > max_num:
        max_num = c
    return max_num
#获取用户输入
try:
    num1 = float(input("请输入第一个数: "))
    num2 = float(input("请输入第二个数: "))
    num3 = float(input("请输入第三个数: "))
    #调用函数并输出结果
    maximum = find_maximum(num1, num2, num3)
    print(f"三个数中最大的数是: {maximum}")
except ValueError:
    print("请输入有效的数字。")
```

用户可以在 Python 环境中运行上述代码,按照提示输入 3 个数,程序将找出并显示其中最大的数。

又如,用户问题是如何在 Python 中实现冒泡排序算法。

编程助手回复如下。

冒泡排序是一种简单的排序算法,它通过重复遍历要排序的数列,一次比较两个元素,如果它们的顺序相反就把它们交换过来。以下是一个 Python 实现的冒泡排序算法示例。

```python
def bubble_sort(arr):
    n = len(arr)
    for i in range(n):
        for j in range(0, n-i-1):
            if arr[j] > arr[j+1]:
                arr[j], arr[j+1] = arr[j+1], arr[j]
#示例使用
arr = [64, 34, 25, 12, 22, 11, 90]
bubble_sort(arr)
print("排序后的数组:", arr)
```

用户可以在 Python 环境中运行上述代码,将会得到排序后的结果。此外,用户可以自由地修改数组［64，34，25，12，22，11，90］中的数值或元素个数。如果用户有其他的软件开发问题或需求，编程助手将提供针对性的解答和帮助。

2. 代码调试

代码调试功能帮助用户定位代码中的错误，并提供修复建议。编程助手通过分析代码的执行路径、变量状态等信息，能够发现潜在的语法错误、逻辑错误以及性能瓶颈，从而指导用户进行修正。

例如，用户代码（包含错误）：

```python
def divide(a, b):
    return a / b

result = divide(10, 0)
print(result)
```

编程助手回复：

警告：在函数 divide 中，当 b 为 0 时，将会导致除以零的错误。请确保 b 不为 0，或在调用函数前添加检查逻辑。

修正后的代码：

```python
def divide(a, b):
    try:
        return a / b
    except ZeroDivisionError:
        return "Error: Division by zero is not allowed."

result = divide(10, 0)
print(result)
```

又如，用户代码（包含错误）如下。

```python
def calculate_average(numbers):
    total = sum(numbers)
    count = len(numbers)
    return total / count

result = calculate_average([1, 2, 3, 4])
print("平均值:", result)
```

编程助手回复：

在函数 calculate_average 中，如果传入的列表 numbers 为空，将会导致除以零的错误。建议添加检查空列表的逻辑。

修正后的代码：

```python
def calculate_average(numbers):
    if not numbers:
        return 0    #或抛出异常,取决于实际需求
    total = sum(numbers)
    count = len(numbers)
    return total / count

result = calculate_average([1, 2, 3, 4])
print("平均值:", result)
```

这两个例子展示了在编程时需考虑异常处理和边界条件,如防止除以零、检查列表是否为空。使用 try-except 捕获异常,提供有意义错误提示信息。这些做法增强代码健壮性,提升用户体验,使代码更易维护。

3. 代码生成

代码生成功能根据用户的需求或描述,自动生成相应的代码片段或完整程序。用户只需提供简单的输入,如函数名称、参数列表或功能描述,编程助手就能生成符合要求的代码。

例如,用户需求是生成一个计算斐波那契数列的函数。

编程助手回复：

```python
def fibonacci(n):
    if n <= 0:
        return "输入错误！请输入一个正整数。"
    elif n == 1:
        return 0
    elif n == 2:
        return 1
    else:
        a, b = 0, 1
        for i in range(2, n):
            a, b = b, a + b
        return b
#示例使用
print(fibonacci(10))   #输出 34(斐波那契数列的第 10 个数)
```

又如,用户需求是生成一个计算阶乘的函数。

编程助手回复：

```python
def factorial(n):
    if n == 0 or n == 1:
        return 1
    else:
        return n * factorial(n - 1)
#示例使用
print(factorial(5))   #输出 120
```

　　这两个例子表明,编程助手能够快速生成代码,大大提高了编程效率。用户无须从头开始编写代码,只需简要描述需求,即可获得初步代码。随后,用户可以对生成的代码进行审查和优化,以进一步提高其性能和可读性。用户可以尝试在学习或工作中提出几个感兴趣的问题,仔细分析编程助手的回答,并在编程环境中实际运行这些代码。

4. 代码理解

　　代码理解功能帮助用户分析代码的结构、逻辑和性能,提供代码的解释和说明。这对于理解复杂代码、学习新技术或进行代码审查很有帮助。

　　例如,用户提供的代码:

```python
def factorial(n):
    if n == 0:
        return 1
    else:
        return n * factorial(n - 1)
```

　　编程助手回复:

　　这个函数是一个递归实现的阶乘计算。它接受一个非负整数 n 作为输入,如果 n 为 0,则返回 1;否则,返回 n 乘以 n−1 的阶乘。递归调用的过程会一直进行,直到 n 减到 0 为止。

　　又如,用户提供的代码:

```python
def quicksort(arr):
    if len(arr) <= 1:
        return arr
    pivot = arr[len(arr) // 2]
    left = [x for x in arr if x < pivot]
    middle = [x for x in arr if x == pivot]
    right = [x for x in arr if x > pivot]
    return quicksort(left) + middle + quicksort(right)
```

　　编程助手回复:

　　这个函数实现了快速排序算法。它首先检查数组的长度,如果长度小于或等于 1,则直接返回数组(因为单个元素或空数组已经是有序的)。

　　然后,函数选择一个基准元素(在本例中为数组的中间元素),并根据元素与基准元素的大小关系,将数组分为三部分:小于基准元素的元素、等于基准元素的元素和大于基准元素的元素。

　　最后,函数递归地对左右两部分数组进行快速排序,并将排序后的结果与中间部分合并,得到最终的排序结果。

　　这两个例子彰显了代码理解功能的价值,它对编程学习与实践至关重要。不仅能助力用户深入剖析复杂代码、掌握新技术,还能辅助代码审查,促进代码复用。因此,用户应积极运用编程助手的这一功能,提升编程效率与代码质量。

5. 代码测试

　　代码测试功能自动生成测试用例,对代码进行自动化测试,以确保其正确性和稳定性。编程助手能够根据代码的结构和逻辑,生成覆盖不同场景和边界条件的测试用例,提高测试效率和准确性。

　　例如,用户提供的代码(一个简单的加法函数)如下。

```python
def add(a, b):
    return a + b
```

编程助手生成的测试用例如下。

```python
def test_add():
    assert add(1, 2) == 3, "Test case 1 failed"
    assert add(-1, 1) == 0, "Test case 2 failed"
    assert add(0, 0) == 0, "Test case 3 failed"
    assert add(-1, -1) == -2, "Test case 4 failed"
    assert add(1000, 2000) == 3000, "Test case 5 failed"
    print("All test cases passed!")
#运行测试
test_add()
```

又如,用户提供的代码(判断一个整数是否是质数或素数)如下。

```python
def is_prime(n):
    if n <= 1:
        return False
    for i in range(2, int(n**0.5) + 1):
        if n % i == 0:
            return False
    return True
```

编程助手生成的测试用例如下。

```python
def test_is_prime():
    assert is_prime(2), "Test case 1 failed: 2 should be prime"
    assert is_prime(3), "Test case 2 failed: 3 should be prime"
    assert not is_prime(4), "Test case 3 failed: 4 should not be prime"
    assert is_prime(29), "Test case 4 failed: 29 should be prime"
    assert not is_prime(30), "Test case 5 failed: 30 should not be prime"
```

```
    assert is_prime(101), "Test case 6 failed: 101 should be prime"
    print("All test cases passed!")
#运行测试
test_is_prime()
```

自动化测试是软件开发过程中不可或缺的一部分。通过合理的测试用例设计和明确的测试反馈机制，可以确保代码的正确性和稳定性。同时，培养测试思维和合理使用工具也是提高测试效果的重要因素。

通过这些功能，编程助手能够全方位地辅助软件开发过程，从代码问答到代码生成，从错误定位到代码理解，再到自动化测试，显著提升了软件开发效率与代码品质。

三、实验要求

（1）代码问答实践：使用编程助手回答至少 3 个与编程相关的问题，问题应涵盖基础语法和算法逻辑等方面。记录每个问题的提问方式、编程助手的回答内容以及自己的理解和感受。对编程助手的回答质量进行评估，并提出改进建议。

（2）代码调试体验：选择一段包含错误的代码，利用编程助手进行错误定位，并获取修复建议。根据编程助手的建议修改代码，确保代码能够正确运行。

（3）代码生成实践：提出一个具体的编程需求，如生成一个计算数组平均值的函数。使用编程助手生成相应的代码片段，并分析生成的代码是否符合需求。对生成的代码进行必要的修改和优化，确保其性能和可读性。

（4）代码理解与分析：选择一段复杂代码，利用编程助手进行代码分析，理解其结构和逻辑。根据编程助手的解释，绘制代码的流程图或结构图，并撰写代码分析报告，总结代码的设计思路、优点与不足。

（5）代码测试实践：为一段代码编写测试用例，包括正常测试用例、边界测试用例、异常测试用例等，确保测试的覆盖率和有效性。利用编程助手生成自动化测试脚本，并运行测试脚本，验证代码的正确性和稳定性。

（6）实验记录与反思：学生需详细记录实验过程，包括使用的编程助手功能、提问的问题、生成的代码和测试的结果等。撰写实验报告，总结实验过程中的收获与不足，反思编程助手在软件开发中的辅助作用及其局限性，提出改进建议。

四、实验思考题

（1）如何利用编程助手提升编程效率与代码质量？

要求：分析编程助手在代码问答、代码调试、代码生成、代码理解和代码测试等方面的具体作用。探讨在实际编程过程中，如何根据不同需求合理选择和使用编程助手的功能，以最大限度地提升编程效率并保证代码质量。

（2）在代码调试过程中，如何结合编程助手 AI 分析与个人经验进行错误定位与修复？

要求：讨论编程助手在代码调试中的辅助作用，包括如何根据编程助手的错误提示和修复建议快速定位问题，并结合个人的编程经验和代码理解进行问题分析和修复。分析编程助手在复杂错误情况下的局限性,并提出应对策略。

（3）如何利用编程助手的代码生成功能提高开发效率?

要求:分析编程助手代码生成功能的特点与优势,探讨如何在软件开发过程中合理利用该功能,如通过提供清晰的需求描述、利用生成的代码片段作为开发起点,以及快速迭代和优化生成的代码等来提高整体的开发效率。

（4）如何提升自己在使用编程助手时的自主学习和创新能力?

要求:分析自己在使用编程助手过程中可能面临的依赖性问题,探讨如何通过实验设计和教学引导,提升自己的自主学习意识和创新能力。提出具体措施和建议,如设置挑战性任务结合编程助手进行项目实践等,以促进自身的全面发展。

（5）编程助手在促进团队协作与知识共享方面有哪些潜在应用?

要求:分析编程助手在软件开发团队协作中的潜在作用,如通过共享代码问答、调试建议、生成代码片段等,促进团队成员之间的知识共享和协作效率。探讨如何构建基于编程助手的团队协作平台,以及如何在平台上管理和利用这些知识资源。

实验 6　数据分析

一、实验目的

（1）掌握数据分析的基本流程,以及数据处理和数据可视化的基本方法。

（2）掌握对比分析、关联性分析、回归分析和聚类分析等数据分析方法。

（3）培养数据思维与问题解决能力,增强数据驱动的决策意识。

二、实验内容

1. 数据处理

数据处理是数据分析的基础,涉及对收集到的数据进行清洗、转换和整合,以提高数据质量,确保数据的一致性、准确性和完整性。

（1）数据清洗。

去除数据中的噪音、错误和重复项。例如,在电商数据分析中,需要去除订单数据中的无效记录(如测试订单、重复订单等),以确保分析的准确性。

下面是一个原始订单数据集(部分)。

订单 ID	用户 ID	商品 ID	订单金额	订单状态	下单时间
1001	U123	P456	200.00	已完成	2025-01-01 10:00:00
1002	U124	P789	150.00	测试订单	2025-01-01 10:05:00
1003	U123	P456	200.00	已完成	2025-01-01 10:10:00
1004	U125	P123	300.00	已取消	2025-01-01 10:15:00
1005	U126	P789	150.00	已完成	2025-01-01 10:20:00

订单 ID 为 1002 的记录是测试订单,这类订单不是真实交易数据,需要去除。而订单 ID 为 1001 和 1003 的记录是重复订单(用户 ID、商品 ID、订单金额均相同),通常只保留一个记录,这里保留订单 ID 为 1001 的记录。

在大模型工具的输入框中输入提示词:"对上述原始订单数据集进行数据清洗。"

用户可以尝试一下,清洗后的订单数据只保留 3 条记录,适合用于后续的数据分析和决策制定。

(2) 数据转换。

将数据从一种格式转换为另一种格式,以便于进行分析和处理。例如,将日期数据从字符串格式转换为日期格式,以便于进行时间序列分析。

假设有一个如下所示的订单数据集,其中包含一个表示下单时间的字符串格式日期列。

订单 ID　　下单时间(字符串格式)

1001　　2025-01-01 10:00:00

1002　　2025-01-01 10:05:00

1003　　2025-01-01 10:10:00

1004　　2025-01-01 10:15:00

1005　　2025-01-01 10:20:00

在大模型工具的输入框中输入提示词:"将字符串格式的日期列转换为日期格式。"

用户可以试一试,转换后增加的"下单时间(日期格式)"列中的数据可以直接用于时间序列分析或其他需要日期格式的操作。

2. 数据可视化

数据可视化是将数据分析的结果以图形、图像等形式展现出来,帮助用户直观地理解和解读数据。

(1) 柱形图。

用于跨类别的数量比较。例如,展示不同产品类别的销售额,以分析哪些产品更受欢迎。假设某公司在过去一个季度内销售了 4 种不同类型的产品:电子产品、家居用品、服装和食品饮料。销售额如下:

电子产品:500 万元

家居用品:300 万元

服装:200 万元

食品饮料:150 万元

在大模型的输入框中输入提示词:"根据上述产品销售额,如何制作柱形图?"

模型回复:

制作柱形图(条形图)是数据可视化的常用方法,尤其在 Excel 等电子表格软件中操作简便。以下是制作柱形图的详细步骤。

一、准备数据

打开 Excel 表格:启动 Excel 软件,并打开一个新的或已有的工作表。

输入数据:在工作表中输入需要展示的数据。数据应包括两列,一列作为横坐标(类别），另一列作为纵坐标（数值）。

二、选择数据

选中数据区域：使用鼠标左键拖动，选中包含横坐标和纵坐标数据的范围，包括列标题和数据本身。

三、插入柱形图

打开"插入"选项卡：在 Excel 的顶部菜单栏中，找到并单击"插入"选项卡按钮。

选择柱形图类型：在"插入"选项卡的"图表"组中，单击"柱形图"按钮。此时会弹出一个下拉菜单，显示多种柱形图样式，如二维柱形图、三维柱形图、堆积柱形图、簇状柱形图等。

选择样式并插入：根据您的数据类型和展示需求，选择一种适合的柱形图样式，然后单击即可插入图表。

四、调整与美化

调整图表大小和位置：插入柱形图后，您可以通过拖动图表的边框来调整其大小和位置，使其更符合页面布局和展示需求。

修改图表标题：在图表上方，双击图表标题区域，输入新的标题文本。您还可以设置标题的字体、大小和颜色等。

修改图表颜色和样式：为了美化图表，您可以为柱形图设置不同的颜色和样式。在 Excel 的功能区中，找到"图表样式"选项卡（或类似的选项），然后单击您喜欢的图表样式进行应用。您还可以单独为柱子、背景等元素设置不同的颜色和样式。

五、保存与分享

保存工作表：完成柱形图的制作后，不要忘记保存您的工作表。单击 Excel 左上角的"文件"选项卡，然后选择"保存"或"另存为"来保存您的工作。

分享图表：如果您需要将制作的柱形图分享给他人，可以将其导出为图片格式（如PNG、JPG 等），然后通过电子邮件、即时通信工具或社交媒体等方式进行分享。

根据模型提供的详细步骤，用户在 Excel 中制作的柱形图，如图 A-8 所示。

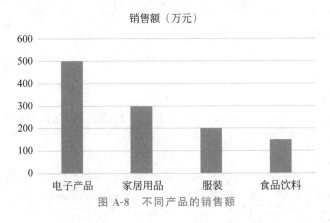

图 A-8　不同产品的销售额

（2）散点图。

用于表达两个连续变量的关系。例如，在房地产分析中，展示房屋面积与价格的关系，以分析房价的影响因素。假设某城市的房地产市场中,收集了 10 套不同房屋的交易数据,包括每套房屋的面积和价格。

房屋编号	面积(平方米)	价格(万元)
1	60	120
2	80	150
3	90	160
4	100	180
5	120	200
6	140	240
7	150	260
8	180	300
9	200	350
10	220	400

用户可以依据这些数据,使用大模型、Excel 工具制作散点图。在图中,横轴表示房屋面积,纵轴表示房屋价格,每一个数据点都代表一套具体的房屋,其横坐标、纵坐标分别对应该房屋的面积和价格。通过分析散点图,可以得到有价值的结论。

3. 数据分析方法

数据分析方法是指运用统计学、机器学习等方法对数据进行深入挖掘和分析,以发现数据中的模式和规律。

(1) 对比分析。

通过比较不同组或不同时间点的数据,揭示数据之间的差异和趋势。例如,对比分析去年和今年同期的销售额,以分析业绩的增长情况。

假设有一家零售企业,为了评估公司的业绩增长情况,需要对去年和今年同期的销售额进行对比分析。从公司的销售记录中收集了去年和今年同期的销售额数据如下:

时间段	销售额(万元)
去年同期(2024 年 2 月)	500
今年同期(2025 年 2 月)	600

对比分析:

① 计算增长率:

- 同比增长率 = [(今年同期销售额－去年同期销售额)/去年同期销售额]×100%
- 同比增长率 = [(600－500)/500]×100% = 20%

② 解读数据:

- 从数据中可以看出,今年同期的销售额为 600 万元,而去年同期为 500 万元。
- 通过计算,得出今年同期的销售额同比增长了 20%。

分析结论:

- 公司今年同期的销售额相比去年同期有了显著的增长,增长率为 20%。
- 这表明公司在过去一年中可能采取了一系列有效的销售策略和市场拓展措施,导致销售额的提升。

- 同时,也需要进一步分析增长的原因,如产品线的扩展、市场推广力度的加大、客户服务质量的提升等,以便在未来继续保持或加速增长。

进一步分析:

- 将今年的销售额增长率与过去几年的同期数据进行比较,分析公司的长期增长趋势。
- 将销售额增长率与行业的平均增长率进行对比,评估公司在行业中的竞争地位。
- 对销售额的结构进行深入分析,如不同产品线、不同销售区域或不同客户群体的销售额增长情况,以便更全面地了解公司的业绩状况。

通过对比分析去年和今年同期的销售额,可以直观地了解公司的业绩增长情况,并为未来的销售策略和市场拓展提供有力的数据支持。

用户可以根据以下数据,使用大模型分析过去 3 年某公司季度销售额的变化情况。

2022 年,Q1:16000,Q2:19000,Q3:17000,Q4:23000

2023 年,Q1:18000,Q2:21000,Q3:20000,Q4:25000

2024 年,Q1:20000,Q2:23000,Q3:22000,Q4:27000

(2) 关联性分析。

关联性分析是数据分析的一种定量分析方法,主要用于发现两个变量之间的相关性大小。相关系数是衡量这种关系的常用指标,其值介于 -1(完全负相关)和 $+1$(完全正相关)之间,0 表示无相关性。

例如,某公司希望分析广告支出与销售额之间的关系。通过收集广告支出和相应销售额的数据,可以计算这两个变量之间的相关系数,以评估它们之间的关联程度。

假设广告支出和销售额的数据如下:

广告支出:[1000,2000,3000,4000,5000]

销售额:[10000,18000,25000,32000,40000]

在大模型工具的输入框中输入提示词:"请根据我提供的数据,对广告支出和销售额进行相关性分析。"

模型回复如下。

> 根据您提供的广告支出和销售额数据,可以进行相关性分析来探讨二者之间的关系。
>
> 首先,列出广告支出和销售额的对应数据:
>
> | 广告支出(元) | 销售额(元) |
> | --- | --- |
> | 1000 | 10000 |
> | 2000 | 18000 |
> | 3000 | 25000 |
> | 4000 | 32000 |
> | 5000 | 40000 |
>
> 接下来,计算二者的相关系数。由于数据量较小,可以使用皮尔逊相关系数进行简单计算。计算结果如下:
>
> 皮尔逊相关系数(r)≈ 0.998

由于计算出的皮尔逊相关系数接近 1，这表明广告支出和销售额之间存在很强的正相关关系。换句话说，随着广告支出的增加，销售额也呈现出相应的增加趋势。

因此，可以得出结论：广告支出和销售额之间存在显著的正相关性，增加广告支出可能会促进销售额的增长。这一结论对于制定营销策略和预算分配具有重要的指导意义。

用户可以使用大模型尝试这个案例：体重与腰围的相关性分析。

在健康管理和营养学研究中，了解体重与腰围之间的关系对于评估个体的健康状况具有重要意义。腰围是反映腹部脂肪堆积的一个重要指标，而腹部脂肪过多与多种慢性疾病（如心血管疾病、糖尿病等）的风险增加密切相关。

收集到一组个体的体重和腰围数据如下：

序号	体重（千克）	腰围（厘米）
1	60	80
2	65	85
3	70	90
4	75	95
5	80	100

4. 回归分析

回归分析是一种预测性的建模技术，它研究的是因变量和自变量之间的关系，通过构建回归模型来预测因变量的值。

用户可以尝试完成例题 5-12。

5. 聚类分析

聚类分析是一种数据挖掘方法，它通过将数据集中的对象按照相似性进行分组，使得同一组内的对象相似度较高，而不同组之间的对象相似度较低，从而帮助人们发现数据中的潜在模式和结构。

用户可以尝试完成例题 5-15。

总之，数据分析涵盖了数据处理、数据可视化、数据分析方法、回归分析和聚类分析等多方面。通过运用这些方法和技术，可以从海量数据中提取有价值的信息和知识，为企业的决策提供有力的支持。

三、实验要求

（1）数据处理：选择或获取一个真实或模拟的数据集，进行数据清洗，去除噪音、错误和重复项，确保数据的一致性、准确性和完整性。对数据进行必要的转换，如格式转换、数据标准化等，以便于后续的分析和处理。

（2）数据可视化：根据数据分析的目标，选择合适的可视化图表类型（如柱形图、散点图、折线图等），利用大模型或 Excel 等工具制作可视化图表。确保图表能够准确、清晰地传达数据信息和发现数据中的隐藏模式。

（3）数据分析方法：掌握对比分析、关联性分析、回归分析和聚类分析等数据分析方法的基本原理和应用场景。针对给定的数据集，运用对比分析、关联性分析等方法，揭示数据中的模式和规律。尝试使用大模型工具进行简单的回归分析或聚类分析。

（4）实验报告撰写：学生需详细记录实验过程，包括数据集的来源、数据处理步骤、可视化图表制作、分析方法应用及结果解释等。撰写实验报告，总结实验过程中的收获与不足，反思数据分析方法的应用效果及其局限性。

（5）团队合作与沟通：在实验过程中，应进行团队合作，共同完成任务，培养团队协作精神和沟通能力。团队成员之间需进行充分的沟通和交流，确保实验过程的顺利进行和实验结果的准确性。

四、实验思考题

（1）数据处理在数据分析中的重要性体现在哪些方面？

要求：阐述数据处理（如数据清洗、转换和整合等）在数据分析过程中的重要性，分析数据处理不当可能对数据分析结果产生的影响。

（2）数据清洗的重要性及其挑战是什么？

要求：讨论数据清洗在数据分析过程中的重要性，分析数据清洗过程中可能遇到的挑战（如数据缺失、异常值处理等），并提出相应的解决方案。

（3）如何选择合适的数据分析方法？

要求：分析不同数据分析方法（如对比分析、关联性分析、回归分析、聚类分析等）的适用场景和优缺点，探讨如何根据数据集的特点和分析目标选择合适的分析方法。

（4）如何结合大模型工具提升数据分析效率与质量？

要求：分析大模型工具在数据处理、可视化、分析方法应用等方面的辅助作用，探讨如何结合大模型工具提升数据分析的效率和质量，同时保持对结果的批判性思考。

（5）数据分析在决策支持中的作用及其局限性是什么？

要求：讨论数据分析在企业决策、市场调研、科学研究等领域的重要应用价值，分析数据分析在决策支持过程中的局限性（如数据质量、分析方法选择等），并提出相应的应对策略。

参考文献

［1］ 程絮森等.大模型入门：技术原理与实战应用[M].北京：人民邮电出版社,2024.

［2］ 龙志勇等.大模型时代[M].北京：中译出版社,2023.

［3］ 王金桥.多模态人工智能：大模型核心原理与关键技术[M].北京：电子工业出版社,2024.

［4］ AIGC 文画学院.AI 提示词工程师[M].北京：化学工业出版社,2024.

［5］ 宋义平等.零基础掌握学术提示工程[M].北京：清华大学出版社,2023.

［6］ 黄峻等.生成式 AI 的大模型提示工程：方法、现状与展望[J].智能科学与技术学报,2024,6(2)：115-133.

［7］ 蒋宁.金融大模型[M].北京：中国科学技术出版社,2024.

［8］ 刘明等.教育大模型智能体的开发、应用现状与未来展望[J].现代教育技术,2024,34(11)：5-14.

［9］ 曹培杰等.教育大模型的发展现状、创新架构及应用展望[J].现代教育技术,2024,34(2)：5-12.

［10］ 朱宁.巧用 ChatGPT 快速搞定数据分析[M].北京：北京大学出版社,2023.

［11］ 张俊红.利用 ChatGPT 进行数据分析[M].北京：人民邮电出版社,2023.

图书资源支持

感谢您一直以来对清华版图书的支持和爱护。为了配合本书的使用,本书提供配套的资源,有需求的读者请扫描下方的"书圈"微信公众号二维码,在图书专区下载,也可以拨打电话或发送电子邮件咨询。

如果您在使用本书的过程中遇到了什么问题,或者有相关图书出版计划,也请您发邮件告诉我们,以便我们更好地为您服务。

我们的联系方式:

清华大学出版社计算机与信息分社网站: https://www.shuimushuhui.com/

地　　址:北京市海淀区双清路学研大厦 A 座 714

邮　　编:100084

电　　话:010-83470236　010-83470237

客服邮箱: 2301891038@qq.com

QQ: 2301891038(请写明您的单位和姓名)

资源下载:关注公众号"书圈"下载配套资源。

资源下载、样书申请

书圈

图书案例

清华计算机学堂

观看课程直播